高等职业教育教材

煤化工安全与环保技术

陆津津 主 编
张 馨 徐红颖 副主编

化学工业出版社

·北 京·

内容简介

《煤化工安全与环保技术》依据煤化工生产过程中可能出现的危险因素和环境污染问题，分为两大部分内容。第一部分介绍关于安全生产的知识，即前六章内容。具体包括防火防爆技术、工业危害防护技术、电气安全技术、压力容器安全技术、机械伤害及坠落安全防护技术和化工装置安全检修等内容。第二部分介绍关于环境保护的知识，即后四章学习内容。具体包括环境与环境保护、煤化工烟尘污染和治理、煤化工废水污染和治理以及煤化工废液废渣的处理与利用等内容。部分章节后配有安全生产的案例分析，每章配有习题，实用性强，可激发学生的学习兴趣。

本书可作为高等职业教育煤化工、应用化工等专业的教材，也可供从事煤化工生产和管理的工程技术人员参考。

图书在版编目（CIP）数据

煤化工安全与环保技术 / 陆津津主编；张馨，徐红颖副主编. -- 北京：化学工业出版社，2025. 6.（高等职业教育教材）. -- ISBN 978-7-122-47881-8

Ⅰ. TQ53；X784

中国国家版本馆 CIP 数据核字第 202579SR42 号

责任编辑：王海燕　　　　　文字编辑：高　琼
责任校对：李雨晴　　　　　装帧设计：刘丽华

出版发行：化学工业出版社
　　　　　（北京市东城区青年湖南街 13 号　邮政编码 100011）
印　　装：河北延风印务有限公司
787mm×1092mm　1/16　印张 16　字数 392 千字
2025 年 7 月北京第 1 版第 1 次印刷

购书咨询：010-64518888　　　　售后服务：010-64518899
网　　址：http://www.cip.com.cn

前言

煤化工产业作为新型化工产业的重要组成部分，近年来在我国得到了快速发展，对保障国家能源安全具有重要意义。然而，随着产业的快速发展，煤化工产业也面临着诸多挑战，其中最为突出的便是安全生产与环境保护两大问题。在"碳达峰""碳中和"背景下，只有从创新发展、绿色低碳、安全环保等方面明确发展思路，才能加快推动现代煤化工产业健康发展、高质量发展、可持续发展。

煤化工生产过程工艺流程长，需要的设备多，存在着易燃易爆物质、有毒有害物质、压力容器、电气火花、机械伤害等不安全的因素。如果设计不当、安装不好、操作失误、设备未定期检修、生产管理不科学，就很容易出现燃烧、爆炸、中毒、机械伤害、坠落等事故，轻则影响生产的正常进行，严重时会造成巨大的人身伤亡和财产损失。并且随着煤炭的大规模气化和液化等新型煤化工技术的发展，易燃易爆物质种类不断增加，工艺条件更加苛刻，危险因素也更为复杂。煤化工生产过程中会产生大量的烟尘、废气、废液、废渣等，对环境造成很大的污染，需要了解"三废"的来源和危害，掌握"三废"的治理措施，在今后的生产、管理、设计或是研究等工作中把环境污染控制和治理放在首要位置。

针对上述煤化工产业的安全生产与环境保护问题，我们编写了本教材。本教材分为煤化工安全技术和环境保护技术两大部分内容。第一部分为煤化工安全技术，主要介绍煤化工和化工生产过程中容易引发事故的不安全因素和预防解决措施；第二部分为环境保护技术，主要介绍煤化工生产过程中的污染等环境问题，以及煤化工生产过程中的废气治理、废液处理和煤化工固体废物的处理和利用。

本书共十章，由内蒙古化工职业学院陆津津任主编，内蒙古化工职业学院张馨、徐红颖任副主编，内蒙古化工职业学院多位教师参与编写。具体分工如下：第一章由张馨编写，第二章、第三章由陆津津编写，第四章、第五章由王慧林编写，第六章由胥经辉编写，第七章、第八章由徐红颖编写，第九章、第十章由李婷编写。内蒙古天润化肥股份有限公司工程师刘治国负责附录的编写。全书由陆津津统稿，内蒙古化工职业学院李继萍教授担任主审。

本书可作为高等职业教育煤化工、应用化工等专业的核心课教材，也可作为煤化工安全生产管理人员的参考用书及培训教材。

由于编者水平有限，加上时间紧迫，书中不妥之处在所难免，敬请广大读者批评指正。

编者
2025 年 3 月

目录

4

第四章
压力容器安全技术 //   076

5

第五章
机械伤害及坠落安全防护技术 //   118

6

第六章
化工装置安全检修 // 136

7

第七章
环境与环境保护 // 159

8

第八章
煤化工烟尘污染和治理 // 175

9

第九章
煤化工废水污染和治理　// 205

10

第十章
煤化工废液废渣的处理与利用　// 224

附录　// 241

参考文献　// 245

第一章

防火防爆技术

 本章学习目标

1. 知识目标

（1）掌握燃烧的三要素及燃烧的类型；

（2）熟悉燃烧的过程及可燃物的燃烧特点；

（3）掌握爆炸的定义、分类和爆炸极限；

（4）熟悉防火与防爆安全装置和设施；

（5）掌握火灾类型和灭火剂的种类。

2. 能力目标

（1）能根据燃烧的三要素找出灭火的方法；

（2）能判断火灾的类型，根据不同的火灾类型选择不同的灭火剂；

（3）能对煤气着火、爆炸事故进行应急处置；

（4）能正确使用防火与防爆安全装置和设施。

　　煤化工生产过程中会产生大量的易燃易爆物质，主要为煤气、芳香烃、焦油、石脑油、汽油、柴油及甲烷等，一旦这些易燃易爆物质由于各种原因发生泄漏，就会有着火的危险甚至会发生火灾爆炸事故。为了煤化工生产安全，我们必须掌握防火防爆的相关知识。

第一节　燃烧的基础知识

一、燃烧和燃烧条件

　　燃烧是可燃物质与助燃物质（氧气或其他氧化剂）在一定的条件下发生的一种发光发热的氧化反应。燃烧是放热反应，通常伴有火焰、发光和（或）发烟的现象。燃烧应具备三个特征，即化学反应、放热和发光。燃烧过程中的化学反应十分复杂。可燃物质在燃烧过程中生成了与原来完全不同的新物质。燃烧不仅在空气（氧气）存在时能发生，有的可燃物在其他氧化剂中也能发生燃烧。

可燃物质（一切可氧化的物质）、助燃物质（氧化剂）和点火源（能够提供一定的温度或热量）是物质燃烧的三个基本要素。发生燃烧，这三个条件缺一不可。

1. 可燃物

凡是能与空气中的氧气或其他氧化剂发生燃烧反应的物质，均称为可燃物。化工生产中使用的原料、生产中的中间体和产品很多都是可燃物质。若按其物理状态分，有固体、液体和气体三类可燃物。

（1）可燃固体

凡是遇明火、热源能在空气（氧化剂）中燃烧的固体物质，都称为可燃固体。如煤等化石燃料，棉、麻、木材、稻草等天然纤维，涤纶、维纶、锦纶、腈纶等合成纤维及其制品，聚乙烯、聚丙烯、聚苯乙烯等合成树脂及其制品，天然橡胶、合成橡胶及其制品等。

（2）可燃液体

凡是在空气中能发生燃烧的液体，都称为可燃液体。可燃液体大多数是有机化合物，分子中都含有碳、氢原子，有些还含有氧原子。其中有不少是石油化工产品，如石脑油、汽油、柴油、甲醇、酒精等等，有的产品本身或其燃烧时的分解产物都具有一定的毒性。

（3）可燃气体

凡是在空气中能发生燃烧的气体，都称为可燃气体。如煤气、天然气、液化石油气、氢气、一氧化碳等等。

此外，有些物质在通常情况下不燃烧，但在一定的条件下又可以燃烧。如：赤热的铁在纯氧中能发生剧烈燃烧；赤热的铜能在纯氯气中发生剧烈燃烧；铁、铝本身不燃，但把铁、铝粉碎成粉末，不但能燃烧，而且在一定条件下还能发生爆炸。

2. 助燃物

凡与可燃物质相结合能导致燃烧的物质称为助燃物（也称氧化剂）。通常燃烧过程中的助燃物主要是氧，包括游离的氧和化合物中的氧。空气中含有大约21%的氧气，可燃物在空气中的燃烧通常以游离的氧作为氧化剂。此外，某些物质也可作为燃烧反应的助燃物，如氯、氟、氯酸钾等。也有少数可燃物，如低氮硝化纤维、硝酸纤维的赛璐珞（硝酸纤维素塑料）等含氧物质，一旦受热后，能自动释放出氧，无需外部助燃物就可发生燃烧。

3. 点火源

凡使物质开始燃烧的外部热源，统称为点火源。点火源温度越高，越容易点燃可燃物质。根据引起物质着火的能量来源不同，在生产生活实践中点火源通常有明火、火花、电弧、炽热物体、化学热能等，见表1-1。

表1-1　点火源的种类

种类	举例
明火	焊接与切割火焰、酒精灯火焰等
火花、电弧	焊接火花、切割火花、汽车排气喷火、电火花、撞击火花，电弧
炽热物体	电炉、烙铁、熔融金属、白炽灯
化学热能	氧化、硝化、分解和聚合等的化学反应热

二、燃烧的机理

近代链式反应理论认为燃烧是一种自由基的链式反应，即由自由基在瞬间进行的循环连续反应。自由基又称游离基，是化合物或单质分子中的共价键在外界因素（如光、热）的影响下，断裂而成含有不成对电子的原子或原子基团，它们的化学活性非常强，在一般条件下是不稳定的，容易自行结合成稳定分子或与其他物质的分子反应生成新的自由基。当反应物产生少量的活化中心——自由基时，即可发生链反应。反应一经开始，就可经过许多连锁步骤自行加速发展下去（瞬间自发进行若干次），直至反应物燃尽为止。当活化中心全部消失（即自由基消失）时，链式反应就会终止。链式反应机理大致分为链引发、链传递和链终止三个阶段。

三、燃烧的类型

按其发生瞬间的特点不同，燃烧分为闪燃、着火、自燃三种类型。

1. 闪燃和闪点

可燃液体的蒸气（包括可升华固体的蒸气）与空气混合后，遇到明火而引起瞬间（延续时间少于 5s）燃烧，称为闪燃。液体能发生闪燃的最低温度，称为该液体的闪点。在一定温度下，可燃液态物表面会产生可燃蒸气，这些可燃蒸气与空气混合形成一定浓度的可燃性气体，当其浓度不足以维持持续燃烧时，遇火源能产生一闪即灭的火苗或火光，形成一种瞬间燃烧现象。可燃液体之所以会发生一闪即灭的闪燃现象，是因为液体在闪点下蒸发速度较慢，所蒸发出来的蒸气仅能维持短时间的燃烧，而来不及提供足够的蒸气维持稳定的燃烧，故闪燃一下就熄灭了。

除了可燃液体以外，某些能蒸发出蒸气的固体，如石蜡、樟脑、萘等，其表面上所产生的蒸气达到一定的浓度，可以与空气混合而成为可燃的气体混合物，若与明火接触，也能出现闪燃现象。某些可燃液体的闪点见表 1-2。

表 1-2　某些可燃液体的闪点

物质	闪点/℃	物质	闪点/℃	物质	闪点/℃
乙胺	−18	二氯丙烷	15	醋酸	38
二硫化碳	−30	甲醇	11	汽油	−42.8
乙醚	−45	乙醇	14	煤油	28～45
丙酮	−19	丁醇	29	乙二醇	116
苯	−11.1	戊醇	32.7	醋酸甲酯	−10
甲苯	4.4	萘	80	醋酸乙酯	−4.4
丁烷	−60	二乙胺	−26	醋酸丁酯	22

闪燃往往是可燃液体发生着火的先兆。可燃液体的闪点越低，越易着火，火灾危险性越大。通常把闪点低于 45℃的液体，称为易燃液体；把闪点高于 45℃的液体，称为可燃液体。易燃和可燃液体闪点分类分级见表 1-3。

表 1-3　易燃和可燃液体闪点分类分级

种类	级别	闪点（T）/℃	举例
易燃液体	Ⅰ	$T \leqslant 28$	汽油、甲醇、乙醇、乙醚、苯、甲苯等
	Ⅱ	$28 < T \leqslant 45$	煤油、丁醇等
可燃液体	Ⅲ	$45 < T \leqslant 120$	戊醇、柴油、重油等
	Ⅳ	$T > 120$	植物油、矿物油、甘油等

2. 着火与着火点

可燃物质在空气中与火源接触，达到某一温度时，开始产生有火焰的燃烧，并在火源移去后仍能持续并不断扩大的燃烧现象，称为着火。着火就是燃烧的开始，且以出现火焰为特征，这是日常生产、生活中最常见的燃烧现象。在规定的试验条件下，应用外部热源使物质表面起火并持续燃烧一定时间所需的最低温度，称为燃点或着火点。一般燃点比闪点高出5～20℃，易燃液体的燃点与闪点很接近，仅差1～5℃；可燃液体，特别是闪点在100℃以上时，两者相差30℃以上。一些常见可燃物质的燃点见表1-4。根据可燃物的燃点高低，可以衡量其火灾危险程度。物质的燃点越低，则越容易着火，火灾危险性也就越大。

表 1-4　常见可燃物质的燃点

物质名称	燃点/℃	物质名称	燃点/℃
赤磷	160	甲烷	645
石蜡	158～195	乙烷	530
硫黄	255	乙烯	540
氢气	510	乙炔	335
一氧化碳	610	聚丙烯	400
吡啶	482	聚乙烯	400

一切可燃液体的燃点都高于闪点。燃点对于可燃固体和闪点较高的可燃液体，具有实际意义。控制可燃物质的温度在其燃点以下，就可以防止火灾的发生；用水冷却灭火的原理就是将着火物质的温度降低到燃点以下。

可燃液体的闪点与燃点的区别是，在燃点时燃烧的不仅是蒸气，还有液体（即液体已达到燃烧温度，可提供保持稳定燃烧的蒸气）。另外，在闪点时移去火源后闪燃即熄灭，而在燃点时移去火源后则能继续燃烧。

3. 自燃和自燃点

可燃物质在没有外部火花、火焰等火源的作用下，因受热或自身发热并蓄热所产生的自然燃烧，称为自燃。即可燃物质在无外界引火源条件下，由于其自身所发生的物理、化学或生物变化而产生热量并积蓄，使温度不断上升，自行燃烧起来的现象。由于热的来源不同，物质自燃可分为受热自燃和本身自燃两类。

自燃现象引发火灾在自然界并不少见，如有些含硫、磷成分高的煤炭遇水常常发生氧化反应释放热量，如果煤层堆积过厚积热不散，就容易发生自燃引发火灾；工厂的油抹布堆积由于氧化发热并蓄热也会发生自燃引发火灾。

在规定的条件下，可燃物质发生自燃的最低温度，称为自燃点。在这一温度时，物质与空气（氧）接触，不需要明火的作用就能发生燃烧。自燃点是衡量可燃物质受热升温形成自燃危险性的依据。可燃物的自燃点越低，发生自燃的危险性就越大。表 1-5 列出了部分可燃物的自燃点。

表 1-5　部分可燃物的自燃点

物质	自燃点/℃	物质	自燃点/℃	物质	自燃点/℃
氯乙烷	510	二氯丙烷	555	二甲醚	350
二硫化碳	102	甲醇	455	汽油	510～530
乙醚	170	乙醇	422	煤油	380～425
乙烯	425	丁醇	340	乙二醇	412
苯	555	戊醇	300	醋酸甲酯	475
甲苯	535	萘	526	醋酸戊酯	375
丁烷	365	吡啶	482	甲胺	430

四、燃烧形式

可燃物质和助燃物质存在的相态、混合程度和燃烧过程不尽相同，其燃烧形式是多种多样的。

1. 均相燃烧和非均相燃烧

按照可燃物质和助燃物质相态的异同，可分为均相燃烧和非均相燃烧。均相燃烧是指可燃物质和助燃物质间的燃烧反应在同一相中进行，如氢气在氧气中的燃烧、煤气在空气中的燃烧。非均相燃烧是指可燃物质和助燃物质并非同相，如石油（液相）、木材（固相）在空气（气相）中的燃烧。与均相燃烧比较，非均相燃烧比较复杂，需要考虑可燃液体或固体的加热，以及由此产生的相变化。

2. 混合燃烧和扩散燃烧

可燃气体与助燃气体的燃烧反应有混合燃烧和扩散燃烧两种形式。可燃气体与助燃气体预先混合而后进行的燃烧称为混合燃烧。可燃气体由容器或管道中喷出，与周围的空气（或氧气）互相接触扩散而产生的燃烧，称为扩散燃烧。与扩散燃烧相比，混合燃烧速度快、温度高，一般爆炸反应属于这种形式。在扩散燃烧中，由于与可燃气体接触的氧气量偏低，通常会产生不完全燃烧的炭黑。

3. 蒸发燃烧、分解燃烧和表面燃烧

可燃固体或液体的燃烧反应有蒸发燃烧、分解燃烧和表面燃烧几种形式。

蒸发燃烧是指可燃液体蒸发出的可燃蒸气的燃烧。通常液体本身并不燃烧，只是由液体蒸发出的蒸气进行燃烧。很多固体或不挥发性液体经热分解产生的可燃气体的燃烧称为分解燃烧。如木材和煤大都是由热分解产生的可燃气体进行燃烧，而硫黄和萘这类可燃固体是先熔化、蒸发，而后进行燃烧，也可视为蒸发燃烧。

可燃固体和液体的蒸发燃烧、分解燃烧均有火焰产生，属火焰型燃烧。当可燃固体燃烧至分解不出可燃气体时，便没有火焰，燃烧继续在所剩固体的表面进行，称为表面燃烧。金

属燃烧即属表面燃烧，无气化过程，无需吸收蒸发热，燃烧温度较高。

此外，根据燃烧产物或燃烧进行的程度，还可分为完全燃烧和不完全燃烧。

五、燃烧过程及特点

1. 可燃物的燃烧过程

当可燃物与其周围相接触的空气达到可燃物的燃点时，外层部分就会熔解、蒸发或分解并发生燃烧，在燃烧过程中放出热量和光。这些释放出来的热量又加热边缘的下一层，使其达到燃点，于是燃烧过程就会持续下去。

可燃固体、液体和气体的燃烧过程是不同的。

气体最易燃烧，燃烧所需要的热量用于本身的氧化分解，并使其达到着火点。气体在极短的时间内就能全部燃尽。

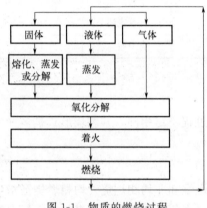

图1-1 物质的燃烧过程

液体在火源作用下，先蒸发成蒸气，而后氧化分解进行燃烧。与气体燃烧相比，液体燃烧需要多消耗液体变为蒸气的蒸发热。

固体燃烧有两种情况：对于硫、磷等简单物质，受热时首先熔化，而后蒸发为蒸气进行燃烧，无分解过程；对于复合物质，受热时首先分解成小组分，生成气态和液态产物，而后气态产物和液态产物蒸气着火燃烧。

各种物质的燃烧过程如图1-1所示。从中可知，任何可燃物质的燃烧都经历氧化分解、着火、燃烧等阶段。

2. 可燃物的燃烧特点

（1）可燃固体的燃烧特点

可燃固体在自然界中广泛存在，由于其分子结构的复杂性、物理性质的不同，其燃烧方式也不相同。可燃固体的燃烧主要有下列四种方式：

① 表面燃烧。蒸气压非常小或者难以热分解的可燃固体，不能发生蒸发燃烧或分解燃烧，当氧气包围物质的表层时，在炽热状态下发生的无焰燃烧现象，称为表面燃烧。其过程属于非均相燃烧，特点是表面发红而无火焰。如木炭、焦炭以及铁、铜等的燃烧都属于表面燃烧。

② 阴燃。阴燃是指物质无可见光的缓慢燃烧，通常会有产生烟和温度升高的迹象。

某些可燃固体在空气不流通、加热温度较低或含水分较高时就会发生阴燃。这种燃烧看不见火苗，可持续数天，不易发现。易发生阴燃的物质有成捆堆放的纸张、棉、麻以及大堆垛的煤、草、湿木材等。

阴燃和有焰燃烧在一定条件下能相互转化。如在密闭或通风不良的场所发生火灾，燃烧消耗了氧，氧浓度降低，燃烧速度减慢，分解出的气体量减少，即可由有焰燃烧转为阴燃。如果改变通风条件、增加供氧量或可燃物中的水分蒸发到一定程度，阴燃也可能转变为有焰燃烧。火场上的复燃现象和固体阴燃引起的火灾等都是阴燃在一定条件下转化为有焰燃烧的例子。

③ 分解燃烧。分子结构复杂的固体可燃物，由于受热分解而产生可燃气体后发生的有焰燃烧现象，称为分解燃烧。如木材、纸张、棉、麻、毛、丝以及合成高分子的热固性塑料、合成橡胶等的燃烧就属这类形式。

④ 蒸发燃烧。熔点较低的可燃固体受热后熔融，然后与可燃液体一样蒸发成蒸气而发生的有焰燃烧现象，称为蒸发燃烧。如石蜡、松香、硫、钾、磷、沥青和热塑性高分子材料等的燃烧就属这类形式。

（2）可燃液体的燃烧特点

① 蒸发燃烧。易燃和可燃液体在燃烧过程中，并不是液体本身在燃烧，而是液体受热时蒸发出来的蒸气被分解、氧化达到燃点而燃烧，即蒸发燃烧。其燃烧速度主要取决于液体的蒸发速度，而蒸发速度又取决于液体接受的热量。接受热量愈多，蒸发量愈大，则燃烧速度愈快。

② 动力燃烧。动力燃烧是指燃烧性液体的蒸气或低闪点液雾预先与空气或氧气混合，遇火源产生的带有冲击力的燃烧。如雾化汽油、煤油等挥发性较强的烃类在气缸中的燃烧就属于这种形式。

③ 沸溢燃烧。含水的重质油品（如重油、原油）发生火灾时液面从火焰接受热量产生热波，热波向液体深层移动速度大于线性燃烧速度，而热波的温度远高于水的沸点。因此，在热波向液层深部移动过程中，油层温度升高，油品黏度变小，油品中的乳化水滴在向下沉积的同时受向上运动的热油作用而蒸发成蒸气泡。这种表面包含有油品的气泡的体积比原来水的体积扩大千倍以上，气泡被油薄膜包围形成大量油泡群，液面上下像烧开的水一样沸腾，当储罐容纳不下时，油品就会像"跑锅"一样溢出罐外，这种现象称为沸溢。

④ 喷溅燃烧。重质油品储罐的下部有水垫层时，发生火灾后，热波往下传递，若将储罐底部沉积水的温度加热到汽化温度，则沉积水将变成水蒸气，体积扩大，形成的蒸汽压力增大直到足以把其上面的油层抬起，最后冲破油层将燃烧着的油滴和包油的油气抛向上空，向四周喷溅燃烧。

重质油品储罐发生沸溢和喷溅的典型征兆是：罐壁会发生剧烈抖动，伴有强烈的噪声，烟雾减少，火焰更加明亮，火舌尺寸变大，形似火箭。发生沸溢和喷溅会对灭火救援人员的安全及消防器材、装备等产生巨大的威胁。因此，储罐一旦出现沸溢和喷溅的征兆，火场有关人员必须立即撤到安全地带，并采取必要的技术措施，防止喷溅时油品流散、火势蔓延和扩大。

（3）可燃气体的燃烧特点

可燃气体的燃烧不像固体、液体物质那样经熔化、蒸发等相变过程，在常温常压下就可以任意比例与氧化剂相互扩散混合，完成燃烧反应的准备阶段。气体在燃烧时所需热量仅用于氧化或分解，或将气体加热到燃点，因此容易燃烧且燃烧速度快。根据气体燃烧过程的控制因素不同，其燃烧有以下两种形式：

① 扩散燃烧。可燃气体从喷口（管道口或容器泄漏口）喷出，在喷口处与空气中的氧气边扩散混合、边燃烧的现象，称为扩散燃烧。其燃烧速度主要取决于可燃气体的扩散速度。气体（蒸气）扩散多少，就燃烧多少，所以这类燃烧比较稳定。例如管道、容器泄漏口发生的燃烧，天然气井口发生的井喷燃烧等均属于扩散燃烧。其燃烧特点为扩散火焰不运动，可燃气体与气体氧化剂的混合在可燃气体喷口进行。对于稳定的扩散燃烧，只要控制得好，便不至于造成火灾，一旦发生火灾也易扑救。

② 预混燃烧。可燃气体与助燃气体在燃烧之前混合，并形成一定浓度的可燃混合气体，被引火源点燃所引起的燃烧现象，称为预混燃烧。这类燃烧往往会造成爆炸，也称爆炸式燃烧或动力燃烧。影响气体燃烧速度的因素主要包括气体的组成、可燃气体的浓度、可燃混合气体的初始温度、管道直径、管道材质等。许多火灾、爆炸事故是由预混燃烧引起的，如制气系统检修前不进行置换就烧焊，燃气系统开车前不进行吹扫就点火等。

六、热值和燃烧温度

热值指单位质量或单位体积的可燃物质完全燃烧时所放出的总热量。可燃固体和可燃液体的热值以"kJ/kg"表示，可燃气体（标准状态）的热值以"kJ/m^3"表示。可燃物质燃烧爆炸时所达到的最高温度、最高压力及爆炸力等均与物质的热值有关。

可燃物质燃烧时所放出的热量，一部分被火焰辐射散失，而大部分则消耗在加热燃烧上。由于可燃物质所产生的热量是在火焰燃烧区域内析出的，所以火焰温度也就是燃烧温度。

第二节   防火安全技术及火灾扑救

一、灭火方法及其原理

可燃物、助燃物和点火源是燃烧的三个基本要素。缺少三个要素中的任何一个，燃烧便不会发生。对于正在进行的燃烧，只要充分控制三个要素中的任何一个，使燃烧三要素不能同时满足，燃烧就会终止。所以，防火安全技术可以归结为这三个要素的控制问题。灭火方法主要包括窒息灭火法、冷却灭火法、隔离灭火法和化学抑制灭火法。只要破坏已经形成的燃烧条件，就可使燃烧熄灭，最大限度地减少火灾危害。有关灭火的基本原理和措施见表1-6。

表 1-6   灭火的基本原理和措施

灭火方法	原理	常用的具体措施
窒息灭火法	消除助燃物	1.封闭着火的空间； 2.往着火的空间充灌惰性气体、水蒸气； 3.用湿棉被、湿麻袋等捂盖已着火的物质； 4.向着火物上喷射二氧化碳、干粉、泡沫、喷雾水等
冷却灭火法	降低燃烧物的温度	1.用直流水喷射着火物； 2.不间断地向着火物附近的未燃烧物喷水降温等
隔离灭火法	使着火物与火源隔离	1.将可燃、易燃、易爆物质和氧化剂从燃烧区移出至安全地点； 2.在气体管道上安装阻火器、安全水封；关闭阀门，阻止可燃气体、液体流入燃烧区； 3.用泡沫覆盖已燃烧的易燃液体表面，把燃烧区与液面隔开，阻止可燃蒸气进入燃烧区； 4.拆除与燃烧物相连的易燃、可燃建筑物
化学抑制灭火法	中断燃烧链式反应	往着火物上直接喷射气体、干粉等灭火剂，覆盖火焰，中断燃烧链式反应

上述四种灭火方法所对应的具体灭火措施是多种多样的，在灭火过程中，应根据可燃物的性质、燃烧特点、火灾大小、火场的具体条件以及消防技术装备的性能等实际情况，选择一种或几种灭火方法。一般情况下，综合运用几种灭火法效果较好。

二、火灾类型

为便于消防灭火，《火灾分类》（GB/T 4968—2008）中根据可燃物的类型和燃烧特性将火灾分为 A、B、C、D、E、F 六类。对于不同性质的火灾，扑救方法各不相同，绝不能错用或同时乱用多种方法扑救。

A 类火灾指固体物质火灾，一般在燃烧时能产生灼热的余烬，如建筑物、木材、棉、毛、麻、纸张等固体燃料引起的火灾。

B 类火灾指液体或可熔化的固体物质火灾，如汽油、焦油、粗苯、甲醇、沥青等引起的火灾。

C 类火灾指气体火灾，如煤气、天然气、甲烷、氢气等引起的火灾。

D 类火灾指金属火灾，如钾、钠、镁等金属引起的火灾。

E 类火灾指带电火灾，包括电子元件、电气设备以及电线电缆等燃烧时仍带电的火灾，而顶挂、壁挂的日常照明灯具及起火后可自行切断电源的设备所发生的火灾则不应列入带电火灾范围。

F 类火灾指烹饪器具内的烹饪物（如动植物油脂）火灾。

三、灭火剂的种类

灭火剂是能够有效地破坏燃烧条件、终止燃烧的物质。选择灭火剂的基本要求是灭火效能高、使用方便、来源丰富、成本低廉、对人和物基本无害。灭火剂的种类很多，下面介绍常见的几种。

1. 水

水是最常用的天然灭火剂，来源丰富，取用方便，价格便宜，易于远距离输送，对人无毒、无害；与其他灭火剂相比，水的比热容及汽化潜热较大，冷却作用明显。

（1）灭火原理

① 冷却作用。水的比热容较大，汽化潜热大。当常温水与炽热的燃烧物接触时，在被加热和汽化过程中，就会大量吸收燃烧物的热量，使燃烧物的温度降低而灭火。

② 窒息作用。在密闭的房间或设备中，此作用比较明显。水汽化成水蒸气，体积能扩大 1700 倍，可稀释燃烧区中的可燃气与氧气，使它们的浓度下降，从而使可燃物因"缺氧"而停止燃烧。

③ 隔离作用。在密集水流的机械冲击作用下，能将可燃物与火源分隔开而灭火。此外水对水溶性的可燃气体（蒸气）还有吸收作用，这也有利于灭火。

④ 稀释作用。水本身是一种良好的溶剂，可以溶解水溶性甲、乙、丙类液体，如醇、醛、醚、酮、酯等。因此，当此类物质起火后，如果容器的容量允许或可燃物料流散，可用水予以稀释。可燃物浓度降低而导致可燃蒸气量减少，使燃烧减弱。当可燃液体的浓度降到可燃浓度以下时，燃烧即行中止。

⑤ 乳化作用。非水溶性可燃液体的初起火灾，在未形成热波之前，以较强的水雾射流或滴状射流灭火，可在液体表面形成"油包水"型乳液，乳液的稳定程度随可燃液体黏度的

增加而增加，重质油品甚至可以形成含水油泡沫。水的乳化作用可使液体表面受到冷却，使可燃蒸气产生的速率降低，致使燃烧中止。

（2）注意事项

① 忌水性物质，如轻金属、电石等，不能用水扑救。因为它们能与水发生化学反应，生成可燃性气体并放热，扩大火势甚至导致爆炸。

② 不溶于水且密度比水小的易燃液体，如汽油、煤油等着火时不能用水扑救，但原油、重油等可用雾状水扑救。密集水流不能扑救带电设备火灾，也不能扑救可燃性粉尘聚集处的火灾。

③ 不能用密集水流扑救贮存大量浓硫酸、浓硝酸场所的火灾，因为水流能引起酸的飞溅、流散，遇可燃物质后，又有引起燃烧的危险。

④ 高温设备着火不宜用水扑救，因为这会使金属机械强度受到影响。

⑤ 精密仪器设备、贵重文物档案、图书着火，不宜用水扑救。

2. 泡沫灭火剂

凡能够与水混溶，并可通过化学反应或机械方法产生灭火泡沫的药剂，称为泡沫灭火剂。泡沫灭火剂一般由发泡剂、泡沫稳定剂、降黏剂、抗冻剂、助溶剂、防腐剂及水组成。泡沫是一种体积小、质量轻、表面被液体包围的气泡群，是扑救易燃、可燃液体火灾的有效灭火剂。

（1）泡沫灭火剂的分类

按照泡沫的生成机理，泡沫灭火剂可分为化学泡沫灭火剂和空气泡沫灭火剂。

化学泡沫是通过两种药剂的水溶液发生化学反应生成的，泡沫中所包含的气体为二氧化碳。空气泡沫又称机械泡沫，是由一定比例的泡沫液、水和空气在泡沫生成器中进行机械混合搅拌而生成的膜状气泡群，气泡内一般为空气。空气泡沫灭火剂按其发泡倍数又可分为低倍数泡沫（发泡倍数小于 20 倍）、中倍数泡沫（发泡倍数在 20～200 倍）和高倍数泡沫（发泡倍数在 200～1000 倍）三类。发泡倍数是指泡沫灭火剂的水溶液变成灭火泡沫后的体积膨胀倍数。根据发泡剂的类型和用途，低倍数泡沫灭火剂又可分为蛋白泡沫、氟蛋白泡沫、水成膜泡沫、抗溶性泡沫和合成泡沫灭火剂五种类型。

（2）泡沫灭火剂的灭火原理

通常使用的灭火泡沫，发泡倍数范围为 2～1000，相对密度在 $0.001 \mathrm{kg/m^3} \sim 0.5 \mathrm{kg/m^3}$ 之间。泡沫的密度远远小于一般可燃液体的密度，因而可以漂浮于液体的表面，形成一层泡沫覆盖层。同时泡沫又有一定的黏性，可以黏附于一般可燃固体的表面。其灭火作用表现在以下几个方面。

① 阻隔作用。灭火泡沫在燃烧物表面形成的泡沫覆盖层，可使燃烧表面与空气隔离。泡沫层封闭了燃烧物表面，可以遮断火焰对燃烧物的热辐射，阻止燃烧物的蒸发或热解挥发，使可燃气体难以进入燃烧区。

② 冷却作用。泡沫析出的液体对燃烧表面有冷却作用。

③ 稀释作用。泡沫灭火剂产生的泡沫受热蒸发，产生的水蒸气有稀释燃烧区氧气浓度的作用。

3. 干粉灭火剂

干粉灭火剂是一种干燥、易于流动的粉末，又称粉末灭火剂。干粉灭火剂由能灭火的基料以及防潮剂、流动促进剂、结块防止剂等添加剂组成。一般借助于专用的灭火器或灭火设备中的气体压力将其喷出，以粉雾形式灭火。

4. 二氧化碳灭火剂

二氧化碳灭火剂平时以液态形式储存于灭火器中，主要依靠窒息作用和部分冷却作用灭火。

5. 卤代烷灭火剂

卤代烷灭火剂是卤代烷及碳氢化合物中的氢原子完全地或部分地被卤族元素取代而生成的化合物，目前被广泛用作灭火剂。碳氢化合物多为甲烷、乙烷，卤族元素多为氟、氯、溴。国内常用的卤代烷灭火剂有 1211（二氟一氯一溴甲烷）、1202（二氟二溴甲烷）、1301（三氟一溴甲烷）、2402（四氟二溴乙烷）。卤代烷灭火剂有较高毒性且会破坏遮挡阳光中有害紫外线的臭氧层，因此应严格控制使用。

四、灭火器的种类

灭火器的种类很多，按其移动方式可分为手提式灭火器和推车式灭火器；按驱动灭火剂的动力来源可分为储气瓶式灭火器和储压式灭火器；按所充装的灭火剂则又可分为泡沫灭火器、干粉灭火器、水基型灭火器、二氧化碳灭火器等。

1. 按充装的灭火剂类型分类

（1）水基型灭火器

水基型灭火器充装的灭火剂以清洁水为主，另外还可添加湿润剂、增稠剂、阻燃剂或发泡剂等。水基型灭火器的灭火剂在喷射后呈水雾状，可以瞬间蒸发火场大量的热量，迅速降低火场温度，抑制热辐射，同时表面活性剂在可燃物表面迅速形成一层水膜，隔离氧气，具有降温、隔离双重作用，从而达到快速灭火的目的。水基型灭火器主要分为三大类型，分别是水基泡沫灭火器、水基水雾灭火器以及水基清水灭火器。水基清水灭火器曾是一种古老而又使用范围广泛的天然灭火剂，易于获取和储存。

水基型灭火器主要用于扑救固体火灾即 A 类火灾，如木材、纸张、棉麻、织物等的初期火灾，还可以扑救非水溶性液体的初期火灾，其中水基型水雾灭火器不仅环保，还可扑救带电设备的火灾。

（2）泡沫灭火器

泡沫灭火器充装的是水和泡沫灭火剂，可分为化学泡沫灭火器和空气泡沫（机械泡沫）灭火器。化学泡沫灭火器逐渐被空气泡沫（机械泡沫）灭火器替代。

空气泡沫（机械泡沫）灭火器充装的是空气泡沫灭火剂，性能优良，保存期长，灭火效率高，使用方便。

泡沫灭火器主要用于扑救 B 类火灾，如汽油、煤油、柴油、苯、甲苯、二甲苯、植物油、动物油脂等的初期火灾；也可用于固体 A 类火灾，如木材、竹器、纸张、棉麻、织物等的初期火灾。抗溶泡沫灭火器还可以扑救水溶性易燃、可燃液体火灾。但泡沫灭火器不适用于带电设备火灾和 C 类气体火灾、D 类金属火灾。

（3）干粉灭火器

干粉灭火器是目前使用最普遍的灭火器，分为两种类型。一种是碳酸氢钠干粉灭火器，又叫 BC 类干粉灭火器，用于扑灭液体、气体火灾。另一种是磷酸铵盐干粉灭火器，又叫

ABC 类干粉灭火器，可扑灭固体、液体、气体火灾，应用范围较广。

干粉灭火器充装的是干粉灭火剂。干粉灭火剂的粉雾与火焰接触、混合时，发生一系列物理、化学作用，对有焰燃烧及表面燃烧进行灭火。同时，干粉灭火剂可以降低残存火焰对燃烧表面的热辐射，并能吸收火焰的部分热量，灭火时分解产生的二氧化碳、水蒸气等对燃烧区内的氧浓度又有稀释作用。

干粉灭火器主要适用于扑救易燃液体、可燃气体和电气设备的初起火灾，常用于加油站、汽车库、实验室、变配电室、煤气站、液化气站、油库、船舶、车辆、工矿企业及公共建筑等场所。

（4）二氧化碳灭火器

该类灭火器充装的是二氧化碳灭火剂。二氧化碳灭火剂是以液态的形式加压充装在灭火器中，由于二氧化碳的平衡蒸气压高，瓶阀一打开，液体立即通过虹吸管、导管并经过喷筒喷出，液态的二氧化碳迅速汽化，并从周围空气中吸收大量的热，但由于喷筒隔绝了对外界的热传导，所以液态二氧化碳汽化时，只能吸收自身的热量，导致液体本身温度急剧降低，当其温度下降到 $-78.5℃$（凝华点）时，就有细小的雪花状二氧化碳固体出现。所以灭火剂喷射出来的是温度很低的气体和固体的二氧化碳，喷向着火处时，立即汽化，起到稀释氧浓度的作用，同时又起到冷却作用；而且大量二氧化碳气体笼罩在燃烧区域周围，还能起到隔离燃烧物与空气的作用。因此，二氧化碳的灭火效率也较高，当二氧化碳占空气浓度的 $30\%\sim35\%$ 时，燃烧就会停止。

二氧化碳灭火器适用于扑救 B 类、C 类、E 类等火灾，还可用来扑灭图书、档案、贵重设备等火灾。

2. 按驱动灭火剂的压力形式分类

（1）储气瓶式灭火器

灭火剂由灭火器的储气瓶释放的压缩气体或液化气体的压力驱动的灭火器。

（2）储压式灭火器

灭火剂由储于灭火器同一容器内的压缩气体或灭火剂蒸气的压力驱动的灭火器。

五、常用灭火器的使用方法

1. 手提式清水灭火器

将清水灭火器提至火场，在距燃烧物大约 10m 处，将灭火器直立放稳，摘下保险帽，用手掌拍击开启杆顶端的凸头，这时，清水便从喷嘴喷出。因为清水灭火器有效喷水时间仅有 1 分钟左右，所以当清水从喷嘴喷出时，立即用一只手提起灭火器筒盖上的提圈，另一只手托起灭火器的底圈，将喷射的水流对准燃烧最猛烈处。随着灭火器喷射距离的缩短，操作者应逐渐向燃烧物靠近，使水流始终喷射在燃烧处，直至将火扑灭。

清水灭火器在使用过程中应始终与地面保持大致垂直状态，不能颠倒或横卧，否则会影响水流的喷出。

2. 手提式机械泡沫灭火器

可手提灭火器筒体上部的提环，迅速奔赴火场。这时应注意不得使灭火器过分倾斜，更不可横拿或颠倒，以免两种药剂混合而提前喷出。当距离着火点 10m 左右，即可将筒体颠倒过来，一只手紧握提环，另一只手扶住筒体的底圈，将射流对准燃烧物。在扑救可燃液体火灾时，如已呈流淌状燃烧，则将泡沫由远而近喷射，使泡沫完全覆盖在燃烧液面上；如在容器内燃烧，应将泡沫射向容器的内壁，使泡沫沿着内壁流淌，逐步覆盖着火液面。切忌直接对准液面喷射，以免由于射流的冲击，反而将燃烧的液体冲散或冲出容器，扩大燃烧范围。在扑救固体物质火灾时，应将射流对准燃烧最猛烈处。灭火时随着有效喷射距离的缩短，使用者应逐渐向燃烧区靠近，并始终将泡沫喷在燃烧物上，直到扑灭。使用时，灭火器应始终保持倒置状态，否则会中断喷射。

3. 手提式干粉灭火器

使用手提式干粉灭火器时，应手提灭火器的提把，迅速赶到火场，在距离起火点 5m 左右处放下灭火器。在室外使用时注意占据上风方向。使用前先把灭火器上下颠倒几次，使筒内干粉松动；使用时应先拔下保险销，如有喷射软管的需一只手握住其喷嘴（没有软管的，可扶住灭火器的底圈），另一只手提起灭火器并用力按下压把，干粉便会从喷嘴喷射出来。

用干粉灭火器扑救可燃、易燃液体火灾时，应对准火焰根部扫射。如果被扑救的液体火灾呈流淌状燃烧，应对准火焰根部由近而远，并左右扫射，直至把火焰全部扑灭。在扑救容器内可燃液体火灾时，应注意不能将喷嘴直接对准液面喷射，防止射流的冲击力使可燃液体溅出而扩大火势，造成灭火困难。

用干粉灭火器扑救可燃固体火灾时，应对准燃烧最猛烈处喷射，并上下、左右扫射。如条件许可，操作者可提着灭火器沿着燃烧物的四周边走边喷，使干粉灭火剂均匀地喷在燃烧物的表面上，直至将火焰全部扑灭。

干粉灭火器在喷射过程中应始终保持直立状态，不能横卧或颠倒使用，否则会导致不能喷粉。

4. 手提式二氧化碳灭火器

使用手提式二氧化碳灭火器时，可手提或肩扛灭火器迅速赶到火灾现场，在距燃烧物 5m 左右处放下灭火器。灭火时一手扳转喷射弯管，如有喷射软管的应握住喷筒根部的木手柄，并将喷筒对准火源，另一只手提起灭火器并压下压把，液态的二氧化碳在高压作用下立即喷出且迅速汽化。

应该注意二氧化碳是窒息性气体，对人体有害。在空气中二氧化碳含量达到 8.5% 时，会使人呼吸困难，血压增高；二氧化碳含量达到 20%～30% 时，使人呼吸衰弱、精神不振，严重的可能因窒息而死亡。因此，在空气不流通的火场使用二氧化碳灭火器后，必须及时通风。

六、火灾的扑救

1. 火灾事故的发展过程

一般火灾的发展过程可分为四个阶段：初起阶段、发展阶段、猛烈阶段、熄灭阶段。

① 初起阶段。可燃物在热源的作用下蒸发放出气体、冒烟和阴燃，在刚起火后的最初十几秒或几分钟内，燃烧面积都不大，烟气流动速度较缓慢，火焰辐射出的能量还不多，但也能使周围物品开始受热，温度逐渐上升。如果在这个阶段能及时发现，并正确扑救，就能用较少的人力和简单的灭火器材将火控制住或扑灭。

② 发展阶段（也称为自由燃烧阶段）。在这个阶段，火苗初起，燃烧强度增大，开始分

解出大量可燃气体，气体对流逐渐加强，燃烧面积扩大，燃烧速度加快，需要投入较强的力量和使用较多的灭火器材才能将火扑灭。

③ 猛烈阶段。在这个阶段，由于燃烧面积扩大，大量的热量被释放出来，空气温度急剧上升，发生轰燃，使周围的可燃物、建筑结构几乎全面卷入燃烧。此时，燃烧强度最大，热辐射最强，温度和烟气对流达到最大限度，可燃材料将被烧尽，不燃材料和结构的机械强度也受到破坏，以致发生变形或倒塌，火突破建筑物再向外围扩大蔓延。在这个阶段，扑救最为困难。

④ 熄灭阶段。在这个阶段，火势被控制以后，由于可燃材料已被烧尽，加上灭火剂的作用，火势逐渐减弱直至熄灭。

由上述过程分析可知，在火灾发展变化中，火灾初起阶段燃烧面积小，火势弱，是火灾扑救最有利的阶段，将火灾控制和消灭在初起阶段，就能赢得灭火的主动权，就能显著减少事故损失，反之就需要付出很大的代价，并造成严重的损失和危害。

2. 灭火的基本原则

（1）先控制后消灭

① 建筑物着火。当建筑物一端起火向另一端蔓延时，应从中间控制；建筑物的中间部位着火时，应在两侧控制，但应以下风方向为主。发生楼层火灾时，应从上面控制，以上层为主，切断火势蔓延方向。

② 油罐起火。油罐起火后，要采取冷却燃烧油罐的保护措施，以降低其燃烧强度，保护油罐壁，防止油罐破裂扩大火势；同时要注意冷却邻近油罐，防止因温度升高而着火。

③ 管道着火。当管道起火时，要迅速关闭上游阀门，断绝可燃液体或气体的来源；堵塞漏洞，防止气体扩散；同时要保护受火灾威胁的生产装置、设备等。

④ 易燃易爆部位着火。要设法迅速消灭火灾，以排除火势扩大和爆炸的危险；同时要掩护、疏散有爆炸危险的物品，对不能迅速灭火和疏散的物品要采取冷却措施，防止爆炸。

⑤ 货物堆垛起火。堆垛起火时，应控制火势向邻垛蔓延；货区的边缘堆垛起火，应控制火势向货区内部蔓延；中间堆垛起火，应保护周围堆垛，以下风方向为主。

（2）救人重于救灾

救人重于救灾是指火场如果有人受到火灾威胁，灭火的首要任务就是要把被火围困的人员抢救出来。人未救出前，灭火往往是为了打开救人通道或减弱火势对人的威胁程度，从而更好地救人脱险，为及时扑灭火灾创造条件。

（3）先重点后一般

① 人和物相比，救人是重点；

② 贵重物资和一般物资相比，保护和抢救贵重物资是重点；

③ 火势蔓延猛烈的方面和其他方面相比，控制火势猛烈的方面是重点；

④ 有爆炸、毒害、倒塌危险的方面和没有这些危险的方面相比，处置有这些危险的方面是重点；

⑤ 火场的下风方向与上风、侧风方向相比，下风方向是重点；

⑥ 易燃、可燃物品集中区和这类物品较少的区域相比，这类物品集中区域是保护重点；

⑦ 要害部位和其他部位相比，要害部位是火场上的重点。

3. 人身起火的扑救方法

在石油化工企业生产环境中，由于工作场所作业客观条件限制，人身着火事故可能由火灾爆炸事故或在火灾扑救过程中引起；也有的由违章操作或意外事故所造成。人身起火时可按下列方法进行扑救。

① 自救。因外界因素发生人身着火时，一般应采取就地打滚的方法，用身体将着火部分压灭。此时，受害人应保持头脑清醒，切不可跑动，否则风助火势，会造成更严重的后果；衣服局部着火，可采取脱衣、局部裹压的方法灭火。明火扑灭后，应进一步采取措施清理棉毛织品的阴火，防止死灰复燃。

② 化纤织品比棉布织品有更大的火灾危险性，这类织品燃烧速度快，容易粘在皮肤上。扑救化纤织品人身火灾时，应注意扑救中或扑灭后不能轻易撕扯受害人的烧残衣物，否则容易造成皮肤大面积创伤，使裸露的创伤表面加重感染。

③ 易燃可燃液体大面积泄漏引起人身着火，这种情况一般发生突然，燃烧面积大，受害人不能进行自救。此时，在场人员应迅速采取措施灭火。如将受害人拖离现场，用湿衣服、毛毡等物品压盖灭火；或使用灭火器压制火势，转移受害人后，再采取人身灭火方法。使用灭火器灭人身火灾时，应特别注意不能将干粉、CO_2 等灭火剂直接对受害人面部喷射，防止造成窒息；也不能用二氧化碳灭火器对人身进行灭火，以免造成冻伤。

④ 火灾扑灭后，应特别注意对烧伤患者的保护，对烧伤部位应用绷带或干净的床单进行简单的包扎后，尽快送医院治疗。

4. 生产装置初起火灾的扑救

（1）及时报警

① 一般情况下，发生火灾后应一边组织灭火一边及时报警。

② 当现场只有一个人时，应一边用通信工具呼救，一边进行处理，必须尽快报警，以便取得帮助。

③ 发现火灾应迅速拨打火警电话。报警时沉着冷静，要讲清详细地址、起火部位、着火物质、火势大小、报警人姓名及电话号码，并派人到路口迎候消防车。

④ 消防队到场后，生产装置负责人或岗位人员应主动向消防指挥员介绍情况，讲明着火部位、燃烧介质、温度、压力等生产装置的危险状况和已经采取的灭火措施，供专职消防队迅速做出灭火战术决策。

（2）快速查清着火部位、燃烧物质及物料的来源，具体做到"三查"

① 查火源——烟雾、发光点、起火位置、起火周边的环境等。

② 查火质——燃烧物的性质（固体物质、化学物质、气体、油料等），有无易燃易爆品，助燃物是什么。

③ 查火势——即查火灾处于燃烧的哪个阶段，5～7分钟内为起火阶段，是扑灭火灾的最佳时间；7～15分钟内为蔓延阶段；15分钟以上为扩大阶段。

（3）根据具体情况消除爆炸危险

带压设备泄漏着火时，应采取多种方法，及时采取防爆措施。如关闭管道或设备上的阀门，切断物料，冷却设备容器，打开反应器上的放空阀、驱散可燃蒸气或气体等。这是扑救生产装置初起火灾的关键措施。

如油泵房发生火灾后，首先应停止油泵运转，切断泵房电源，关闭闸阀，切断油源；然后覆盖密封泵房周围的下水道，防止油料流淌而扩大燃烧；同时冷却周围的设施和建筑物。

（4）正确使用灭火剂

根据不同的燃烧对象、燃烧状态选用相应的灭火剂，防止由于灭火剂使用不当，与燃烧物质发生化学反应，使火势扩大，甚至发生爆炸。对反应器、反应釜等设备的火灾除从外部喷射灭火剂外，还可以采取向设备、管道、容器内部输入蒸汽、氮气等灭火措施。

（5）扑灭外围火焰，控制火势发展

扑救生产装置火灾时，一般是首先扑灭外围或附近建筑的燃烧，保护受火势威胁的设备、车间。对重点设备加强保护，防止火势扩大蔓延。然后逐步缩小燃烧范围，最后扑灭火灾。

（6）利用生产装置现有的固定灭火装置冷却、灭火

石油化工生产装置在设计时考虑到火灾危险性的大小，会在生产区域设置高架水枪、水炮、水幕、固定喷淋等灭火设备，应根据现场情况利用固定或半固定冷却或灭火装置冷却或灭火。

（7）及时采取必要的工艺灭火措施

对火势较大、关键设备破坏严重、一时难以扑灭的火灾，当班负责人应及时请示，同时组织在岗人员进行火灾扑救。可采取局部停止进料、开阀导罐、紧急放空、紧急停车等工艺紧急措施，为有效扑灭火灾，最大限度降低灾害创造条件。

七、煤气着火事故的预防措施和煤气着火的应急处理

1. 煤气着火事故的预防措施

防止煤气着火事故发生的办法，就是破坏或避免煤气着火的两个必要条件即助燃物和点火源同时存在。只要不同时具备这两个必要条件，就不会发生着火事故。为此必须做到：

① 严禁负压、正压煤气设备管道的"跑、冒、滴、漏"，保持煤气含氧量低于1%。严禁用铁器撞击煤气管道设备。

② 煤气区域内的电器、照明设备必须防火防爆，设备绝缘值应符合要求。工作人员应保管好防火用具，不断提高消防意识，熟练掌握各种灭火方法

③ 保证煤气设备及管道的严密性。经常检查，发现泄漏及时处理。

④ 在煤气设备上动火要先办好动火作业票，并检查动火前准备工作是否符合规章要求，要有齐全的防火措施，并有安全管理部门检查认可，否则不准动火。

⑤ 设备要有良好的接地线，电气设备要有完好的绝缘及接地装置，对接地线要定期检查测试。

⑥ 带煤气工作时，必须使用铜制工具，在铜制工具上涂黄油，防止工作时与设备碰撞产生火花。

⑦ 煤气设备及管道附近不准堆放易燃易爆物品。

⑧ 凡在停产的煤气设备上动火，必须做到：可靠地切断煤气来源，并认真处理干净残留煤气；检测管道和设备内气体是否合格；将设备内可燃物质清扫干净，或通入蒸汽；动火始终不能中断蒸汽。

⑨ 煤气设备、管道的一些部位较易发生泄漏，应经常检查，这些部位是：阀芯、法兰、膨胀器、蚀缝口、计量导管、铸铁管接头、排水槽、煤气柜侧与活塞间风机轴头、蝶阀轴间等。

2. 煤气着火的应急处理

① 机前煤气管道着火，立即关闭鼓风机，同时通知分厂办及公司相关部门；机后煤气

管道设施着火，严禁停车。正压煤气管道若直径小于 100mm，可用阀门切断法，或用管口堵死法灭火；大于 100mm 的管道通蒸汽。

② 发生煤气火灾时，岗位人员应迅速赶到，采取措施防止事故扩大化。

③ 由于设备不严密而轻微泄漏引起的着火，可用湿泥、湿麻袋等堵住着火处灭火。火熄灭后，再按有关规定补好泄漏处。

④ 直径小于 100mm 的管道着火时，可直接关闭阀门，切断煤气灭火。

⑤ 直径大于 100mm 的煤气管道着火时，不能突然把煤气阀关死，以防回火爆炸。

⑥ 煤气大量泄漏引起着火时，采用关闭阀门降压通入蒸汽或氮气灭火。在降压时必须在现场安装临时压力表，使压力逐渐下降，防止突然关死阀门引起回火爆炸。其压力不能低于 $5\sim10mmH_2O$（$1mmH_2O=9.80665Pa$）。

⑦ 煤气设备烧红时，不得用水骤然冷却，以防管道和设备急剧收缩造成变形和断裂。

⑧ 煤气设备附近着火，导致煤气设备温度升高，但还未引起煤气着火和设备烧坏时，可正常生产。但必须采取措施将火源隔开并及时熄灭。当煤气设备温度不高时，可用水冷却设备。

⑨ 煤气设备内的沉积物，如萘、焦油等着火时，可将设备的人孔、放散阀等一切与大气相通的附属孔关闭，使其隔绝空气自然熄火；也可通入蒸汽或氮气灭火。灭火后切断煤气来源，再按有关规程处理。

⑩ 若发生较大的火灾事故，应及时上报分厂、公司，联络外部 119 报警台，并作出妥善处理。事故发生后，对造成的污染要妥善处理，出具事故处理报告，提出纠正和预防措施。

第三节 爆　炸

一、爆炸的含义

爆炸是物质发生急剧的物理、化学变化，在瞬间释放出大量能量并伴有巨大声响的过程。从广义上说，爆炸是物质从一种状态迅速转变成另一状态，并在瞬间放出大量能量，同时产生声响的现象。在发生爆炸时，势能（化学能或机械能）突然转变为动能，有高压气体生成或者释放出高压气体，这些高压气体随之做机械功，如移动、改变或抛射周围的物体。一旦发生爆炸，将会对邻近的物体产生极大的破坏作用，这是由于构成爆炸体系的高压气体作用到周围物体上，使物体受力不平衡，从而遭到破坏。

化工装置、机械设备、容器等爆炸后会变成碎片飞散出去，在相当大的范围内造成危害。化工生产中因爆炸碎片造成的伤亡占很大比例。爆炸碎片的飞散距离一般可达 $100\sim500m$。

爆炸气体扩散通常在爆炸的瞬间完成，对一般可燃物质不会造成火灾，而且爆炸冲击波有时能起灭火作用。但是爆炸的余热或余火，会点燃从破损设备中不断散发出的可燃液体蒸气而造成火灾。

二、爆炸的分类

1. 按爆炸过程的性质分类

通常将爆炸分为物理爆炸、化学爆炸和核爆炸三种类型。

（1）物理爆炸

物理爆炸是指装在容器内的液体或气体，由于物理变化（温度和压力等因素）引起体积迅速膨胀，导致容器压力急剧增加，由于超压或应力变化使容器发生爆炸，且在爆炸前后物质的性质及化学成分均不改变的现象。如蒸汽锅炉、液化气钢瓶等爆炸，均属物理爆炸。物理爆炸本身虽没有进行燃烧反应，但产生的冲击力有可能直接或间接地造成火灾。

（2）化学爆炸

化学爆炸是指由于物质本身发生化学反应，产生大量气体并使温度、压力增加或两者同时增加而形成的爆炸现象。如可燃气体、蒸气或粉尘与空气形成的混合物遇火源而引起的爆炸，炸药的爆炸等都属于化学爆炸。化学爆炸的反应速度快，爆炸时放出大量的热能，产生大量气体和很大的压力，并发出巨大的响声。化学爆炸能够直接造成火灾，具有很大的破坏性。

（3）核爆炸

核爆炸是指由于原子核裂变或聚变反应，释放出核能所形成的爆炸。如原子弹、氢弹等的爆炸就属核爆炸。

2. 按照爆炸的瞬时燃烧速度分类

（1）轻爆

物质爆炸时的燃烧速度为每秒数米，爆炸时破坏力较小，声响也不大。如无烟火药在空气中的快速燃烧，可燃气体混合物在接近爆炸浓度上限或下限时的爆炸即属于此类。

（2）爆炸

物质爆炸时的燃烧速度为每秒十几米至数百米，爆炸时能在爆炸点引起压力激增，有较大的破坏力和震耳的声响。可燃气体混合物在多数情况下的爆炸，以及被压火药遇火源引起的爆炸即属于此类。

（3）爆轰

物质爆炸的燃烧速度为 $1000\sim7000\text{m/s}$。爆轰时的特点是突然引起极高压力，并产生超声速的"冲击波"。由于在极短时间内燃烧产物急剧膨胀，像活塞一样挤压其周围气体，反应所产生的能量有一部分传给被压缩的气体层，于是形成的冲击波由它本身的能量所支持，迅速传播并能远离爆轰的发源地而独立存在，同时可引起该处的其他爆炸性气体混合物（火炸药）发生爆炸，即发生"殉爆"（当炸药发生爆炸时，受冲击波的作用引起相隔一定距离的另一炸药爆炸的现象）。

3. 按爆炸反应物质分类

（1）纯组分可燃气体热分解爆炸

纯组分气体发生分解反应产生大量的热而引起的爆炸。

（2）可燃气体混合物爆炸

可燃气体或可燃液体蒸气与助燃气体（如空气）按一定比例混合，在火源的作用下引起的爆炸。

（3）可燃粉尘爆炸

可燃固体的微细粉尘，以一定浓度呈悬浮状态分散在空气等助燃气体中，在引火源作用下引起的爆炸。

（4）可燃液体雾滴爆炸

可燃液体在空气中被喷成雾状剧烈燃烧时引起的爆炸。

（5）可燃蒸气云爆炸

可燃蒸气云产生于设备蒸气泄漏喷出后所形成的滞留状态。密度比空气小的气体浮于上方，反之则沉于地面，滞留于低洼处。气体随风飘移形成连续气流，与空气混合达到其爆炸极限时，在引火源作用下即可引起爆炸。

三、爆炸极限

爆炸极限是指可燃的气体、蒸气或粉尘与空气混合后，遇火会产生爆炸的最高或最低的浓度。气体、蒸气的爆炸极限通常以体积分数表示；粉尘浓度通常用单位体积中的质量（g/m^3）表示。其中遇火会产生爆炸的最低浓度，称为爆炸下限；遇火会产生爆炸的最高浓度，称为爆炸上限。表 1-7 是一些气体和液体蒸气的爆炸极限。爆炸极限是评定可燃气体、蒸气或粉尘爆炸危险性大小的主要依据。爆炸上、下限值之间的范围越大，即爆炸下限越低、爆炸上限越高，爆炸危险性就越大。混合物的浓度低于下限或高于上限时，既不能发生爆炸也不能发生燃烧。

表 1-7　一些气体和液体蒸气的爆炸极限

可燃物	爆炸极限（体积分数）/%		可燃物	爆炸极限（体积分数）/%	
	下限	上限		下限	上限
氢气	4.0	74.2	环己烷	1.3	8.0
一氧化碳	12.5	74.0	苯	1.4	7.1
甲烷	5.3	14.0	庚烷	1.2	6.7
乙烷	3.0	12.5	甲苯	1.4	6.7
乙烯	3.1	36.0	三甲苯	1.1	6.4
乙炔	2.5	81.0	二甲苯	1.0	6.0
丙烷	2.2	9.5	乙醚	1.9	48.0
丁烷	1.9	8.5	丙酮	3.0	11.0
戊烷	1.5	7.8	酒精	3.3	19.0
己烷	1.2	7.5	甲醇	6.7	36.5

四、化学性爆炸物质的分类

统计资料表明，大多数恶性的爆炸事故属于化学性爆炸，化学性爆炸按爆炸时物质发生的化学变化又可分为三类：

1. 简单分解爆炸

发生简单分解的爆炸物，在爆炸时并不一定发生燃烧反应。爆炸所需的能量是由爆炸物本身分解时放出的分解热提供的。属于这一类的有乙炔银、乙炔铜、碘化氮、氯化氮等物质的爆炸反应。这类物质极不稳定，受震动即可引起爆炸，是比较危险的。如：

$$Ag_2C_2 \Longrightarrow 2Ag + 2C + 364kJ/mol$$

表面上看，此反应生成的都是固态产物，但是在爆炸反应温度下，银发生气化，同时使附近的空气迅速灼热，形成高温高压气体源，从而导致了爆炸。某些气体由于分解产生很大的热量，在一定条件下也可能产生分解爆炸，在受压的情况下更容易发生爆炸。例如高压存放下的乙烯、乙炔发生的分解爆炸就属于这类情况。

具有分解爆炸特性的气体分解时可以产生大量的热量。摩尔分解热达到 80～120kJ/mol 的气体一旦引燃火焰就会蔓延开来。摩尔分解热高于上述量值的气体，能够发生很激烈的分解爆炸。在高压下容易引起分解爆炸的气体，当压力降至某个数值时，火焰便不再传播，这个压力称作该气体分解爆炸的临界压力。

高压乙炔非常危险，其分解爆炸的化学方程式为：

$$C_2H_2 = 2C(固) + H_2 + 226kJ/mol$$

分解反应火焰温度可以高达 3100℃。乙炔分解爆炸的临界压力是 0.14MPa，在这个压力以下贮存乙炔就不会发生分解爆炸。此外，乙炔类化合物也同样具有分解爆炸的危险，如乙烯基乙炔分解爆炸的临界压力为 0.11MPa，甲基乙炔在 20℃ 分解爆炸的临界压力为 0.44MPa，在 120℃ 则为 0.31MPa。

2. 复杂分解的爆炸

属于这类的爆炸物质在外界强度较大的激发能（如爆轰波）的作用下，能够发生高速的放热反应，同时形成强烈压缩状态的气体作为引起爆炸的高温高压气体源。这类物质爆炸时伴有燃烧现象，燃烧所需的氧由物质本身分解时产生，爆炸后往往会把附近的可燃物点燃，引起大面积火灾。大多数炸药例如苦味酸和一些有机过氧化物均属此类。炸药爆炸进行的速度高达每秒数千米到一万米，所形成的温度约 3000～5000℃，压力高达 10 万 atm（1atm≈101.325kPa），因而能急骤地膨胀并对周围介质做功，造成巨大的破坏作用。和简单分解爆炸物相比较，复杂分解爆炸物对外界的刺激敏感性较低，因而危险性也略低。

3. 爆炸性混合物的爆炸

这类爆炸发生在气相里，可燃气体、可燃液体的蒸气、可燃粉尘与空气混合所形成的混合物发生的爆炸现象均属此类。这类物质爆炸需要具备一定的条件，它们的危险性较以上两类物质低。在化工生产中，可燃气体或蒸气从工艺装置、设备管线泄漏到厂房中，而后空气渗入装有这种气体的设备中，就可以形成爆炸性混合物，遇到火源，便会造成爆炸事故。化工生产中所发生的爆炸事故，大都是爆炸性混合物造成的，因而危害很大。

五、粉尘爆炸

实际上，任何可燃物质以粉尘形式与空气按适当比例混合时，被热源如火花、火焰点燃，都能迅速燃烧并引起严重爆炸。许多粉尘爆炸的灾难性事故的发生，都是由于忽略了上述事实。谷物、面粉、煤的粉尘以及金属粉末都有这方面的危险性。化肥、木屑、奶粉、洗衣粉、纸屑、可可粉、香料、软木塞、硫黄、硬橡胶粉、皮革和其他许多物品的加工业，时有粉尘爆炸发生。为了防止粉尘爆炸，维持清洁十分重要。所有设备都应该无粉尘泄漏。爆炸卸放口应该通至室外安全地区，卸放管道应该相当坚固，使其足以承受爆炸力。真空吸尘优于清扫，禁止应用压缩空气吹扫设备上的粉尘，以免形成粉尘云。

煤是可燃性物质，如其粉尘浮游在空气中且达到一定浓度，同时有足够点燃煤尘的热源就会发生煤尘爆炸。煤尘爆炸时，爆温可达 2300～2500℃，火焰传播速度可达 1120m/s 以上，冲击波速度可达 2340m/s，破坏力极强。煤尘爆炸产生大量一氧化碳，其浓度可达 2%～3%，能使人员中毒身亡。

为了防止粉尘引发爆炸，在粉尘没有清理干净的区域应严禁明火、吸烟、切割或焊接等，所用电线应该是适于多尘气氛的，静电也必须消除。对于这类高危险性的物质，最好是在封闭系统内加工，在系统内导入适宜的惰性气体，把其中的空气置换掉。粉末冶金行业普遍采用这种方法。

六、焦炉煤气爆炸的预防措施和煤气爆炸事故应急处理

1. 焦炉煤气爆炸的预防措施

为了防止煤气爆炸，首先就要杜绝煤气和空气的混合而产生爆炸范围内的混合气体。其次要避免高温和火源接触爆炸性混合物气体。

因此要做到以下几点：

① 认真巡检，加强焦炉煤气设备、管道维护，杜绝跑、冒、滴、漏。焦炉煤气的含氧量要低于1%。

② 煤气管应按时清扫，保持畅通，煤气水封不得抽空或漫溢。产生焦炉煤气场所要尽量密闭，局部安装通风装置；进入这类场所时应携带便携式报警仪。

③ 送煤气前，对煤气设备及管道内的空气须用蒸汽或氮气置换干净，然后用煤气置换蒸汽或氮气，并逐段做爆发试验，合格后方可投用。

④ 正在生产的煤气设备和不生产的煤气设备必须可靠断开，切断煤气来源时必须用盲板。

⑤ 在已可靠切断煤气来源的煤气设备及煤气管道上动火时，一定要经检查、化验合格后，方可动火。对长时间未使用的煤气设备动火，必须重新进行检测，鉴定合格方能动火。

⑥ 在运行中的煤气设备或管道上动火，应保证煤气的压力正常，只准用电焊，不准用气焊，要有防护人员在场。

⑦ 凡停车的煤气设备，必须及时处理残余煤气，直至合格。

⑧ 设备检修后投产时，除严格按标准验收外，必须认真检查有无火源、有无静电放电的可能，然后才按规定送气。

⑨ 若发生较大的爆炸事故，应及时上报分厂及公司、联络外部119报警台，作出妥善处理。

2. 煤气爆炸事故应急处理

① 应立即切断煤气来源，并迅速把煤气处理干净。

② 对出事地点严加警戒，杜绝通行，以防更多人中毒。

③ 在爆炸地点40m内禁止动火，防止发生着火事故。

④ 迅速查明原因，未查明之前，不准送煤气。

⑤ 煤气爆炸后，如产生着火事故，按着火事故处理；如产生中毒事故，按中毒事故处理。

第四节　防火与防爆安全装置和设施

一、阻止火势蔓延的措施

阻止火势蔓延的目的在于减少火灾危害，把火灾损失降到最低程度。这主要通过设置阻

火装置和建造阻火设施来达到。

1. 阻火装置

阻火装置的作用是防止外部火焰串入有火灾爆炸危险的设备、管道、容器，或阻止火焰在设备或管道间蔓延。主要包括阻火器、安全液封、单向阀、阻火闸门等。

（1）阻火器

阻火器的工作原理是使火焰在管中蔓延的速度随着管径的减小而减小，最后可以达到一个阻止火焰蔓延的临界直径。

阻火器常用在容易引起火灾爆炸的高热设备和输送可燃气体、易燃液体蒸气的管道之间，以及可燃气体、易燃液体蒸气的排气管上。

阻火器有金属网、砾石和波纹金属片等形式。

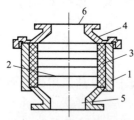

图 1-2　金属网阻火器

1—壳体；2—金属网；3—垫圈；
4—上盖；5—进口；6—出口

① 金属网阻火器。其结构如图 1-2 所示，该设备是用若干具有一定孔径的金属网把空间分隔成许多小孔隙。对一般有机溶剂采用 4 层金属网即可阻止火焰蔓延，通常采用 6～12 层。

② 砾石阻火器。其结构如图 1-3 所示，该设备是用砂粒、卵石、玻璃球等作为填料，这些阻火介质使阻火器内的空间被分隔成许多非直线性小孔隙，当可燃气体发生燃烧时，这些非直线性微孔能有效地阻止火焰的蔓延，其阻火效果比金属网阻火器更好。阻火介质的直径一般为 3～4mm。

③ 波纹金属片阻火器。其结构如图 1-4 所示，壳体由铝合金铸造而成，阻火层由 0.1～0.2mm 厚的不锈钢带压制而成波纹形。两波纹带之间加一层同厚度的平带缠绕成圆形阻火层，阻火层上形成许多三角形孔隙，孔隙尺寸为 0.45～1.5mm，其尺寸大小由火焰速度的大小决定，三角形孔隙有利于阻止火焰通过，阻火层厚度一般不大于 50mm。

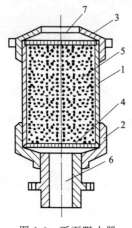

图 1-3　砾石阻火器

1—壳体；2—下盖；3—上盖；4—网格；
5—砂粒；6—进口；7—出口

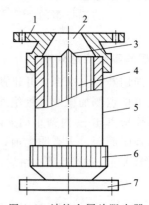

图 1-4　波纹金属片阻火器

1—上盖；2—出口；3—轴芯；4—波纹金属片；
5—外壳；6—下盖；7—进口

（2）安全液封

安全液封的阻火原理是将液体封在进出口之间，一旦液封的一侧着火，火焰都将在液封处被熄灭，从而阻止火焰蔓延。安全液封一般安装在气体管道与生产设备或气柜之间。一般用水作为阻火介质。

常见的安全液封有敞开式和封闭式两种，其结构如图 1-5 和图 1-6 所示。

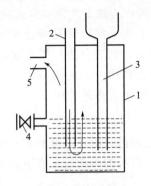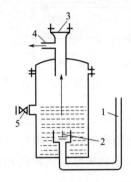

图 1-5　敞开式液封
1—外壳；2—进气管；3—安全管；
4—验水栓；5—气体出口

图 1-6　封闭式液封
1—气体进口；2—单向阀；3—防爆膜；
4—气体出口；5—验水栓

水封井是安全液封的一种，设置在有可燃气体、易燃液体蒸气或油污的污水管网上，以防止燃烧或爆炸沿管网蔓延，水封井的结构如图 1-7 所示。

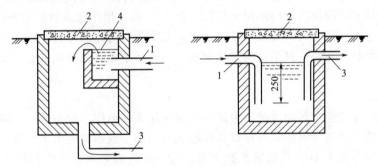

图 1-7　水封井的结构
1—污水进口；2—井盖；3—污水出口；4—溢水槽

安全液封的使用安全要求如下。

① 使用安全液封时，应随时注意水位不得低于水位阀门所标定的位置。但水位也不应过高，否则除了可燃气体通过困难外，水还可能随可燃气体一道进入出气管。每次发生火焰倒燃后，应随时检查水位并补足。安全液封应保持垂直状态。

② 冬季使用安全液封时，在工作完毕后应把水全部排出，以免冻结。如发现冻结现象，只能用热水或蒸汽加热解冻，严禁用明火烘烤。为了防冻，可在水中加少量食盐以降低冰点。

③ 使用封闭式安全液封时，由于可燃气体中可能带有黏性杂质，使用一段时间后容易黏附在阀和阀座等处，所以需要经常检查逆止阀的气密性。

（3）单向阀

又称止逆阀、止回阀，其作用是仅允许流体向一定方向流动，如有回流即自动关闭。单向阀常用于防止高压物料串入低压系统，也可用作防止回火的安全装置。如液化石油气瓶上

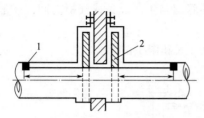

图1-8　跌落式自动阻火闸门
1—易熔合金元件；2—阻火闸门

的调压阀就是单向阀的一种。

（4）阻火闸门

阻火闸门是为防止火焰沿通风管道蔓延而设置的阻火装置。图1-8所示为跌落式自动阻火闸门。

正常情况下，阻火闸门受易熔合金元件控制处于开启状态，一旦着火，高温会使易熔金属熔化，此时闸门失去控制，受重力作用自动关闭。也有的阻火闸门是手动的，在遇火警时由人迅速关闭。

2. 阻火设施

阻火设施是指在一定时间能把火势控制在一定空间内，阻止其蔓延扩大的一系列分隔设施。其中，阻火设施可分为固定式和可开关式两种。常用的阻火设施有下面几种。

（1）防火门

防火门是在一定时间内，连同框架能满足耐火稳定性、完整性和隔热性要求的一种防火分隔物。防火门是建筑物防火分隔的措施之一，通常用在防火墙上、楼梯间出入口或管井开口部位。它对防止烟、火的扩散和蔓延，减少损失起着重要作用。

按耐火极限，防火门可分为甲、乙、丙三级。甲级防火门的耐火极限不低于1.2h，用于建筑物划分防火分区的防火墙上。乙级防火门的耐火极限不低于0.9h，用于安全疏散的封闭楼梯间的前室。丙级防火门的耐火极限不低于0.6h，用作建筑物竖向井道的检查门。

企业应注意防火门、窗的外观质量完好，安装牢固，与相邻楼板、墙体等建筑结构之间的孔隙采用不燃材料或防火封堵材料封堵密实；门上严禁私自加装锁具，严禁采用可燃材料装饰。

（2）防火墙

防火墙是由不燃烧材料构成的，为减小或避免建筑、结构、设备遭受热辐射危害和防止火灾蔓延，设置的竖向分隔体或直接设置在建筑物基础上或钢筋混凝土框架上具有耐火性的墙，其耐火极限不低于4h。从建筑平面上分，有与屋脊方向垂直的横向防火墙和与屋脊方向一致的纵向防火墙；从位置上分，有内墙防火墙、外墙防火墙和室外独立防火墙。内墙防火墙可以把建筑物划分成若干个防火分区。外墙防火墙是在两幢建筑物之间因防火间距不足而设置的无门窗孔洞的外墙。室外独立防火墙是当建筑物间的防火间距不足又不便使用外墙防火墙时而设置的，用以挡住并切断对面的热辐射和冲击波作用。

防火墙是减轻热辐射作用和防止火势蔓延的重要阻火设施，砌筑时必须能够截断燃烧体或难燃烧体的屋顶结构，应高出非燃烧体屋面不小于40cm，高出燃烧体和难燃烧体屋面不小于50cm；墙中心距天窗端面的水平距离不小于4m；墙上不应开设门窗孔洞，如必须开设时，应采用甲级防火门窗，并应用非燃烧材料将缝隙紧密填塞；防火墙不应设在建筑物的转角处，如必须设置，则内转角两侧上的门窗洞口之间最近的水平距离不应小于4m，紧靠防火墙两侧的门窗洞口之间最近的水平距离不应小于2m。当装有耐火极限不小于0.9h的非燃烧体固定门扇时（包括转角墙上的窗洞），可不受此限。

（3）防火卷帘

防火卷帘是指在一定时间内，连同框架能满足耐火稳定性和耐火完整性要求的防火阻隔物。通常设在因使用或工艺要求而不便设置其他防火分隔物的处所，如在设有上、下层相通单向阀的走廊、自动扶梯、传送带、跨层窗等开口部位，用以封闭或代替防火墙作为防火分区的分隔设施。

防火卷帘一般由帘板、卷筒、导轨、传动装置、控制装置、护罩等部分组成。帘板通常用钢板重叠组合结构，刚性强，密封性好，体积小，不占用面积，可以通过手动或电动使卷帘启闭与火灾自动报警系统联动。以防火卷帘代替防火墙时，必须有水幕保护。防火卷帘可安装在外墙门洞上，也可安装在内墙门洞上。要求安装牢固，启闭灵活；应设置限位开关，卷帘运行至上下限时，能自动停止；还应有延时装置，以保证人员通过。

（4）排烟防火阀

排烟防火阀是安装在排烟系统管道上，在一定时间内能满足耐火稳定性和耐火完整性要求，起阻火隔烟作用的阀门。企业应注意防火阀及其执行机构的外观质量完好，安装牢固，与洞口之间的孔隙采用不燃材料或防火封堵材料封堵密实，同时，确保手动、自动、联动启动及复位等功能正常。

（5）水幕系统

水幕系统是由水幕喷头、管道和控制阀等组成的阻火、冷却、隔火喷水系统。用于需要进行水幕保护或防火隔断的部位，如设置在企业中的各防火区或设备之间，阻止火势蔓延扩大，阻隔火灾事故产生的辐射热，对泄漏的易燃、易爆、有害气体和液体起疏导和稀释作用。

二、限制爆炸扩散的措施

限制爆炸扩散的措施，就是采取泄压隔爆措施防止爆炸冲击波对设备或建（构）筑物的破坏和对人员的伤害。这主要是通过在工艺设备上设置防爆泄压装置和在建（构）筑物上设置隔爆泄压结构或设施来达到。

1. 防爆泄压装置

防爆泄压装置包括安全阀、防爆片、防爆门和放空管等。系统内一旦发生爆炸或压力骤增，可以通过这些设施释放能量，以减小巨大压力对设备的破坏或引起爆炸事故的可能性。

（1）安全阀

安全阀是为了防止设备或容器内非正常压力过高引起物理性爆炸而设置的。当设备或容器内压力升高超过一定限度时安全阀能自动开启，排放部分气体，当压力降至安全范围内再自行关闭，从而实现设备和容器内压力的自动控制，防止设备和容器的破裂爆炸。

常用的安全阀有弹簧式、杠杆式，其结构如图1-9、图1-10所示。工作温度高而压力不高的设备宜选杠杆式，高压设备宜选弹簧式。一般多用弹簧式安全阀。

设置安全阀时应注意以下几点。

① 压力容器的安全阀直接安装在容器本体上。容器内有气、液两相物料时，安全阀应装于气相部分，防止排出液相物料而发生事故。

② 一般安全阀可就地放空，放空口应高出操作人员1m以上且不应朝向15m以内的明火或易燃物。室内设备、容器的安全阀放空口应引出房顶，并高出房顶2m以上。

③ 安全阀用于泄放可燃及有毒液体时，应将排泄管接入事故贮槽、污油罐或其他容器；用于泄放与空气混合能自燃的气体时，应接入密闭的放空塔或火炬。

④ 当安全阀的入口处装有隔断阀时，隔断阀应为常开状态。

⑤ 安全阀的选型、规格、排放压力的设定应合理。

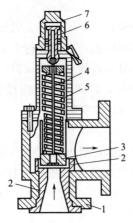

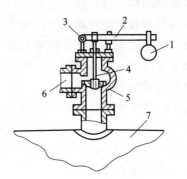

图 1-9　弹簧式安全阀
1—阀体；2—阀座；3—阀芯；4—阀杆；
5—弹簧；6—阀盖；7—安全护罩

图 1-10　杠杆式安全阀
1—重锤；2—杠杆；3—杠杆支点；4—阀芯；
5—阀座；6—排出管；7—容器或设备

（2）防爆片（又称防爆膜、爆破片）

防爆片是通过法兰装在受压设备或容器上的。当设备或容器内因化学爆炸或其他原因产生过高压力时，防爆片作为人为设计的薄弱环节自行破裂，高压流体即通过防爆片从放空管排出，使爆炸压力难以继续升高，从而保护设备或容器的主体免遭更大的损坏，减少在场人员的伤亡。

防爆片一般应用在以下几种场合。

① 存在爆燃危险或异常反应使压力骤然增加的场合，这种情况下弹簧安全阀由于惯性而不适应。

② 不允许介质有任何泄漏的场合。

③ 内部物料易因沉淀、结晶、聚合等形成黏附物，妨碍安全阀正常动作的场合。

④ 凡有重大爆炸危险性的设备、容器及管道，例如气体氧化塔、进焦煤炉的气体管道、乙炔发生器等，都应安装防爆片。

防爆片的安全可靠性取决于防爆片的材料、厚度和泄压面积。正常生产时压力很小或没有压力的设备，可用石棉板、塑料片、橡皮或玻璃片等作为防爆片；微负压生产情况的可采用 2～3cm 厚的橡胶板作为防爆片；操作压力较高的设备可采用铝板、铜板。铁片破裂时能产生火花，存在燃爆性气体时不宜采用。

防爆片的爆破压力一般不超过系统操作压力的 1.25 倍。若防爆片在低于操作压力时破裂，就不能维持正常生产；若操作压力过高而防爆片不破裂，则不能保证安全。

（3）呼吸阀

呼吸阀是安装在轻质油品储罐上的一种安全附件，有液压式和机械式两种。液压式呼吸阀是由槽式阀体和带有内隔壁的阀罩构成，在阀体和阀罩内隔壁的内外环空间注入沸点高、蒸发慢、凝点低的油品，作为隔绝大气与罐内油气的液封。机械式呼吸阀是一个铸铁或铝铸成的盒子，盒子内有真空阀和压力阀、吸气口和呼气口。

呼吸阀安装在储罐顶部，通过控制气体进出储罐的速度和量来维持储罐压力的稳定。当储罐内压力高于设定值时，呼吸阀会打开，排出部分气体，降低储罐压力；当储罐内压力低于设定值时，呼吸阀会关闭，阻止外部气体进入，以保持储罐压力在正常范围内。

在气温较低地区宜同时设置液压式和机械式呼吸阀，而液封油的凝固点应低于当地最低气温，以使油罐可靠地"呼吸"，保证安全运行。呼吸阀下端应安装防止回火的阻火器，并置于避雷设施保护范围内。

（4）放空管

放空管是为把容器、管道等设备中危害正常运行和维护保养的介质排放出去而设置的部件。在某些极其危险的设备上，为防止可能出现的超温、超压而引起恶性爆炸事故，可设置自动或手控的放空管以紧急排放危险物料。

放空管的消防规定如下。

① 放空管出口应在远离明火作业的安全地区。若室内放空管出口近屋顶，应高出屋顶2m以上；在墙外的放空管应超出地面4m以上，周围并设置遮栏及标示牌；室外设备的放空管应高于附近有人操作的最高设备2m以上。排放时周围应禁止一切明火作业。

② 应有防止雨雪侵入和外来异物堵塞放空管和排污管的措施。

③ 放空阀应能在控制室远程操作或放在发生火灾时仍有可能接近的地方。

2. 建筑防爆泄压结构或设施

建筑防爆泄压结构或设施是指在有爆炸危险的厂房所采取的阻爆、隔爆措施，如耐爆框架结构、泄压轻质屋盖、泄压轻质外墙、防爆门窗、防爆墙等。这些泄压构件是人为设置的薄弱环节，当发生爆炸时，它们最先遭到破坏或开启，向外释放大量的气体和热量，使室内爆炸产生的压力迅速下降，从而达到主要承重结构不被破坏、整座厂房不倒塌的目的。

（1）防爆门

防爆门一般设置在燃油、燃气或燃烧煤粉的燃烧室外壁上，以防止燃烧爆炸时，设备遭到破坏。防爆门的总面积一般按燃烧室内部净容积 $1m^3$ 不少于 $250cm^2$ 计算。为了防止燃烧气体喷出时将人烧伤，防爆门应设置在人们不常到的地方，高度不低于2m。防爆门分为向上翻开的防爆门（图1-11）和向下翻开的防爆门（图1-12）。

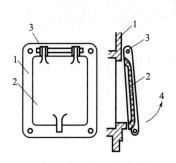

图1-11　向上翻开的防爆门
1—防爆门的门框；2—防爆门；
3—转轴；4—防爆门动作方向

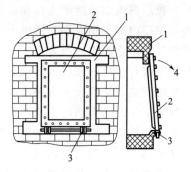

图1-12　向下翻开的防爆门
1—燃烧室外壁；2—防爆门；
3—转轴；4—防爆门动作方向

（2）防爆墙

防爆墙是具有抗爆炸冲击波的能力、能将爆炸的破坏作用限制在一定范围内的墙。防爆墙分为钢筋混凝土防爆墙、钢板防爆墙、砖砌防爆墙、阻燃防爆墙、军事专用防爆墙等。

防爆墙设计要求如下。

① 防爆墙体应采用非燃烧材料，且不宜作为承重墙，其耐火极限不应低于4h。

② 防爆墙可采用配筋砖墙。当相邻房间生产人员较多或设备较贵重时，宜采用现浇钢筋混凝土墙。

③ 配筋砖墙厚度应由结构计算确定，但不应小于 240mm，砖强度不应低于 MU7.5，砂浆强度不应低于 M5。

三、防火防爆的基本措施和防火、防爆十大禁令

1. 防火防爆的基本措施

① 开展防火教育，提高群众对防火意义的认识。建立健全群众性义务消防组织和防火安全制度，开展经常性的防火安全检查，消除火险隐患，并配备适用和足够的消防器材。

② 认真执行建筑防火设计规范。厂房和库房必须符合防火等级要求。厂房和库房之间应有安全距离，并设置消防用水和消防通道。

③ 合理布置生产工艺。根据产品原材料的火灾危险性质，安排、选用符合安全要求的设备和工艺流程。性质不同又能相互作用的物品应分开存放。具有火灾、爆炸危险的厂房，要采用局部通风或全面通风，降低易燃气体、蒸气、粉尘的浓度。

④ 易燃易爆物质的生产，应在密闭设备中进行。对于特别危险的作业，可充装惰性气体或其他介质保护，隔绝空气。对于与空气接触会燃烧的物质应采取特殊措施存放，例如，将金属钠存于煤油中，磷存于水中，二硫化碳用水封闭存放等。

⑤ 从技术上采取安全措施，消除火源。例如，为消除静电，可向汽油内加入抗静电剂。油库设施包括油罐、管道、卸油台、加油柱，应进行可靠的接地，接地电阻不大于 30Ω；乙炔管道接地电阻不大于 20Ω。往容器注入易燃液体时，注液管道要光滑、接地，管口要插到容器底部。为防止雷击，应在易燃易爆生产场所和库房安装避雷设施。此外，设备管理应符合防火防爆要求，厂房和库房地面采用不发火地面等。

2. 防火、防爆十大禁令

① 严禁在厂内吸烟及携带火种和易燃、易爆、有毒、易腐蚀品入厂；

② 严禁在厂内施工用火和生活用火（确需动火时须办理动火作业票）；

③ 严禁穿易产生静电的服装进入油气区工作；

④ 严禁穿戴有铁钉的鞋进入油气区及易燃、易爆装置区；

⑤ 严禁用汽油、易挥发溶剂擦洗设备、衣服、工具及地面等；

⑥ 严禁非工作机动车辆进入生产装置、罐区及易燃易爆区；

⑦ 严禁就地排放易燃、易爆物料及化学危险品；

⑧ 严禁在油气区用黑色金属或易产生火花的工具敲打、撞击和作业；

⑨ 严禁堵塞消防通道及随意挪用或损坏消防设施；

⑩ 严禁损坏厂内各类防爆设施。

✏ 课后习题

一、单项选择题

1. 燃烧是一种发光发热的（　　）反应。

A. 物理　　　　　　　B. 化学　　　　　　　C. 生物

2. 以下材料中若发生火灾，属于 A 类火灾的是（　　）。

A. 煤气　　　　　　　　B. 纸张　　　　　　　　C. 变压器　　　　　　　D. 酒精

3. 物质在发生自燃时所需要的最低温度，叫作自燃点。自燃点越低，其发生燃烧的可能性和危险性（　　　）。

A. 越大　　　　　　　　B. 越小　　　　　　　　C. 恒定不变　　　　　　D. 不确定

4. 下列气体中（　　　）是惰性气体，可用来控制和消除燃烧爆炸条件的形成。

A. 空气　　　　　　　　B. 一氧化碳　　　　　　C. 氧气　　　　　　　　D. 水蒸气

5. 粉尘爆炸属于（　　　）。

A. 物理爆炸　　　　　　B. 化学爆炸　　　　　　C. 气体爆炸

6. 燃烧具有三要素，下列选项不是发生燃烧的必要条件的是（　　　）。

A. 可燃物质　　　　　　B. 助燃物质　　　　　　C. 点火源　　　　　　　D. 明火

7. 下列哪项是防火的安全装置？（　　　）

A. 阻火装置　　　　　　B. 安全阀　　　　　　　C. 防爆泄压装置　　　　D. 安全液封

8. 下列爆炸属于化学爆炸的是（　　　）。

A. 锅炉爆炸　　　　　　B. 氧气钢瓶爆炸　　　　C. 硝化棉爆炸　　　　　D. 轮胎爆炸

9. 下列瞬时燃烧速度排列正确的是（　　　）。

A. 轻爆＞爆炸＞爆轰　　　　　　　　　　　　B. 爆炸＞轻爆＞爆轰

C. 爆轰＞轻爆＞爆炸　　　　　　　　　　　　D. 爆轰＞爆炸＞轻爆

10. 够实现设备和容器内压力的自动控制，防止设备和容器的破裂爆炸的是（　　　）。

A. 安全阀　　　　　　　B. 防爆片　　　　　　　C. 防爆门

11. 属于物理爆炸的是（　　　）。

A. 爆胎　　　　　　　　B. 氯酸钾　　　　　　　C. 硝基化合物　　　　　D. 面粉

12. 去除助燃物的方法是（　　　）。

A. 隔离法　　　　　　　B. 冷却法　　　　　　　C. 窒息法　　　　　　　D. 稀释法

13. 闪点表示易燃液体的易燃程度。液体的闪点越低，易燃性越大，危险性（　　　）。

A. 越小　　　　　　　　B. 不变　　　　　　　　C. 越大　　　　　　　　D. 不确定

14. 易燃固体同时具备 3 个条件：燃点低；燃烧迅速；放出有毒烟雾或有毒气体。易燃固体燃点越低，其发生燃烧的可能性和危险性（　　　）。

A. 恒定不变　　　　　　B. 越小　　　　　　　　C. 越大　　　　　　　　D. 不确定

15. 可燃气体、蒸气和粉尘与空气（或助燃气体）的混合物，必须在一定的浓度范围内，遇到足以引爆的火源才能发生爆炸。这个可爆炸的浓度范围，叫作该爆炸物的（　　　）。

A. 爆炸浓度极限　　　　B. 爆炸极限　　　　　　C. 爆炸上限　　　　　　D. 爆炸下限

16. 下列适用于扑救电气设备火灾的是（　　　）。

A. 水　　　　　　　　　B. 二氧化碳灭火剂　　　C. 泡沫灭火剂

17. 不能用水灭火的是（　　　）。

A. 棉花　　　　　　　　B. 木材　　　　　　　　C. 汽油　　　　　　　　D. 纸

18. 扑灭精密仪器等火灾时，一般用的灭火器为（　　　）。

A. 二氧化碳灭火器　　　　　　　　　　　　　B. 泡沫灭火器

C. 干粉灭火器　　　　　　　　　　　　　　　D. 卤代烷灭火器

19. 易燃液体的蒸气与空气的混合物可被点燃产生瞬间闪光的最低温度称为（　　　）。

A. 闪点　　　　　　　　B. 着火点　　　　　　　C. 起爆点　　　　　　　D. 自燃点

20. 中断燃烧链式反应的方法是（　　　）。

A. 隔离法　　　　　　　B. 冷却法　　　　　　　C. 窒息法　　　　　　　D. 化学抑制

二、判断题

1. 闪点越高的危化品泄漏后越容易引起燃烧与爆炸。（   ）

2. 一般来说，气体比液体、固体更易燃易爆，燃速更快。（   ）

3. 沸点越高的物质越容易造成事故现场空气的高浓度污染，且越易达到爆炸极限。（   ）

4. 相对密度小于1的液体发生火灾时，用水灭火效果会更好。（   ）

5. 气体爆炸下限越低或者爆炸范围越大，则其燃烧的可能性也越大，危险性也越大。（   ）

6. 温度升高会使爆炸的危险性增大。（   ）

7. 容器直径越小，混合物的爆炸极限范围则越低。（   ）

8. 混合物中含氧量增加，爆炸极限范围扩大，尤其是爆炸下限显著提高。（   ）

9. 轻金属、电石等着火时不能用水扑救。（   ）

10. 汽油、煤油等着火时可以用水扑救。（   ）

11. 难燃物质为在点火源作用下能被点燃，当点火源移去后不能维持燃烧的物质。（   ）

12. 燃烧就是一种同时伴有发光、发热、生成新物质的激烈的强氧化反应。（   ）

13. 闪燃是着火的先兆，可燃液体的闪点越高，越易着火，火灾危险性越大。（   ）

14. 可燃物是帮助其他物质燃烧的物质。（   ）

15. 灯泡发光是燃烧现象。（   ）

16. 可燃性混合物的爆炸下限越低，爆炸极限范围越宽，其爆炸危险性越小。（   ）

17. 爆炸就是发生的激烈的化学反应。（   ）

18. 火灾、爆炸产生的主要原因是明火和静电摩擦。（   ）

19. 泡沫灭火器使用方法是稍加摇晃，打开开关，药剂即可喷出。（   ）

20. 可燃气体与空气混合遇到火源，即会发生爆炸。（   ）

三、问答题

1. 简述燃烧的特征及火灾发生的三个条件。

2. 简述燃烧的类型，以及燃点和自燃点的区别。

3. 简述爆炸的定义及分类。

4. 简述爆炸极限的定义，并说明爆炸极限范围与危险性的关系。

5. 简述火灾的类型。

6. 简述灭火剂的类型及灭火原理。

7. 简述各种阻火防爆设施的原理。

第二章

工业危害防护技术

 本章学习目标

1. 知识目标
（1）理解工业毒物的分类、毒性和危害；
（2）掌握常见工业毒物防治措施；
（3）掌握灼伤的现场急救及防护措施；
（4）掌握工业噪声的危害及防护措施；
（5）了解电磁辐射的危害及防护措施。
2. 能力目标
（1）熟练掌握工业毒物毒性分级；
（2）掌握常见的化学灼伤急救处理方法；
（3）能根据工业噪声职业接触限值，采取措施将噪声控制在标准以下；
（4）能区分电离辐射和非电离辐射，掌握具体防护措施。

第一节 工业中毒及其防护

在煤化工生产过程中会产生许多有毒物质，例如煤气化产生的煤气中含高浓度的一氧化碳，煤气经过净化回收苯、焦油等，净化后的煤气再合成甲醇或合成氨等；炼焦过程中，会排放苯并芘、SO_2、NO_x、H_2S、CO、NH_3 等有毒物质。这些原料、中间产品或最终产品都有一定的毒性，生产过程中一旦出现跑、冒、滴、漏现象就会造成这些毒物的泄漏，有毒有害物质侵入人体就会引起中毒现象。所以煤化工企业应该尤其注意，避免工人长期处于亚毒性的环境，毒物防护在煤化工生产中具有十分重要的地位。

一、工业毒物及其分类

1. 工业毒物

广而言之，凡作用于人体并产生有害作用的物质均可称为毒物，而狭义的毒物概念是指少量进入人体即可导致中毒的物质。

工业生产过程中使用和产生的有毒物质称为工业毒物或生产性毒物。工业毒物常见于化工产品的生产过程，包括原料、辅料、中间体、成品和废弃物、夹杂物中的有毒物质，并以不同形态存在于生产环境中。例如，散发于空气中的氯、溴、氨、甲烷、硫化氢、一氧化碳等气体；悬浮于空气中的由粉尘、烟、雾混合形成的气溶胶尘；镀铬和蓄电池充电时逸出的铬酸雾和硫酸雾；熔镉和电焊时产生的氧化镉烟尘和电焊烟尘；生产中排放的废水、废气、废渣等。

由毒物侵入机体而导致的病理状态称为中毒。在生产过程中引起的中毒称为职业中毒。

2. 工业毒物的分类

毒物的化学性质各不相同，因此分类的方法很多。生产性毒物可以固体、液体、气体的形态存在于生产环境中。按物理形态可将工业毒物分为以下五种：

① 气体。在常温、常压条件下，散发于空气中的无定形气体，如氯、溴、氨、一氧化碳和甲烷等。

② 蒸气。固体升华、液体蒸发时形成蒸气，如水银蒸气和苯蒸气等。

③ 雾。混悬于空气中的液体微粒，如喷洒农药和喷漆时所形成的雾滴，镀铬和蓄电池充电时逸出的铬酸雾和硫酸雾等。

④ 烟。烟是指直径小于 $0.11\mu m$ 的悬浮于空气中的固体微粒，如熔铜时产生的氧化锌烟尘，熔镉时产生的氧化镉烟尘，电焊时产生的电焊烟尘等。

⑤ 粉尘。粉尘是指能较长时间悬浮于空气中的固体微粒，直径大多数为 $0.1\sim10\mu m$。固体物质的机械加工、粉碎、筛分、包装等可引起粉尘飞扬。

悬浮于空气中的粉尘、烟和雾等微粒，统称为气溶胶。了解生产性毒物的存在形态，有助于研究毒物进入机体的途径和发病原因，且便于采取有效的防护措施，以及选择车间空气中有害物采样方法。

二、工业毒物的毒性

1. 毒性及其评价指标

毒性是指某种毒物引起机体损伤的能力，用来表示毒物剂量与反应之间的关系。通常用实验动物的死亡数来反映物质的毒性。常用的评价指标有以下几种。

（1）绝对致死量或浓度（LD_{100} 或 LC_{100}）

LD_{100} 或 LC_{100} 表示绝对致死剂量或浓度，即能引起实验动物全部死亡的最小剂量或最低浓度。

（2）半数致死量或浓度（LD_{50} 或 LC_{50}）

LD_{50} 或 LC_{50} 表示半数致死剂量或浓度，即能引起实验动物 50% 死亡的剂量或浓度。该指标是将动物实验所得数据经统计处理而得到的。

（3）最小致死量或浓度（MLD 或 MLC）

MLD 或 MLC 表示最小致死剂量或浓度，即能引起全组染毒动物中个别动物死亡的毒性物质的最小剂量或浓度。

（4）最大耐受量或浓度（LD_0 或 LC_0）

LD_0 或 LC_0 表示最大耐受剂量或浓度，即指全组染毒动物全部存活的毒性物质的最大剂量或浓度。

2. 毒物的毒性分级

毒物的急性毒性可根据动物染毒实验资料 LD_{50} 进行分级。据此将毒物分为剧毒、高毒、中等毒、低毒和微毒五级，见表 2-1。

表 2-1 化学物质急性毒性分级

毒性分级	大鼠一次经口 LD_{50}/(mg/kg)	6 只大鼠吸入 4h 死亡 2~4 只的浓度 /(μg/g)	兔涂皮时 LD_{50}/(mg/kg)	对人可能致死量	
				g/kg	60kg 体重总量/g
剧 毒	<1	<10	<5	<0.05	0.1
高 毒	1~50	10~100	5~44	0.05~0.5	3
中等毒	50~500	100~1000	44~340	0.5~5	30
低 毒	500~5000	1000~10000	350~2810	5.0~15	250
微 毒	5000~15000	10000~100000	2810~22590	>15.0	>1000

三、工业毒物侵入人体的途径

毒性物质一般是经过呼吸道、消化道及皮肤接触进入人体的。职业中毒中，毒性物质主要是通过呼吸道和皮肤侵入人体的；而在生活中，毒性物质则是以呼吸道侵入为主。职业中毒中经消化道进入人体的情况是很少的，往往是用被毒物沾染过的手取食物或吸烟，或发生意外事故毒物冲入口腔造成的。

1. 经呼吸道侵入

人体肺泡表面积为 $90\sim160m^2$，每天吸入空气 $12m^3$，约 15kg。空气在肺泡内流速慢，接触时间长，同时肺泡壁薄、血液丰富，这些都有利于毒物的吸收。所以呼吸道是生产性毒物侵入人体的主要途径。在生产环境中，即使空气中毒物含量较低，每天也会有一定量的毒物经呼吸道侵入人体。

从鼻腔至肺泡的整个呼吸道的各部分结构不同，对毒物的吸收情况也不相同。越是进入深部，肺部表面积越大，毒物停留时间越长，其吸收量就越大。固体毒物吸收量的大小，与颗粒和溶解度的大小有关。而气体毒物吸收量的大小，与肺泡组织壁两侧分压大小、呼吸深度、速度以及循环速度有关。另外，劳动强度、环境温度、环境湿度以及接触毒物的条件，对吸收量都有一定的影响。肺泡内的二氧化碳可能会增加某些毒物的溶解度，促进毒物的吸收。

2. 经皮肤侵入

有些毒物可透过无损皮肤或经毛囊的皮脂腺被吸收。

经表皮进入体内的毒物需要越过三道屏障。第一道屏障是皮肤的角质层，一般分子量大于 300 的物质不易透过无损皮肤。第二道屏障是位于表皮角质层下面的连接角质层，其表皮细胞富有固醇磷脂，能阻止水溶性物质的通过，而不能阻止脂溶性物质的通过。毒物通过该屏障后即扩散，经乳头毛细血管进入血液。第三道屏障是表皮与真皮连接处的基膜。脂溶性毒物经表皮吸收后，还要有水溶性，才能进一步扩散和吸收。所以水、脂均溶的毒物（如苯胺）易被皮肤吸收，只是脂溶而水溶极微的苯，经皮肤吸收的量较少。与脂溶性毒物共存的溶剂对毒物的吸收影响不大。

毒物经皮肤进入毛囊后，可以绕过表皮的屏障直接透过皮脂腺细胞和毛囊壁进入真皮，再从下面向表皮扩散。但这个途径不如经表皮吸收严重。电解质和某些重金属，特别是汞，在与皮肤紧密接触后可经过此途径被吸收。操作中如果皮肤沾染上溶剂，可促使毒物贴附于表皮并经毛囊被吸收。

某些气体毒物如果浓度较高，即使在室温条件下，也可同时通过以上两种途径被吸收。毒物通过汗腺吸收并不显著。手掌和脚掌的表皮虽有很多汗腺，但没有毛囊，毒物只能通过表皮屏障而被吸收，而这些部分表皮的角质层较厚，吸收比较困难。

如果表皮屏障的完整性遭破坏，如外伤、灼伤等，可促进毒物的吸收。潮湿也有利于皮肤吸收，特别是对于气体物质更是如此。皮肤经常沾染有机溶剂，使皮肤表面的类脂质溶解，也可促进毒物的吸收。黏膜吸收毒物的能力远比皮肤强，部分粉尘也可通过黏膜吸收进入体内。

3. 经消化道侵入

许多毒物可通过口腔进入消化道而被吸收。胃肠道的酸碱度是影响毒物吸收的重要因素。胃液是酸性，对于弱碱性物质可促进其电离，从而减少其吸收；对于弱酸性物质则有阻止其电离的作用，因而促进其吸收。脂溶性的非电解物质能渗透过胃的上皮细胞而被吸收。胃内的食物、蛋白质和黏液蛋白等，可以减少毒物的吸收。

肠道吸收最重要的影响因素是肠内的碱性环境和较大的吸收面积。弱碱性物质在胃内不易被吸收，到达小肠后可转化为非电离物质被吸收。小肠内分布着酶系统，可使已与毒物结合的蛋白质或脂肪分解，从而释放出游离毒物促进其吸收。在小肠内物质可经过细胞壁直接渗入细胞，这种吸收方式对毒物的吸收，特别是对大分子的吸收起重要作用。制约结肠吸收的条件与小肠相同，但结肠面积小，所以其吸收比较次要。

四、工业毒物对人体的危害

毒物侵入人体后，通过血液循环分布到全身各组织或器官，从而破坏人的正常生理机能，导致中毒。中毒可大致分为急性中毒和慢性中毒两种情况。急性中毒发病急剧、病情变化快、症状较重；慢性中毒一般潜伏期长，发病缓慢，病理变化缓慢且不易在短时期内治好。职业中毒以慢性中毒为主，而急性中毒多见于事故场合，一般较为少见，但危害甚大。

1. 对呼吸系统的危害

人体呼吸系统的分布见图2-1。毒物对呼吸系统的影响表现为以下三个方面。

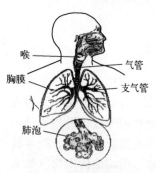

图 2-1　呼吸系统分布

（1）窒息状态

氨、氯、二氧化硫急性中毒时能引起喉痉挛和声门水肿。甲烷能稀释空气中的氧，一氧化碳等能形成高血红蛋白，使呼吸中枢因缺氧而受到抑制。

（2）呼吸道炎症

吸入刺激性气体以及镉、锰、铍的烟尘可引起化学性肺炎。汽油误吸入呼吸道会引起肺炎。铬酸雾能引起鼻中隔穿孔。

（3）肺水肿

中毒性肺水肿常是由吸入大量水溶性的刺激性气体或蒸气所

引起的。如氯气、氨气、氮氧化物、光气、硫酸二甲酯、三氧化硫、卤代烃、羰基镍等。

2. 对神经系统的危害

人体神经系统的分布见图 2-2。毒物对神经系统的影响表现为以下三个方面。

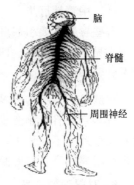

图 2-2　神经系统分布

（1）急性中毒性脑病

锰、汞、汽油、四乙基铅、苯、甲醇、有机磷等所谓"亲神经性毒物"作用于人体会产生中毒性脑病，表现为神经系统症状，如头晕、呕吐、幻视、视觉障碍、复视、昏迷、抽搐等。有的患者表现为癔症或精神分裂症、躁狂症、忧郁症。有的会出现自主神经系统失调，如脉搏减慢、血压和体温降低、多汗等。

（2）中毒性周围神经炎

二硫化碳、有机溶剂、铊、砷粉尘的慢性中毒可引起指、趾触觉减退、麻木、疼痛、痛觉过敏。严重者会造成下肢运动神经元瘫痪和营养障碍等。初期为指、趾肌力减退，逐渐影响到上下肢，以致发生肌肉萎缩，腱反射迟钝或消失。

（3）神经衰弱综合征

见于某些轻度急性中毒、中毒后的恢复期，以慢性中毒的早期症状最为常见，如头痛、头昏、倦怠、失眠、心悸等。

3. 对血液系统的危害

（1）白细胞数变化

大部分中毒均呈现白细胞总数和中性粒细胞的增高。苯、放射性物质等可抑制白细胞和血细胞核酸的合成，从而影响细胞的有丝分裂，对血细胞再生产生障碍，引起白细胞减少甚至患有粒细胞缺乏症。

（2）血红蛋白变性

毒物引起的血红蛋白变性常以高铁血红蛋白症为主。血红蛋白的变性使其带氧功能受到障碍，患者常有缺氧症状，如头昏、乏力、胸闷甚至昏迷。同时，红细胞会发生退行性病变，如寿命缩短、溶血等异常现象。

（3）溶血性贫血

砷化氢、苯胺、苯肼、硝基苯等中毒可引起溶血性贫血。红细胞迅速减少会导致缺氧，患者常有头昏、气短、心动过速等症状，严重者可引起休克和急性肾衰竭。

4. 对泌尿系统的危害

在急性和慢性中毒时，有许多毒物可引起肾脏损害，尤其以升汞和四氯化碳等引起的急性肾小管坏死最为严重。乙二醇、铅、铀等可引起中毒性肾损害。

5. 对循环系统的危害

砷、磷、四氯化碳、有机汞等中毒可引起急性心肌损害。汽油、苯、三氯乙烯等有机溶剂能刺激 β-肾上腺素受体而致心室颤动。氯化钡、氯化乙基汞中毒可引起心律失常。刺激性气体引起严重中毒性肺水肿时，由于渗出大量血浆及肺循环阻力的增加，可能出现肺源性心脏病。

6. 对消化系统的危害

（1）急性肠胃炎

汞、砷、铅等经消化道侵入人体后，可出现严重恶心、呕吐、腹痛、腹泻等酷似急性肠胃炎的症状。剧烈呕吐、腹泻会引起失水和电解质、酸碱平衡紊乱，甚至发生休克。

（2）中毒性肝炎

有些毒物主要引起肝脏损害，造成急性或慢性肝炎，这些毒物被称为亲肝性毒物。该类毒物常见的有磷、锑、四氯化碳、三硝基甲苯、氯仿及肼类化合物。

7. 对皮肤的危害

皮肤是机体抵御外界刺激的第一道防线，在化工生产中，皮肤接触外在刺激物的机会最多。许多毒物直接刺激皮肤造成危害，有些毒物经口鼻吸入，也会引起皮肤病变。不同毒物会对皮肤产生不同危害，常见的皮肤病症状有：皮肤瘙痒、干燥、皲裂等。有些毒物还会引起皮肤附属器官及口腔黏膜的病变，如毛发脱落、甲沟炎、龈炎、口腔溃疡等。

8. 对眼部的危害

化学物质对眼部的危害是指某种化学物质与眼部组织直接接触造成的伤害，或化学物质进入体内后引起的视觉病变或其他眼部病变。

（1）接触性眼部损伤

化学物质的气体、烟尘或粉尘接触眼部，或其液体、碎屑飞溅到眼部，可引起色素沉着、过敏反应、刺激性炎症或腐蚀灼伤，导致视力严重减退、失明或眼球萎缩。

（2）中毒所致眼部损伤

毒物侵入人体后，作用于不同的组织，对眼部有不同的损害。例如黑矇、视野缩小、中心暗点、幻视、复视、瞳孔缩小、眼睑病变、眼球震颤、白内障、视网膜及脉络膜病变和视神经病变等。

五、工业毒物的防治

1. 防毒技术措施

（1）用无毒或低毒物质代替有毒或高毒物质

在生产中用无毒物料代替有毒物料，用低毒物料代替高毒物料或剧毒物料，是消除毒性物质危害的有效措施。如在涂料工业和防腐工程中，用锌白或氧化钛代替铅白；用云母氧化铁防锈底漆代替含大量铅的红丹底漆，从而消除铅的职业危害；用无毒的催化剂代替有毒或高毒的催化剂等。

（2）改进生产工艺

选择危害性小的工艺代替危害性大的工艺，是防止毒物危害的根本性措施。如硝基苯还原制苯胺的生产过程，过去国内多采用铁粉作还原剂，过程间歇操作，能耗大，而且在铁泥废渣和废水中含有对人体危害极大的硝基苯和苯胺；现在大多采用硝基苯连续催化氢化制苯胺新工艺，大大减少了毒物对人和环境的危害。

（3）以密闭、隔离操作代替敞开式操作

在化工生产中，敞开式的加料、搅拌、反应、测温、取样、出料以及冒、滴、漏时，均会造成有毒物质的散发和外逸，毒化操作环境，危害人体。为了控制有毒物质，应使生产设备本身密闭化和生产过程各个环节密闭化。生产设备的密闭化往往与减压操作和通风排毒措施结合使用，以提高设备的密闭效果，消除或减轻有毒物质的危害。由于条件限制不能使毒物浓度降到国家标准时，可以进行隔离操作。隔离操作是把操作人员与生产设备隔离开来，使操作人员免受散逸出来的毒物危害。

（4）以连续化操作代替间歇操作

间歇操作的生产间断进行，需要经常配料、加料，不断地进行调节、分离、出料、干燥、粉碎和包装，几乎所有单元操作都需要靠人工进行。反应设备时而敞开时而密闭，很难做到系统密闭。尤其是对于危险性较大和使用大量有毒物料的工艺过程，操作人员会频繁接触毒性物料，对人体的危害相当严重。采用连续化操作才能使设备完全密闭，消除上述弊端。

（5）以机械化、自动化代替手工操作

用机械化、自动化代替手工操作，不仅可以减轻工人的劳动强度，而且可以减少工人与毒物的直接接触，从而减少毒物对人体的危害。

2. 通风

排除有毒、有害气体和蒸气可采用全面通风及局部排风方式进行。

（1）全面通风

全面通风是在工作场所内全面进行通风换气，以维持整个工作场所范围内空气环境良好的卫生条件。

全面通风用于不能将有害物质的扩散控制在工作场所一定范围内的场合，或是污染源的位置不能固定的场合。这种通风方式的实质就是用新鲜空气来冲淡工作场所内的污浊空气，以使工作场所的空气中有害物质的含量不超过卫生标准所规定的短时间接触容许含量或最高容许含量。全面通风可以利用自然通风实现，也可以借助于机械通风来实现。

（2）局部通风

为改善室内局部空间的空气环境，向该空间送入新鲜空气或从该空间排出空气的通风方式称为局部通风。局部通风一般用排气罩来实现。排气罩就是实施毒源控制、防止毒物扩散的具体技术装置。按构造特征，局部排气罩分为三种类型。

① 密闭罩。在工艺条件允许的情况下，尽可能将毒源密闭起来，然后通过通风管将含毒空气吸出，送往净化装置，净化后排放到大气中。

② 开口罩。在生产工艺操作不能采取密闭罩排气时，可按生产设备和操作的特点，设计开口罩排气。按结构形式，开口罩分为上口吸罩、侧吸罩和下吸罩。

③ 通风橱。通风橱密闭罩与侧吸罩相结合的一种特殊排气罩，可以将产生有害物的操作和设备完全放在通风橱内。通风橱上设有可开关的操作小门，以便于操作。为防止通风橱内机械设备的扰动、化学反应或热源的热压、室内横向气流的干扰等原因而引起的有害物逸出，必须对通风橱实行排气，使橱内形成负压状态，以防止有害物逸出。

3. 排除气体的净化

所谓净化，就是利用一定的物理或化学方法分离含毒空气中的有毒物质，降低空气中有毒有害物质的浓度。常用的净化方法有以下几种。

（1）洗涤法

洗涤法也称吸收法，是通过适当比例的液体吸收剂处理气体混合物，完成沉降、降温、聚凝、洗净、中和、吸收和脱水等物理化学反应，以实现气体的净化。洗涤法是一种常用的净化方法，在工业上已经得到广泛的应用。它适用于净化 CO、SO_2、NO_x、HF、SiP_4、HCl、Cl_2、NH_3、Hg 蒸气、酸雾、沥青烟及有机蒸气。如冶金行业的焦炉煤气、高炉煤气、转炉煤气、发生炉煤气净化，化工行业的工业气体净化，机电行业的苯及其衍生物等有机蒸气净化，电力行业的烟气脱硫净化等。

（2）吸附法

吸附法是使有害气体与多孔性固体吸附剂接触，使有害物（吸附质）黏附在固体表面上，也称为物理吸附。当吸附质在气相中的浓度低于吸附剂上的吸附质平衡浓度时，或者有更容易被吸附的物质达到吸附表面时，原来的吸附质会从吸附剂表面脱离而进入气相，实现有害气体的吸附分离。吸附剂达到饱和吸附状态时，可以解吸、再生、重新使用。吸附法多用于低浓度有害气体的净化，并可实现其回收与利用。如机械、仪表、轻工和化工等行业，对苯类、醇类、酯类和酮类等有机蒸气的气体净化与回收工程，已广泛应用吸附法，吸附效率在 90%～95%。

（3）袋滤法

袋滤法是粉尘通过过滤介质时受阻，而将固体颗粒物分离出来的方法。在袋滤器内，粉尘将经过沉降、聚凝、过滤和清灰等物理过程，实现无害化排放。

袋滤法是一种高效净化方法，主要适用于工业气体的除尘净化，如以金属氧化物（Fe_2O_3 等）为代表的烟气净化。该方法还可以用作气体净化的前处理及物料回收装置。

（4）静电法

粒子在电场作用下带电荷后，向沉淀极移动，带电粒子碰到集尘极即释放电子而呈中性状态附着在集尘板上，从而被捕捉下来，完成气体净化。静电法分为干式净化工艺和湿式净化工艺，按其构造形式又可分为卧式和立式。以静电除尘器为代表的静电法气体净化设备，广泛应用在供电设备清灰和粉尘回收等方面。

（5）燃烧法

燃烧法是将有害气体中的可燃成分与氧结合，进行燃烧，使其转化为 CO_2 和 H_2O，达到气体净化与无害物排放的方法。燃烧法适用于净化含有可燃成分的有害气体，分为直接燃烧法和催化燃烧法两种。直接燃烧法是在一般方法难以处理，且危害性极大，必须采取燃烧处理时采用，如净化沥青烟、炼油厂尾气等。催化燃烧法主要用于净化机电、轻工行业产生的苯、醇、酯、醚、醛、酮、烷和酚类等有机蒸气。

4. 个体防护

接触有毒物的作业人员应严格遵守劳动卫生管理制度和操作规程，并严格执行以下规定：

① 进岗前要接受系统防毒知识培训和健康检查。

② 上班作业前，要认真检查并戴好个人防护用品，检查防尘防毒设备运行是否正常；吃饭时要洗手，污染严重者要更换衣服后进入食堂，下班时要更换衣物以免将毒物带出。

③ 从事流动作业时要尽量在尘毒发生源的上风向操作。

④ 妇女在孕期和哺乳期要特别注意尘毒防护，不得从事毒性大的铅、砷、锰等有害作业。

⑤ 有毒作业场所严禁吸烟、进食和放置个人生活用品。

第二节　灼伤及其防护

一、灼伤及其分类

机体受热或化学物质的作用，引起局部组织损伤，并进一步导致病理和生理改变的过程称为灼伤。按发生原因的不同分为化学灼伤、热力灼伤和复合性灼伤。

1. 化学灼伤

凡是由化学物质直接接触皮肤所造成的损伤，均属于化学灼伤。化学物质与皮肤或黏膜接触后产生化学反应并具有渗透性，对细胞组织产生吸水、溶解组织蛋白质和皂化脂肪组织的作用，从而破坏细胞组织的生理功能而使皮肤组织损伤。

2. 热力致伤

由于接触炽热物体、火焰、高温表面、过热蒸汽等造成的损伤称为热力损伤。此外，在化工生产中还会发生液化气体、干冰接触皮肤后迅速蒸发或升华，吸收大量热量，以致皮肤表面冻伤。

3. 复合性灼伤

由化学灼伤与热力灼伤同时造成的伤害，或化学灼伤兼有中毒反应等都属于复合性灼伤。

二、灼伤的现场急救

1. 化学灼伤的现场急救

化学灼伤的急救要分秒必争，化学灼伤的程度同化学物质与人体组织接触时间的长短有密切关系。化学物质具有腐蚀作用，如不及时将其除掉，就会继续腐蚀下去，从而加剧灼伤的严重程度。某些化学物质（如氢氟酸）的灼伤初期无明显的疼痛，往往不受重视而贻误处理时机，加剧灼伤程度。及时进行现场急救和处理，是减少伤害、避免严重后果的重要环节。化学灼伤的处理步骤如下。

① 迅速脱离现场，立即脱去被污染的衣服。

② 立即用大量流动的清水清洗创伤面，冲洗时间不应小于20min。液态化学物质溅入眼睛首先在现场迅速进行冲洗，不要搓揉眼睛，以避免造成失明。固态化学物质如石灰、生石灰颗粒溅入眼内，应先用植物油棉签剔除颗粒后，再用水冲洗，否则颗粒遇水产生大量的热反而加重烧伤。

③ 酸性物质引起的灼伤，其腐蚀作用只在当时发生，经急救处理，伤势往往不再加重。碱性物质引起的灼伤会逐渐向周围和深部组织蔓延。因此现场急救应首先判断化学致伤物质的种类，再采取相应的急救措施。某些化学灼伤，可以从被灼伤皮肤的颜色加以判断，如氢氧化钠灼伤表现为白色，硝酸灼伤表现为黄色，氯磺酸灼伤表现为灰白色，硫酸灼伤表现为黑色等。酸性物质的化学灼伤用2%～5%碳酸氢钠溶液冲洗和湿敷，浓硫酸溶于水能产生大量热，因此浓硫酸灼伤一定要把皮肤上的浓硫酸擦掉后再用大量清水冲洗。碱性物质的化学灼伤用2%～3%硼酸溶液冲洗和湿敷。

2. 热力灼伤的现场急救

（1）火焰灼伤

发生火焰烧伤时，应立即脱去着火的衣服，并迅速卧倒，慢慢滚动以压灭火焰，切忌用手扑打，以免手被烧伤；切忌奔跑，以免发生呼吸道烧伤。

（2）烫伤

对明显红肿的轻度烫伤，立即用冷水冲洗几分钟，用干净的纱布包好即可。包扎后局部发热、疼痛，并有液体渗出，可能是细菌感染，应立即到医院治疗。如果患处起了水泡，不要自己弄破，应就医处理，以免感染。

三、灼伤的预防措施

1. 加强管理，强化安全卫生教育

每个操作人员都应熟悉本人生产岗位所接触的化学物质的理化性质、防止化学灼伤的有关知识及一旦发生灼伤的处理原则。

2. 加强设备维修保养，严格遵守安全操作规程

在化工生产中强腐蚀介质的作用及生产过程中的高温、高压、高流速等条件会对机器设备会造成腐蚀，所以应加强防腐，防止"跑、冒、滴、漏"。

3. 改革工艺和设备结构

使用具有化学灼伤危险物质的生产场所，在设计时就应考虑防止物料外喷或飞溅的合理工艺流程，例如物料输送实现机械化、管道化；使用液面控制装置或仪表，实行自动控制；贮罐、贮槽等容器采用安全溢流装置；改进危险物质的使用和处理方法（如用蒸汽溶解氢氧化钠代替机械粉尘等）；装设各种形式的安全连锁装置等。

4. 加强个体防护

在处理有灼伤危险的物质时，必须穿戴工作服和防护用具，如护目镜、面罩、手套、工作帽、胶鞋等。

5. 配备冲淋装置和中和剂

在容易发生化学灼伤的岗位应配备冲淋器和眼冲洗器。配备中和剂例如酸岗位备 2%～5%的碳酸氢钠溶液；碱岗位备 2%～3%硼酸溶液等，一旦发生化学灼伤，便于及时自救和互救。

第三节　工业噪声及其防护

一、生产性噪声的分类

噪声是指在生产和生活中一切令人不快或不需要的声音。

在生产中，由于机器转动、气体排放、工件撞击与摩擦所产生的噪声，称为生产性噪声或工业噪声。生产性噪声可归纳为以下三类：

① 机械性噪声：由于机械的撞击、摩擦，固体的振动和转动而产生的噪声，如纺织机、球磨机、电锯、机床、碎石机启动时所发出的声音。

② 空气动力性噪声：这是由于空气振动而产生的噪声，如通风机、空气压缩机、喷射器、汽笛、锅炉排气放空等产生的声音。

③ 电磁性噪声：这是由电磁场脉冲引起气体扰动，气体与其他物体相互作用所致。如电磁式振动台和振荡器、大型电动机、发电机和变压器等产生的噪声。

生产场所的噪声源很多，即使一台机器，也能同时产生上述三种类型的噪声。

能产生噪声的作业种类甚多。受强烈噪声作用的主要工种有泵房操作工，使用各种风动工具的工人如机械工业中的铲边工、铸件清理工，开矿、水利及建筑工程的凿岩工等。

二、生产性噪声对人体的危害

产生噪声的作业几乎遍及各个工业部门。噪声已成为污染环境的严重公害之一。化学工业的某些生产过程，如固体的输送、粉碎和研磨，气体的压缩与传送，气体的喷射及动力机械的运转等都能产生相当强烈的噪声。当噪声超过一定值时，对人会造成明显的听觉损伤，并对神经、心脏、消化系统等产生不良影响，而且妨害听力、干扰语言，成为引发意外事故的隐患。

1. 对听觉的影响

噪声会造成听力减弱或丧失。依据暴露的噪声的强度和时间，会使听力界限值发生暂时性的或永久性的改变。暴露在强噪声中数分钟内可能发生听力界限值暂时性改变，即听觉疲劳。在脱离噪声后，经过一段时间休息即可恢复听力。长时间暴露在强噪声中，听力只能部分恢复，听力损伤部分无法恢复，会造成永久性听力障碍，即噪声性耳聋。噪声性耳聋根据听力界限值的位移范围，可有轻度（早期）噪声性耳聋，其听力损失值在 10～30dB（A）；中度噪声性耳聋的听力损失值在 40～60dB（A）；重度噪声性耳聋的听力损失值在 60～80dB（A）。

爆炸、爆破时所产生的脉冲噪声，其声压级峰值高达 170～190dB（A），并伴有强烈的冲击波。在无防护条件下，强大的声压和冲击波作用于耳鼓膜，会使鼓膜内外形成很大压差，造成鼓膜破裂出血，双耳完全失去听力，此即爆震性耳聋。

2. 对神经、消化、心血管系统的影响

① 噪声可引起头痛、头晕、记忆力减退、睡眠障碍等神经衰弱综合征。

② 可引起心率加快或减慢、血压升高或降低等改变。

③ 噪声可引起食欲不振、腹胀等胃肠功能紊乱。

④ 噪声可对视力、血糖产生影响。

强噪声会分散人的注意力，复杂作业或要求精神高度集中的工作会受到噪声的干扰。噪声还会影响大脑思维、语言传达以及对必要声音的听力。

三、噪声的度量与工业噪声职业接触限值

与人听觉直接相关的声音物理参数是声频和声压、声强、声功率等。声频、声压或声压级是表征噪声客观特性的物理量，而通常噪声的客观特性并不能正确反映人们对噪声的感觉，因为噪声引起的心理和生理反应是多方面的。以人的心理和生理反应来度量噪声的方法称为噪声的主观评价，常用来度量人对噪声听觉感受的指标是响度和响度级。但是噪声响度、响度级的计算很复杂，为了能用仪器直接反映人主观响度感觉的评价量，有关人员在噪声测量仪器——声级计中设计了一种特殊滤波器，叫计权网络。通过计权网络测得的声压级，已不再是客观物理量的声压级，而叫计权声压级或计权声级，简称声级。通用的有 A、B、C、D 四种计权网络，相应就是 A、B、C、D 四种计权声级。

我国标准采用的声级是 A（计权）声级。《工作场所有害因素职业接触限值　第 2 部分：物理因素》（GBZ 2.2—2007）规定了生产车间和作业场所的噪声职业接触限值标准：每周

工作 5d，每天工作 8h，稳态噪声限值为 85 dB（A），非稳态噪声等效声级的限值为 85 dB（A）。工作场所噪声职业接触限值见表 2-2。

表 2-2   工作场所噪声职业接触限值

接触时间	接触限制/dB(A)	备注
5d/周，＝8h/d	85	非稳态噪声计算 8h 等效声级
5d/周，≠8h/d	85	计算 8h 等效声级
≠5d/周	85	计算 40h 等效声级

四、 噪声的预防控制技术

控制生产性噪声的三项措施如下：

① 消除或降低噪声、振动源。如铆接改为焊接、锤击成型改为液压成型等。为防止振动可使用隔绝物质隔绝噪声，如橡皮、软木和砂石等。

② 消除或减少噪声、振动的传播。如吸声、隔声、隔振、阻尼。

③ 加强个人防护和健康监护。

第四节   电磁辐射及其防护

电磁辐射广泛存在于宇宙中和地球上。当一根导线有交流电通过时，导线周围就会辐射出一种能量，这种能量以电场和磁场形式存在，并以被动形式向四周传播。人们把这种交替变化的，以一定速度在空间传播的电场和磁场，称为电磁辐射或电磁波。电磁辐射分为射频辐射、红外线、可见光、紫外线、X 射线及 γ 射线等。

各种电磁辐射，由于其频率、波长、量子能量不同，对人体的危害作用也不同。当量子能量达到 12eV 以上时，对物体有电离作用，能导致机体严重损伤，这类辐射称为电离辐射。量子能量小于 12eV 的不足以引起生物体电离的电磁辐射，称为非电离辐射。

一、非电离辐射及其危害

1. 射频辐射

射频辐射称为无线电波，量子能量很小。按波长和频率，射频辐射可分成高频电磁场、超高频电磁场和微波 3 个波段。

（1）高频作业

高频感应加热金属的热处理、表面淬火、金属熔炼、热轧及高频焊接等，使用的频率多为 300kHz～3MHz。工人作业地带的高频电磁场主要来自高频设备的辐射源，如高频振荡管、电容器、电感线圈及馈线等部件。无屏蔽的高频输出变压器常是工人操作岗位的重要辐射源。

（2）微波作业

微波具有加热快、效率高、节省能源的特点。微波加热广泛用于食品、木材、皮革及茶叶等的加工和医药与纺织印染等行业。烘干粮食、处理种子及消灭害虫是微波在农业方面的重要应用。医疗卫生上主要用于消毒、灭菌与理疗等。

（3）高频辐射对健康的影响

任何交流电路都能向周围空间放射电磁能，形成有一定强度的电磁场。交变电磁场以一定速度在空间传播的过程，称为电磁辐射。当交变电磁场的变化频率达到100kHz以上时，称为射频电磁场。

射频电磁场的能量被机体吸收后，一部分转化为热能，即射频的致热效应；一部分则转化为化学能，即射频的非致热效应。射频致热效应主要是在射频电场作用下，机体组织内的非极性电解质分子极化为极性分子，极性分子具有取向作用，从原来无规则排列变成沿电场方向排列。偶极子随射频电场的迅速变化，而变动方向，产生振荡而发热。因此在射频电磁场作用下，体温明显升高。对于射频的非致热效应，即使射频电磁场强度较低，接触人员也会出现神经衰弱、植物神经紊乱症状，表现为头痛、头晕、神经兴奋性增强、失眠、嗜睡、心悸、记忆力衰退等。

在射频辐射中，微波波长很短，能量很大，对人体的危害尤为明显。微波除有明显致热作用外，对机体还有较大的穿透性。尤其是微波中波长较长的波，能在不使皮肤热化或只有微弱热化的情况下，导致组织深部发热。深部热化对肌肉组织危害较轻，因为血液作为冷媒可以把产生的一部分热量带走。但是内脏器官没有足够的血液冷却，在过热时有更大的危险性。

微波引起中枢神经机能障碍的主要表现是头痛、乏力、失眠、嗜睡、记忆力衰退、视觉及嗅觉机能低下。微波对心血管系统的影响主要表现为血管痉挛、肌张力障碍；初期血压下降，随着病情的发展血压升高。长时间受到高强度的微波辐射，会造成眼睛晶体及视网膜的伤害。低强度微波也能产生视网膜病变。

2. 红外线辐射

在生产环境中，加热金属、熔融玻璃及强发光体等可成为红外线辐射源。炼钢工、铸造工、轧钢工、锻钢工、玻璃熔吹工、烧瓷工及焊接工等可能受到红外线辐射。红外线辐射对机体的影响主要是皮肤和眼睛。

3. 紫外线辐射

生产环境中，物体温度在1200℃以上时的辐射电磁波谱中即可出现紫外线。随着物体温度的升高，辐射的紫外线频率增高，波长变短，其强度也增大。常见的辐射源有冶炼炉（高炉、平炉、电炉）、电焊、氧乙炔气焊、氩弧焊和等离子焊接等。

强烈的紫外线辐射作用可引起皮炎，表现为弥漫性红斑，有时可出现小水泡和水肿，并有发痒、烧灼感。在作业场所比较多见的是紫外线对眼睛的损伤，即由电弧光照射所引起的职业病——电光性眼炎。此外在雪地作业、航空航海作业时，受到大量太阳光中紫外线照射，可引起类似电光性眼炎的角膜、结膜损伤，称为日照性眼炎或雪盲。

4. 激光

激光不是天然存在的，而是用人工激活某些活性物质，在特定条件下受激发光。激光也是电磁波，属于非电离辐射，被广泛应用于工业、农业、国防、医疗和科研等领域。在工业生产中主要利用激光辐射能量集中的特点，用于焊接、打孔、切割和热处理等。在农业中激光可应用于育种、杀虫。

激光对人体的危害主要是由它的热效应和光化学效应造成的。激光能烧伤皮肤，对皮肤损伤的程度取决于激光强度、激光频率、肤色深浅、组织水分和角质层厚度等。

二、非电离辐射的控制与防护

1. 射频辐射的防护措施

防护射频辐射对人体危害的基本措施有减少辐射源本身的直接辐射、屏蔽辐射源、屏蔽工作场所、远距离操作以及采取个人防护等。在实际防护中，应根据辐射源及其功率、辐射波段以及工作特性，采用上述单一或综合的防护措施。

根据一些工厂的实际防护效果，最重要的是对电磁场辐射源进行屏蔽，其次是加大操作距离、缩短工作时间及加强个人防护。

（1）屏蔽

采用屏蔽体屏蔽是可将电磁能量限制在规定的空间内，阻止其传播扩散而实施的工程技术措施。屏蔽可分为电场屏蔽与磁场屏蔽两种。

电场屏蔽是用金属板或金属网等良导体或导电性能好的非金属制成屏蔽体进行屏蔽，屏蔽体应有良好的接地。辐射的电磁能量在屏蔽体上引起的电磁感应电流可通过地线流入大地。一般电场屏蔽用的屏蔽体多选用紫铜、铝等金属材料制造。

磁场屏蔽就是利用磁导率很高的金属材料封闭磁力线。当磁场变化时，屏蔽体材料感应出涡流，产生方向与原来磁场方向相反的磁场，阻止原来的磁场穿出屏蔽体而辐射出去。

（2）远距离操作和自动化作业

根据射频电磁场场强随距离的加大而迅速衰减的原理，可采用自动或半自动的远距离操作。如将操作岗位设置在离场源较远处，并在场源附近设立明显标志，禁止人员靠近。

（3）吸收

对于微波辐射，要求在场源附近就把辐射能量大幅度衰减下来，以防止对较大范围的空间产生污染，为此，可在场源周围铺设吸收材料。

（4）个体防护

实施微波作业的工作人员必须采取个人防护措施。防护用具主要包括防护眼镜及防护服。防护服一般是供高强度辐射条件下进行短时间实验研究使用的。防护眼镜一般可分为两种。一种是网状眼镜，视观部分由黄铜网制成，镜框由吸收物质组成。另一种使用镜面玻璃，保证有良好的透明度，镜面覆盖半导体的二氧化锡或金、铜、铝等材料，起屏蔽作用。

2. 红外辐射线的防护措施

红外辐射防护的重点是对眼睛的保护，严禁裸眼直视强光源。生产操作中应戴绿色防护镜，镜片中应含氧化亚铁或其他可吸收红外线的成分。

3. 紫外线的防护措施

尽量采用先进的焊接工艺代替手工焊接。在紫外线发生装置或有强烈紫外线照射的场所，必须佩戴能吸收或反射紫外线的防护面罩及眼镜。此外，在紫外线发生源附近设立屏障，或在室内墙壁及屏障上涂以黑色，可以吸收部分紫外线，减少反射作用。

📖 **事故案例及分析**　印度博帕尔毒气泄漏事故

印度博帕尔农药厂发生的 12·3 事故是世界上最大的一次化工毒气泄漏事故。其死亡损失之惨重，震惊全世界，以至 40 余年后的今天回忆起来仍是令人触目惊心。

1. 事故概况

1984 年 12 月 3 日凌晨，印度中央邦首府博帕尔的美国联合碳化物公司农药厂发生毒气泄漏事故。有近 40t 剧毒的甲基异氰酸酯（MIC）及其反应物在 2h 内冲向天空，顺着 7.4km/h 的西北风向东南方向飘荡，霎时间毒气弥漫，覆盖了部分市区（约 64.7km²）。高温且密度大于空气的 MIC 蒸气，在当时 17℃的大气中，迅速凝聚成毒雾，贴近地面层飘移，许多人在睡梦中就离开了人世。而更多的人被毒气熏呛后惊醒，涌上街头，人们被这骤然降临的灾难弄得晕头转向，不知所措。博帕尔市顿时变成了一座恐怖之城。一座座房屋完好无损，却满街遍野是人、畜和飞鸟的尸体，惨不忍睹。在短短的几天内死亡约 2.5 万人，有 20 多万人受伤需要治疗。一星期后，平均每天仍有 5 人死于这场灾难。半年后的 1985 年 5 月还有 10 人因此事故受伤而死亡，据统计本次事故共死亡约 57.5 万人。

这次事故经济损失高达近百亿元，震惊整个世界。各国化工生产部门纷纷进行安全检查以消除隐患，都在吸取这次悲惨的教训，防止类似事件发生。

2. 甲基异氰酸酯的物理性质

甲基异氰酸酯是无色、易挥发、易燃烧的液体，分子量为 57，沸点为 39.1℃，20℃时的蒸气压为 46.4kPa，蒸气密度是空气的 2 倍。它是生产氨基甲酸酯类农药西维因的主要原料。

MIC 的化学性质很活泼，能与有活性的氢基团发生反应；能和水反应并产生大量热；能在催化剂的作用下，发生放热的聚合反应。促进聚合反应的催化剂很多，如碱、金属氯化物及铁、铜、锌等金属离子，因此 MIC 不能同这些物质接触。存放它的容器由 304 号不锈钢和钢衬玻璃材料制成；输送管道需用不锈钢或钢衬聚四氟乙烯材料制成；容器体积要大，盛装 MIC 量只容许占容积的一半。大量贮存时应使温度保持在 0℃。

MIC 产品规格要求含量不小于 99%，游离氯含量为 0.1%，三聚物含量不大于 0.5%。MIC 中残留有少量光气，能抑制 MIC 与水的反应及聚合反应。光气也能提供氯离子，可腐蚀不锈钢容器。因此，接触 MIC 的设备应定期更换。

3. 事故原因

事故发生的直接原因是 610 号贮罐进入大量的水（残留物实验分析表明进入了 450～900kg 水）且产品中氯仿含量过高（标准要求不大于 0.5%，而实际发生事故时高达 12%～16%）。12 月 2 日用氮气将 MIC 从 610 号贮罐传送至反应罐时没有成功，部门负责人命令工人对管道进行清洗。按安全操作规程要求，应把清洗的管道和系统隔开，在阀门附近插上盲板，但实际作业时并没有插盲板。水进入 610 号贮罐后与 MIC 反应产生二氧化碳和热量。这类反应在 20℃时进行缓慢，但因为热量累积，加之氯仿及光气提供的离子起催化作用，加速了水和 MIC 之间反应；而且氯离子会腐蚀管道（新安装的安全排放管的材质不是不锈钢而是普通钢），使其中的含铁离子等催化 MIC 发生聚合反应，也产生了大量的热，加速了水与 MIC 之间反应。MIC 蒸发加剧，蒸气压上升，产生的二氧化碳也使压力上升。故这类异常反应愈来愈烈，导致罐内压力直线上升，温度急骤增高，造成泄漏事故发生。据推测事故当时罐内压力至少达到 10MPa，温度至少达到 200℃。

这次深重灾难是多种因素造成的，在该厂 MIC 生产过程中的技术、设备、人员素质、安全管理等许多方面都存在着问题。以下几条是主要原因。

① 厂址选择不当。建厂时未严格按工业企业设计卫生标准要求，没有足够的卫生隔离

带。建厂时，失业者和贫穷者像被磁石吸引而来到这里，先后在工厂周围搭起棚房安家，与工厂仅一街之隔，形成了两个贫民聚居的小镇，政府考虑到饥民的生计而容忍了这种危险的聚居。结果在这次悲惨的事故中，在工厂下风侧的两镇居民死伤最多，受害最重。

②　当局和工厂对 MIC 的毒害作用缺乏认识，发生重大泄漏事故后，没有应急救援措施和疏散计划。事故当夜，市长（原外科医生）打电话询问工厂毒气的性质，回答是气体没有什么毒性，只不过会使人流泪。一些市民打电话给当局问发生了什么事，回答是搞不清楚，并劝说居民，对任何事故的最好办法是待在家里不要动。结果是不少人在家中活活被毒气熏死。在整个事故过程中，通信系统在维持秩序和组织疏散方面没有发挥应有的作用。农药厂的阿瓦伊亚医生说："公司想努力发出一个及时的劝告，但被糟糕的印度通信部所阻断。在发生毒气泄漏的当日早晨，我花了两个小时试图通过电话通知博帕尔市民，但得不到有关部门的回答"。

③　工厂的防护检测设施差，仅有一套安全装置，由于管理不善，而未处于应急状态之中，事故发生后不能启动。该厂没有像美国工厂那样的早期报警系统，也没有自动检测安全仪表。该厂的雇员缺乏必要的安全卫生教育，缺乏必要的自救、互救知识，灾难来临时又缺乏必要的安全防护保障，因此事故中雇员束手无策，只能四散逃命。

④　管理混乱。工艺要求 MIC 贮存温度应保持在 0℃ 左右，而有人估计该厂 610 号罐长期为 20℃ 左右（因温度指示已拆除）；安全装置无人检查和维修，致使在事故中塔的淋洗器不能充分发挥作用。因随意拆除温度指示和报警装置，坐失抢救良机。交接班不严格，常规的监护和化验记录漏记。该厂自 1978 年至 1983 年曾先后发生过 6 起中毒事故，造成 1 人死亡，48 人中毒。这些事故却未引起该厂领导层的重视，未能认真吸取教训，终于酿成大祸。

⑤　技术人员素质差。12 月 2 日 23 时 610 号贮罐突然升压，向工长报告时，得到答复却说不要紧，可见对可能发生的异常反应缺乏认识。公司管理人员对 MIC 和光气的急性毒性简直到了无知的程度，他们经常对朋友说："当光气泄漏时，用湿布将脸和嘴盖上，就没有什么危险了。"他们经常向市长说："工厂一切事情都很正常，没有值得操心的。工厂很安全，非常安全。"甚至印度劳动部长也说"博帕尔工厂根本没有什么危险，永远不会发生什么事情"。

操作规程要求，MIC 生产装置应配置专职安全员，3 名监督员，2 名检修员和 12 名操作员，关键岗位操作员要求大学毕业。而在 1984 年 12 月该装置无专职安全员，仅有 1 名负责装置安全的责任员，1 名监督员，1 名检修员，操作员无 1 名大学毕业生，最高也只有高中学历。MIC 装置的负责人是刚从其他部门调入的，没有处理 MIC 紧急事故的经验。操作人员注意到 MIC 贮罐的压力突然上升，但没有找到压力上升的原因。为防止压力上升，设置了一个空贮罐，但操作人员没有打开该贮罐的阀门。清洗管道时，阀门附近没有插盲板，水流入 MIC 贮罐后可能发生的后果操作员也不知道。违章作业，MIC 贮罐按规程实际贮量不得超过容积的 50%，而 610 号实际贮量超过 70%。

⑥　对 MIC 急性中毒的抢救方法的无知。MIC 可与水发生剧烈反应，因此用水可较容易地破坏其危害性。如用湿毛巾可吸收 MIC 并使其失去活性。这一信息若向居民及时发布可免去很多人的死亡和双目失明，然而医疗当局和医务人员都不知道其抢救方法。当 12 月 5 日美国联合碳化物公司打来电话称可用硫代硫酸钠进行抢救时，该厂怕引起恐慌而没有公开这个信息。12 月 7 日联邦德国著名毒物专家带了 5 万支硫代硫酸钠来到印度的事故现场，使用后症状缓解，说明该药抢救中毒病人很有效，但州政府持不同意见，要求专家离开博帕尔市。

4. 事故教训

从这起震惊全世界的惨重事故中，可以总结出如下几个方面的教训。

① 对于生产化学危险物品的工厂，在建厂前选址时应作危险性评价。根据危险程度留有足够防护带。建厂后，不得邻近厂区建居民区。

② 对于生产和加工有毒化学品的装置，应装配传感器、自动化仪表和计算机控制等设施，提高装置的安全水平。

③ 对剧毒化学品的贮存量应以维持正常运转为限。博帕尔农药厂每日使用 MIC 的量为 5t，但该厂却贮存了 55t。

④ 健全安全管理规程，并严格执行。提高操作人员技术素质，杜绝误操作和违章作业。严格执行交接班制度，记录齐全，不得有误，明确责任，奖罚分明。

⑤ 强化安全教育和健康教育，提高职工的自我保护意识和普及事故中的自救、互救知识。坚持持证上岗，没有安全作业证者不得上岗。

⑥ 对生产和加工剧毒化学品的装置应有独立的安全处理系统，一旦发生泄漏事故，能及时启动处理系统，将毒物全部吸收和破坏掉。该系统应定期检修，只要生产在正常进行，系统就应处于良好的应急工作状态。

⑦ 对小事故要做详细分析处理。该厂在 1978 年至 1983 年期间曾发生过 6 起急性中毒事故，并且一人中毒死亡，遗憾的是尚未引起管理人员对安全的重视。

⑧ 凡生产和加工剧毒化学品的工厂都应制订化学事故应急救援预案。把可能导致重大灾害的信息在工厂内公开；并应定期进行事故演习，保证有关人员掌握防护、急救、脱险、疏散抢险、现场处理等措施。

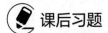 **课后习题**

一、选择题

1. 生产过程的职业危害因素的化学性因素包括（　　）。

A. 生产性粉尘　　　　　B. 高温　　　　　C. 辐射　　　　　D. 真菌

2.《中华人民共和国职业病防治法》规定，对从事接触职业病危害的作业的劳动者，用人单位应当组织（　　）职业健康体检。

A. 上岗前　　　　　B. 在岗期间　　　　　C. 离岗时　　　　　D. 离职后

3. 职业健康检查费用由（　　）承担。

A. 用人单位　　　　　　　　　　　B. 个人

C. 用人单位和个人共同　　　　　　D. 根据合同约定

二、简答题

1. 化工生产现场的职业危害因素主要有哪些？

2. 粉尘的危害及防尘措施有哪些？

3. 毒物侵入人体的途径有哪些？

4. 噪声的危害及控制措施有哪些？

5. 辐射的危害及控制措施有哪些？

6. 高温作业的防护措施有哪些？

7. 简述灼伤的预防措施。

8. 在不同的化工作业场所如何选用个体防护用品？

第三章

电气安全技术

 本章学习目标

1. 知识目标
   （1）了解电流对人体的作用；
   （2）掌握触电事故的分类及防护措施；
   （3）掌握电气安全事故的基本类型及技术对策；
   （4）了解静电的产生过程及危害；
   （5）掌握静电防护措施；
   （6）了解雷电危害及防护技术；
   （7）掌握触电急救的基本方法。
2. 能力目标
   （1）能判断引发触电的情形，知道具体怎么预防；
   （2）初步具有实施触电急救的能力；
   （3）能从工艺上采取措施，限制和避免静电产生和积累，消除静电；
   （4）能迅速地解救触电者脱离电源；
   （5）能根据触电者受伤的情况，快速有效地进行急救。

第一节　认识电流对人体的伤害

一、电流对人体的作用

电流对人体的作用指的是电流通过人体内部对于人体的有害作用，如电流通过人体时会引起针刺感、压迫感、打击感、痉挛、疼痛乃至血压升高、昏迷、心律不齐、心室颤动等症状。电流通过人体内部，对人体伤害的严重程度与通过人体电流的大小、持续时间、途径、种类及人体的状况等多种因素有关，特别是和电流大小、通电时间有着十分密切的关系。

1. 电流大小

通过人体的电流大小不同，引起人体的生理反应也不同。对于工频电流，按照通过人体的电流大小和人体呈现的不同反应，可将电流划分为感知电流、摆脱电流和致命电流。

（1）感知电流

感知电流就是引起人的感觉的最小电流。人对电流最初的感觉是轻微发麻、颤抖和轻微刺痛。经验表明，一般成年男性的感知电流为 1.1mA，成年女性的感知电流约为 0.7mA。

（2）摆脱电流

摆脱电流是指人体触电以后能够自己摆脱的最大电流。成年男性的平均摆脱电流为 16mA，成年女性的约为 10.5mA，儿童的摆脱电流比成年人的要小。应当指出，摆脱电流的能力是随着触电时间的延长而减弱的。也就是说，一旦触电后不能摆脱电源，后果将是比较严重的。

（3）致命电流

致命电流是指在较短的时间内危及人的生命的最小电流。电击致死是电流引起的心室颤动造成的。故引起心室颤动的电流就是致命电流，为 100mA。

2. 电流持续时间

电流通过人体的持续时间愈长，造成电击伤害的危险程度就愈大。人的心脏每收缩扩张一次约有 0.1s 的间隙，这 0.1s 的间隙对电流特别敏感，通电时间愈长，则必然与心脏最敏感的间隙重合而引起电击；通电时间愈长，人体电阻因紧张出汗等因素而降低，导致通过人体的电流进一步增加，可引起电击。

3. 电流通过人体的途径

电流通过心脏会引起心室颤动或使心脏停止跳动，造成血液循环中断，导致死亡。电流通过中枢神经或有关部位均可导致死亡。电流通过脊髓，会使人截瘫。一般从手到脚的途径最危险，其次是从手到手，从脚到脚的途径虽然伤害程度较轻，但在摔倒后，能够造成电流通过全身的严重情况。

4. 电流种类

直流电、高频电流对人体都有伤害作用，但其伤害程度一般比 25～300Hz 的交流电轻。男性对于直流电的最小感知电流约为 5.2mA，女性约为 3.5mA；男性对于直流电的平均摆脱电流约为 76mA，女性约为 51mA。高频电流的电流频率不同，对人体的伤害程度也不同。通常采用的工频电流范围，对于设计电气设备比较经济合理，但从安全角度看，这种电流对人体最为危险。随着频率偏离这个范围，电流对人体的伤害作用减小，如频率在 1000Hz 以上，伤害程度明显减轻。但应指出，高压高频电流的危险性还是很大的，如 6～10kV、500kHz 的强力设备也有电击致死的危险。

5. 安全电压

在人体电阻一定时，作用于人体的电压愈高，则通过人体的电流就愈大，电击的危险性就增加。安全电压是指人体不戴任何防护设备时，触及带电体不受电击或电伤的电压。人体触电的本质是电流通过人体产生了有害效应，然而触电的形式通常都是人体的两部分同时触及了带电体，而且这两个带电体之间存在着电位差。因此在电击防护措施中，要将流过人体的电流限制在无危险范围内，即将人体能触及的电压限制在安全的范围内。国家标准制定了安全电压系列，称为安全电压等级或额定值，这些额定值指的是交流有效值，分别为 42V、36V、24V、12V、6V 等几种。

6. 人体状况

人体的健康状况和精神状态是否正常，对于触电伤害的程度是不同的。患有心脏病、结核病、精神病、内分泌器官疾病及酒醉的人，触电引起的伤害程度更加严重。

在带电体电压一定的情况下，触电时人体电阻愈大，通过人体的电流就越小，危险程度也愈小；反之，危险程度增加。在正常情况下，人体的电阻为 $1 \sim 10 \text{k}\Omega$，不是一个固定值。如皮肤角质有损伤，皮肤处于潮湿状态或带有导电性粉尘时，人的电阻就会下降到 $1 \text{k}\Omega$ 以下（人体体内电阻在 500Ω 左右）。人体触及带电体的面积愈大，接触愈紧密，电阻愈小，则危险程度愈大。

二、触电事故的类型

当人接触带电体时，电流会对人体造成不同程度的伤害。电流的能量直接或间接作用于人体造成的伤害称为触电事故，可分为电击和电伤两种类型。

1. 电击

电击是指电流通过人体内部，使肌肉痉挛收缩而造成伤害，会破坏人的心脏、肺部和神经系统甚至危及生命。

电击按接触方式可分为直接接触电击和间接接触电击。直接接触电击是触及正常状态下的带电体，间接接触电击是触及正常状态下不带电、而在故障下意外带电的带电体。

按其形成的方式可将电击分为单线电击、双线电击和跨步电压电击。单线电击是人体站立地面，手部或其他部位触及带电导体造成的电击；双线电击是人体不同部位同时触及对地电压不同的两相带电导体造成的电击；跨步电压电击是人的双脚处在对地电压不同的两点造成的电击。

2. 电伤

电伤是指电流的热效应、化学效应或机械效应对人体造成的伤害。电伤可伤及人体内部，但多见于人体表面，且常会在人体上留下伤痕。电伤可以分为以下几种情况。

① 电弧烧伤：又称电灼伤，指人体与带电体直接接触，电流通过人体时产生热效应，造成皮肤灼伤。

② 电烙印：是指电流通过人体后，在接触部位留下的瘢痕。瘢痕处皮肤变硬，失去原有弹性和色泽，表面坏死，失去知觉。

③ 皮肤金属化：是由电流或电弧作用产生的金属微粒渗入人体皮肤造成的，受伤部位变得粗糙坚硬并呈特殊颜色。

④ 电光眼：表现为角膜炎或结膜炎。在弧光放电时，紫外线、可见光、红外线均可能损伤眼睛。

三、引起触电的三种情形

1. 单相触电

在电力系统的电网中，有中性点直接接地系统中的单相触电和中性点不接地系统中的单相触电两种情况。

① 中性点直接接地系统中的单相触电如图 3-1 所示。当人体接触导线时，人体承受相电压。电流经人体、大地和中性点接地装置形成闭合回路。触电电流的大小取决于相电压和回路电阻。

② 中性点不接地系统中的单相触电如图 3-2 所示。因为中性点不接地，所以有两个回路的电流通过人体。一个是从 W 相导线出发，经人体、大地、线路对地阻抗 Z 到 U 相导线，另一个是同样路径到 V 相导线。触电电流的数值取决于线电压、人体电阻和线路的对地阻抗。

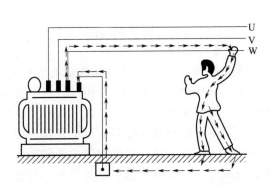

图 3-1　中性点直接接地系统中的单相触电

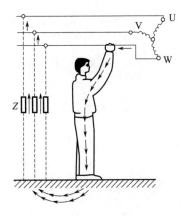

图 3-2　中性点不接地系统中的单相触电

2. 两相触电

人体同时与两相导线接触时，电流就由一相导线经人体至另一相导线，这种触电方式称为两相触电，如图 3-3 所示。两相触电最危险，因施加于人体的电压为全部工作电压（即线电压），且此时电流将不经过大地，直接从 V 相经人体到 W 相，而构成了闭合回路。故不论中性点接地与否、人体对地是否绝缘，都会使人触电。

3. 跨步电压、接触电压

当一根带电导线断落在地上时，落地点的电位就是导线所具有的电位，电流会从落地点直接流入大地。离落地点越远，电流越分散，地面电位也就越低。对地电位的分布曲线如图 3-4 所示。以电线落地点为圆心可画出若干同心圆，它

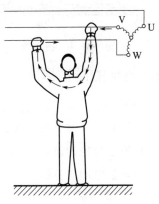

图 3-3　两相触电

们表示了落地点周围的电位分布。离落地点越近，地面电位越高。人的两脚若站在离落地点远近不同的位置上，两脚之间就存在电位差，这个电位差就称为跨步电压。落地电线的电压越高，距落地点同样距离处的跨步电压就越大。跨步电压触电如图 3-5 所示。此时由于电流通过人的两腿而较少通过心脏，故危险性较小。但若两脚发生抽筋而跌倒时，触电的危险性就显著增大，此时应赶快将双脚并拢或用单脚着地跳出危险区。

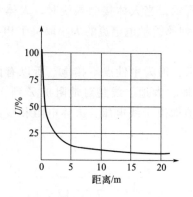

图 3-4　对地电位的分布曲线

图 3-5　跨步电压触电

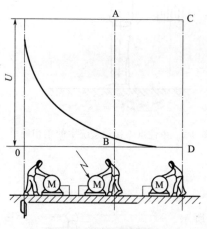

图 3-6　接触电压触电

导线断落在地面后，不但会引起跨步电压触电，还容易产生接触电压触电，如图 3-6 所示。当一台电动机的绕组绝缘损坏且外壳接地时，因三台电动机的接地线连在一起，故它们的外壳都会带电且都为相电压，但地面电位分布却不同。左边人体承受的电压是电动机外壳与地面之间的电位差，即等于零。右边人体所承受的电压却大不相同，因为他站在离接地体较远的地方用手摸电动机的外壳，而该处地面电位几乎为零，故他所承受的电压实际上就是电动机外壳的对地电压即相电压，显然就会使人触电，这种触电称为接触电压触电，对人体有相当严重的危害。所以，使用每台电动机时都要实行单独的保护接地。

四、触电的防护措施

触电事故的发生是由直接触电和间接触电两种原因造成的。这两种事故是在电路或电气设备不同状态下发生的，因此，其防护的措施也不同。

1. 直接触电的防护

直接触电的防护措施主要有采用安全电压、绝缘、屏护、电气安全距离、隔离变压器和自动断电保护等。

（1）安全电压

安全电压又称安全特低电压，指保持独立回路的、其带电导体之间或带电导体与接地体之间不超过某一安全限值的电压。具有安全电压的设备称为Ⅲ类设备。

我国标准规定工频电压有效值的限值为 50V、直流电压的限值为 120V。我国标准还推荐：当接触面积大于 $1cm^2$、接触时间超过 1s 时，干燥环境中工频电压有效值的限值为 33V、直流电压限值为 70V；潮湿环境中工频电压有效值的限值为 16V、直流电压限值为 35V。限值是在任何运行情况下，任何两导体间可能出现的最高电压值。

我国规定安全电压额定值的等级为 42V、36V、24V、12V 和 6V。特别危险环境中使用的手持电动工具应采用 42V 安全电压；在有电击危险环境中使用的手持照明灯和局部照明灯应采用 36V 或 24V 安全电压；金属容器内、隧道内、水井内以及周围有大面积接地导体等工作地点狭窄、行动不便的环境或特别潮湿的环境应采用 12V 安全电压；水下作业等场所应采用 6V 安全电压。当电气设备采用 24V 以上安全电压时，必须采取直接接触电击的防护措施。

（2）绝缘

所谓绝缘，是指用绝缘材料把带电体封闭起来，借以隔离带电体或不同电位的导体，使电流能按一定的通路流通。良好的绝缘是保证设备和线路正常运行的必要条件，也是防止触电事故的重要措施。绝缘材料往往还起着其他保护作用如散热冷却、机械支撑和固定、储能、灭弧、防潮、防霉以及保护导体等。

常见的绝缘材料包括气体绝缘材料、液体绝缘材料和固体绝缘材料。涉及电工、石化、轻工、建材、纺织等诸多行业领域，主要类别如下。

① 气体绝缘材料：SF_6。

② 液体绝缘材料：变压器油、开关油、电缆油、电力电容器浸渍油、硅油及有机合成脂类。

③ 固体绝缘材料：塑料（热固性/热塑性）、层压制品（板、管、棒）、云母制品（纸、板、带）、薄膜（包括柔软复合材料、黏带）、纸制品（纤维素纸、合成纤维纸及无机纸和纸板）、玻纤制品（带、挤拉型材、增强塑料）、预浸料及浸渍织物（带、管）、陶瓷/玻璃、热收缩材料等十大类产品。

此外还要预防绝缘被破坏，常见的绝缘的破坏主要包括以下两个方面。

① 击穿。绝缘物在强电场等因素作用下，完全失去绝缘性能的现象称为绝缘的击穿。击穿分为气体电介质击穿、液体电介质击穿和固体电介质击穿三种。

② 绝缘老化。电气设备的绝缘材料在运行过程中，由于各种因素的长期作用，会发生一系列的化学物理变化，从而导致其电气性能和机械性能的逐渐劣化，这一现象称为绝缘老化。

一般在低压电气设备中，绝缘老化主要是热老化。每种绝缘材料都有一个极限的耐热温度，当设备运行时超过这一极限温度，绝缘材料老化就会加剧，电气设备使用寿命就会缩短。在高压电器设备中，绝缘老化主要是电老化。

衡量绝缘性能的指标主要有以下两个。

① 绝缘电阻。绝缘电阻是加于绝缘材料的直流电压与流经绝缘材料的电流之比。绝缘电阻通常用兆欧表测定。

② 吸收比。吸收比是从开始测量起第 60s 的绝缘电阻与第 15s 的绝缘电阻的比值，也用兆欧表测定。吸收比反映了绝缘的受潮情况。受潮以后绝缘电阻降低，吸收比接近 1。一般没有受潮的绝缘材料，吸收比应大于 1.3。

（3）屏护

屏护是指采用遮栏、护罩、护盖、箱匣等设备，把带电体同外界隔绝开来，防止人体触及或接近带电体，以避免触电或电弧伤人等事故的发生。屏护装置根据其使用时间分为两种：一种是永久性屏护装置，如配电装置的遮栏、母线的护网等；另一种是临时性屏护装置，通常指在检修工作中使用的临时遮栏等。屏护装置主要用在防护式开关电器的可动部分和高压设备上。

由于屏护装置不直接与带电体接触，因此对制作屏护装置所用材料的导电性能没有严格的规定。但是，各种屏护装置都必须有足够的机械强度和良好的耐火性能。此外，还应满足以下要求。

① 凡用金属材料制成的屏护装置，为了防止其意外带电，必须接地或接零。

② 屏护装置本身应有足够的尺寸，与带电体之间应保持必要的距离。

③ 被屏护的带电部分应有明显的标志，如使用通用的符号或涂上规定的具有代表意义的专门颜色。

④ 在遮栏、栅栏等屏护装置上，应根据被屏护对象挂上"止步，高压危险"或"当心有电"等警告牌。

⑤ 采用信号装置和联锁装置，即用光电指示"此处有电"；或当人越过屏护装置时，被屏护的带电体自动断电。

（4）电气安全距离

为了防止人体触及或过分接近带电体，或防止车辆和其他物体碰撞带电体，以及避免发生各种短路、火灾和爆炸事故，在人体与带电体之间、带电体与地面之间、带电体与带电体之间、带电体与其他物体和设施之间，都必须保持一定的距离，这种距离称为电气安全距离（安全间距）。电气安全距离的大小应符合有关电气安全规程的规定。

根据各种电气设备（设施）的性能、结构和工作的需要，安全间距大致可分为各种线路的安全间距、变配电设备的安全间距、各种用电设备的安全间距和检维修时的安全间距。

（5）隔离变压器

隔离变压器是用以对两个或多个有耦合关系的电路进行电隔离的变压器，其变比为1。在电力系统中，为了防止架空输电线路上的雷电波进入室内，需经过隔离变压器联络。即使架空线路电压与室内电路电压相等，例如发电厂对附近地区的供电电压与厂用电电压就可能相等，此时也需用隔离变压器联络而不直接连接。隔离变压器除变比为1外，与普通变压器无其他区别。利用隔离变压器的漏电感和端子的对地放电间隙及对地电容，就可以使雷电波，特别是其高频部分，导入大地而不进入变压器，从而使室内电路免受雷电的损害。隔离变压器在电子电路以及精密测量技术中有着更广的应用。

（6）自动断电保护

自动断电保护是利用自动断电保护器解决在线路上无工作负载时，线路上带电压的问题。现有的漏电保护器是在触电或漏电发生后才进行保护。当所保护的电器不工作时，相线上仍存在电压，会对人身构成潜在的威胁。而自动断电保护器可以做到：负载不工作，线路上无电压；只要负载工作，马上恢复正常供电。这样就从根本上达到了保护人身、设备安全的目的。应用领域：家庭、工厂等用电的电器及设备。

2. 间接接触触电的防护

间接接触触电是指正常情况下电气设备不带电的外露金属部分，如金属外壳、金属护罩和金属构架等，在发生漏电、碰壳等金属性短路故障时就会出现危险电压，此时人体触及这些外露的金属部分所造成的触电称为间接接触触电。

间接接触触电的防护措施主要有保护接地、保护接零、双重绝缘、加强绝缘、电气隔离、不导电环境、等电位联结、特低电压和漏电保护等。

（1）保护接地和保护接零

保护接地是最古老的电气安全措施，也是防止间接接触电击的基本安全技术措施。

　　根据国际电工委员会 IEC 的规定，低压配电系统按接地方式的不同分为三类，即 IT、TT 和 TN 系统，分述如下。

　　① TT 系统

　　a. 将电器设备的金属外壳直接接地的保护系统称为保护接地系统，也称 TT 系统。

　　b. TT 系统的特点。当电气设备的金属外壳带电（相线碰壳或设备绝缘损坏而漏电）时，由于有接地保护，可以大大减少触电的危险性。但是，低压断路器（自动开关）不一定能跳闸，造成漏电设备的外壳对地电压高于安全电压，属于危险电压。当漏电电流比较小时，即使有熔断器也不一定能熔断，所以还需要漏电保护器作保护。

　　② IT 系统

　　a. IT 系统是指电力系统的带电部分与大地之间无直接联系，而受电设备外露可导电部分通过保护线接至接地极。

　　b. IT 系统特点。发生第一次接地故障时，接地故障电流仅为非故障相对地的电容电流，其值很小；外露导电部分对地电压不超过 50V，不需要立即切断故障回路，保证了供电的连续性。当发生接地故障时，对地电压升高 1.73 倍。

　　c. IT 系统的保护作用原理如图 3-7 所示。当受电设备的绝缘损坏而使其金属外壳带电时，由于电源侧中性点不直接接地，所以 R_E 是一个很大的电阻值，故障电流 I_d 数值很小，当人体触及受电设备的金属外壳时，由于人体与负载侧接地电阻相并联，即 R_E 与 R_P（人体电阻）呈并联关系，且 $R_E//R_P \approx R_E$，而且 $R_E \ll |Z|$，所以流过人体的电流 I_a 数值很小，从而减少了人身触电事故的发生。

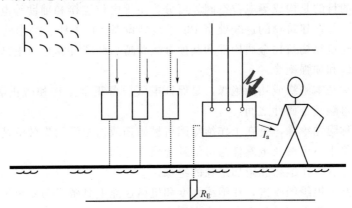

图 3-7　IT 系统触电保护原理

　　③ TN 系统

　　a. 将电气设备的金属外壳与工作零线相接的保护系统，称作接零保护系统，用 TN 表示。

　　b. TN 系统的特点。一旦设备出现外壳带电，接零保护系统能将漏电电流上升为短路电流，这个电流很大，是 TT 系统的 5.3 倍。实际上就是单相对地短路故障时，熔断器的熔丝会熔断，低压断路器的脱扣器会立即动作而跳闸，使故障设备断电，比较安全。

　　c. TN 系统的保护作用原理如图 3-8 所示。本系统的中性线和保护线合用一根导线即 PEN 线，且受电设备外壳直接接到 PEN 线上。当受电设备由于绝缘损坏而发生碰壳故障时，故障电流经设备外壳和 PEN 线形成闭合回路，其故障电流 I_d 很大，通过保护设备时，保护装置会快速切断故障，使故障设备脱离电源，从而达到保护的目的。

d. TN 系统的种类。根据中性导体和保护导体的组合情况，TN 系统有以下三种供电方式。

TN-C 方式供电系统——用工作零线兼作接零保护线，可以称作保护中性线，用 NPE 表示。

TN-S 方式供电系统——把工作零线 N 和专用保护线 PE 严格分开的供电系统。

TN-C-S 系统——系统中一部分线路的中性导体和保护导体是合一的。

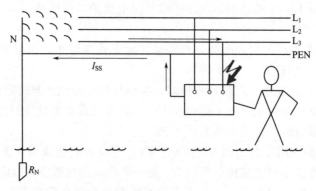

图 3-8　TN 系统触电保护原理

（2）等电位联结

等电位联结的目的是构成等电位空间。可分为主等电位连接和辅助等电位连接。

主等电位连接是在建筑物的进线处将 PE 干线、设备 PE 干线、进水管、总煤气管、采暖和空调竖管、建筑物构筑物金属构件和其他金属管道、装置外露可导电部分等相连接。

（3）双重绝缘和加强绝缘

工作绝缘又称基本绝缘或功能绝缘，是保证电气设备正常工作和防止触电的基本绝缘，位于带电体与不可触及金属件之间。

保护绝缘又称附加绝缘，是在工作绝缘因机械破损或击穿等而失效的情况下，可防止触电的独立绝缘，位于不可触及金属件与可触及金属件之间。

双重绝缘是兼有工作绝缘和附加绝缘的绝缘。

加强绝缘是基本绝缘经改进，在绝缘强度和机械性能上具备了与双重绝缘同等防触电能力的单一绝缘。在构成上可以包含一层或多层绝缘材料。双重绝缘和加强绝缘典型结构如图 3-9 所示。

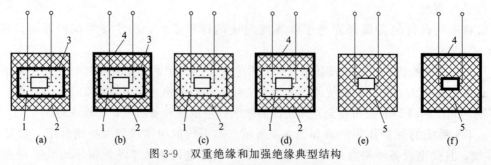

图 3-9　双重绝缘和加强绝缘典型结构

1—工作绝缘；2—保护绝缘；3—不可触及金属；4—可触及金属；5—加强绝缘

具有双重绝缘和加强绝缘的设备属于Ⅱ类设备。Ⅱ类设备无须再采取接地、接零等安全措施。标志"回"是Ⅱ类设备技术信息一部分。手持电动工具应优先选用Ⅱ类设备。

（4）特低电压

特低电压又称安全特低电压，是属于兼有直接接触电击和间接接触电击防护的安全措施。

特低电压保护是通过对系统中可能会作用于人体的电压进行限制，从而使触电时流过人体的电流受到抑制，将触电危险性控制在没有危险的范围内。特低电压额定值（工频有效值）的等级为42V、36V、24V、12V和6V。选用时要根据使用环境、人员和使用方式等因素确定。

安全特低电压必须由安全电源供电，可以作为安全电源的主要有安全隔离变压器、蓄电池、独立供电的柴油发电机以及即使在故障时仍能够确保输出端子上的电压不超过特低电压值的电子装置电源等。

（5）漏电保护

漏电保护是利用漏电保护装置来防止电气事故的一种安全技术措施。

漏电保护装置又称为剩余电流保护装置（residual current operated protective device，简称 RCD），是一种低压安全保护电器。其保护原理如图 3-10 所示。

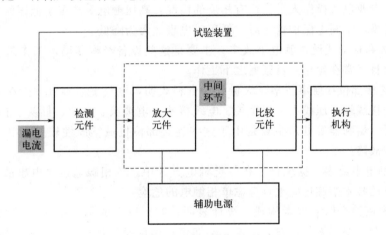

图 3-10　漏电保护装置的原理

① 漏电保护装置的选用。用于直接接触电击防护时，应选用额定动作电流为 30mA 及其以下的高灵敏度、快速型。

② 需要安装漏电保护装置的场所。

a. 防触电、防火要求较高的场所和新、改、扩建工程使用的各类低压用电设备、插座，均应安装漏电保护器。

b. 对新制造的低压配电柜（箱、屏）、动力柜（箱）、开关箱（柜）、操作台、试验台，以及机床、起重机械、各种传动机械等机电设备的动力配电箱，在考虑设备的过载、短路、失压、断相等保护的同时，必须考虑漏电保护。用户在使用以上设备时，应优先采用带漏电保护器的电器设备。

c. 建筑施工场所、临时线路的用电设备。

d. 手持式电动工具（除Ⅲ类外）、移动式生活日用电器（除Ⅲ类外）、其他移动式机电设备，以及触电危险性大的用电设备，必须安装漏电保护器。

e. 潮湿、高温、金属占有系数大的场所及其他导电良好的场所，如机械加工、冶金、化工、船舶制造、纺织、电子、食品加工、酿造等行业的生产作业场所，以及锅炉房、水泵房、食堂、浴室、医院等辅助场所。

五、触电事故的规律及发生原因

触电事故往往发生得很突然，而且常常是在极短时间内就可能造成特别严重的后果。但触电事故也有一定的规律，掌握这些规律并找到触电的原因，对如何及时并恰当地实施相关的安全技术措施、防止触电事故的发生以及安排正常生产等都具有重要的意义。

根据对触电事故的分析，从触电事故的发生频率上看，可发现以下规律。

① 有明显的季节性。一般每年以二、三季度事故较多，其中 6～9 月最集中，主要是因为这段时间天气炎热，人体衣着单薄且容易出汗，触电危险性较大；而且这段时间多雨，空气潮湿，电气设备绝缘性能降低，操作人员常因气温高而不穿戴工作服和绝缘护具。

② 低压设备触电事故多。国内外统计资料均表明低压触电事故远高于高压触电事故，主要是因为低压设备远多于高压设备，与人接触的机会多；过于轻视低压设备触电的后果，思想麻痹；与之接触的人员缺乏电气安全知识。因此应把防止触电事故的重点放在低压用电方面。但对于专业电气操作人员往往有相反的情况；高压触电事故多于低压触电事故，特别是在低压系统推广了漏电保护器之后，低压触电事故大为降低。

③ 携带式和移动式设备触电事故多。主要是这些设备经常移动，工作条件较差，容易发生故障，而且经常在操作人员紧握之下工作。

④ 电气连接部位接触事故多。大量统计资料表明，电气事故多数发生在分支线、接户线、地爬线、接线端、压线头、焊接头、电线接头、电缆头、灯座、插头、插座、控制器、开关、接触器、熔断器等处。主要是由于这些连接部位机械牢固性较差，电气可靠性也较低，容易出现故障。

⑤ 单相触电事故多。据统计，在各类触电方式中，单相触电占触电事故的 70% 以上，所以防止触电的技术措施也应重点考虑单相触电的危险。

⑥ 事故多由两个以上因素构成。统计表明，90% 以上的事故是两个以上原因引起的。构成事故的四个主要因素是：缺乏电气安全知识；违反操作规程；设备不合格；维修不善。其中仅一个原因造成的事故占不到 8%，两个原因造成的占 35%，三个原因的占 38%，四个原因的占 20%。应当指出由操作者本人过失所造成的触电事故是较多的。

⑦ 青年、中年以及非电工触电事故多。一方面这些人多数是主要操作者，且大都直接接触电气设备；另一方面这些人都有几年工龄，不再如初学时那么小心谨慎，但经验还不足，电气安全知识尚欠缺。

第二节　静电防护技术

一、静电

1. 静电的产生

当甲乙两种不同性质的物体相互摩擦或接触时，它们对电子的吸引力大小各不相同，在物体间就会发生电子转移，使甲物体失去一部分电子而带正电荷，乙物体获得一部分电子而带负电荷。如果摩擦后分离的物体对大地绝缘，则电荷无法泄漏而停留在物体的内部或者表面呈相对静止状态，这种电荷就称为静电。

2. 静电的特点

（1）静电电压高

静电能量不大，但其电压很高。带静电的物体表面具有电位的大小与电量 Q 成正比、与物体分布电容 C 成反比，所以当物体带电量一定时，改变物体的电容可以获得很高的电压。实践表明，固体静电可达 20000V 以上，液体静电和粉体静电可达数万伏，气体和蒸气静电可达 10000V 以上，人体静电也可达 10000V 以上。

（2）静电泄漏慢

非导体上静电泄漏很慢是静电的另一特点。理论证明，静电荷全部泄漏需要无限长的时间，所以人们用"半衰期"这一概念去衡量物体静电泄漏的快慢。所谓半衰期（$t_{1/2}$）就是带电体上电荷泄漏到原来一半时所需要的时间，用公式表示为：

$$t_{1/2} = 0.69RC$$

由于积累静电的材料的电阻率都很高，其电阻 R 也都很大，所以静电泄漏的半衰期就很长，静电泄漏都很慢。

（3）静电影响因素多

静电的产生和积累会受到材质、杂质、物料特征、工艺设备（如几何形状、接触面积）和工艺参数（如作业速度）、湿度和温度、带电历程等因素的影响。由于影响静电因素众多，所以静电事故的随机性强。

（4）静电屏蔽

静电场可以用导电的金属加以屏蔽，如用接地的金属网、容器等将带静电的物体屏蔽起来，不使外界遭受静电的危害；相反，使屏蔽的物体不受外电场感应起电，也是静电屏蔽。静电屏蔽在安全生产上广为利用。

静电除上述特点外，还具有远端放电、尖端放电等特性。

3. 静电的危害

化工生产中，静电的危害主要有三个方面，即引起火灾和爆炸、静电电击以及引起生产中各种困难而妨碍生产。

（1）爆炸和火灾

静电放电可引起可燃、易燃液体蒸气，可燃气体以及可燃性粉尘的着火、爆炸。在化工生产中，由静电火花引起的爆炸和火灾事故是静电最为严重的危害。在化工操作过程中，操作人员在活动时穿的衣服、鞋以及携带的工具与其他物体摩擦时，就可能产生静电。当携带静电荷的人走近金属管道和其他金属物体时，人的手指或脚趾会释放出电火花，往往酿成静电灾害。

（2）电击

由静电造成的电击，可能发生在人体接近带电物体的时候，也可能发生在带静电荷的人体接近接地面的时候。如橡胶和塑料制品等高分子材料与金属摩擦时，产生的静电荷往往不易泄漏，当人体接近这些带电体时，就会受到意外的电击。

（3）妨碍生产

在某些生产过程中，如不消除静电，将会妨碍生产或降低产品质量。如静电使粉体吸附于设备，会影响粉体的过滤和输送。

4. 静电的消失

静电的消失有两种主要方式，即中和和泄漏。前者主要是通过空气发生的；后者主要是通过带电体本身及与其相连接的其他物体发生的。

（1）静电中和

正、负电荷相互抵消的现象称为电荷中和。空气中自然存在的带电粒子极为有限，中和速度十分缓慢，一般不会被觉察到。带电体上的静电通过空气迅速地中和发生在放电时。在实际中，放电的形式主要有如下几种：

① 电晕放电。发生在带电体尖端附近局部区域内。电晕放电的能量密度不高，如不发展则没有引燃爆炸性混合物的危险。

② 刷形放电。火花放电的一种，其放电通道有很多分支。刷形放电释放的能量一般不高，但应注意其局部能量密度具有引燃一些爆炸性混合物的能力。传播型刷形放电是刷形放电的一种。传播型刷形放电会形成密集的火花，火花能量较大，引燃的危险性也较大。

③ 火花放电。放电通道火花集中。在易燃易爆场所，火花放电有很大的危险性。

④ 雷型放电。由大范围、高电荷密度的空间电荷云引起，能发生闪电状的雷型放电。能量大，引燃危险性也大。

（2）静电泄漏

绝缘体上较大的泄漏有两条途径，一是绝缘体表面泄漏（遇到的是表面电阻）；二是绝缘体内部泄漏（遇到的是体积电阻）。

二、静电的影响因素

1. 材质和杂质

一般情况下，杂质有增加静电的趋势；但如杂质能降低原有材料的电阻率，则加入杂质有利于静电的泄漏。当液体内含有高分子材料（如橡胶、沥青）等杂质时，会增加静电的产生。液体内含有水分时，在液体流动、搅拌或喷射过程中会产生附加静电。液体内水珠的沉降过程中也会产生静电。如果油管或油槽底部积水，经搅动后容易引起静电事故。

2. 工艺设备和工艺参数

① 接触面积越大，双电层正、负电荷越多，产生静电越多。

② 管道内壁越粗糙，接触面积越大，电荷冲击和分离的机会也越多，流动电流就越大。

③ 对于粉体，颗粒越小者，一定量粉体的表面积越大，产生静电越多。

④ 接触压力大或摩擦强烈，会增加电荷的分离，以致产生较多的静电。

3. 环境条件和时间

（1）空气湿度

一般从相对湿度上升到 70% 左右起，静电就会很快地减少。但要注意：

① 有的报告指出，在某一湿度下（约 60%）存在静电产生量的最大值；

② 水分以气体状态存在时，几乎不能增加空气的导电性，甚至有时因为有水分而使电荷难泄漏（试验证明，电荷在干燥的空气中泄漏加速）。

（2）导电性地面

导电性地面在很多情况下能加强静电的泄漏，减少静电的积累。

（3）周围导体布置

例如，传动皮带刚离开皮带轮时电压并不高，但转到两皮带轮中间位置时，由于距离拉大，电容大大减小，电压则大大升高。

三、防静电措施

1. 环境危险程度的控制

静电引起爆炸和火灾的条件之一是有爆炸性混合物存在。为了防止静电的危害，可采取以下控制带电体所在环境爆炸和火灾危险性的措施。

① 取代易燃介质。例如用三氯乙烯、四氯化碳、氢氧化钠或氢氧化钾代替汽油或煤油作洗涤剂等，有良好的防爆效果。

② 降低爆炸性混合物的浓度。在有爆炸和火灾危险性的环境中，采用通风装置或抽气装置及时排出爆炸性混合物。

③ 减少氧化剂含量。这种方法实质上是充填氮、二氧化碳或其他不活泼的气体，使气体、蒸气或粉尘爆炸性混合物中氧的含量不超过8％时即不会引起燃烧。

2. 工艺控制

工艺控制是从工艺上采取适当的措施，限制和避免静电的产生和积累。

（1）材料的选用

在存在摩擦而且容易产生静电的场合，生产设备宜于配备与生产物料相同的材料。还可以考虑采用位于静电序列中段的金属材料制成生产设备，以减轻静电的危害。

（2）限制输送速度

降低物料移动中的摩擦速度或液体物料在管道中的流速等工作参数，可限制静电的产生。例如，油品在管道中流动所产生的流动电流或电荷密度的饱和值近似与油品流速的二次方成正比，所以对液体物料来说，控制流速是减少静电荷产生的有效办法。

（3）增强静电消散过程

① 在输送工艺过程中，在管道的末端加装一个直径较大的松弛容器，可大大减少液体在管道内流动时积累的静电。

② 为了防止静电放电，在液体灌装、循环或搅拌过程中不得进行取样、检测或测温操作。进行上述操作前，应使液体静置一定的时间，使静电得到足够的消散或松弛。

③ 料斗或其他容器内不得有不接地的孤立导体。同液体一样，取样工作应在装料停止后进行。

（4）消除附加静电

工艺过程中产生的附加静电，往往是可以设法预防的。例如降低油罐附加静电的措施如下。

① 为了减轻从油罐顶部注油时的冲击，减少注油时产生的静电，应使注油管头（鹤管头）接近罐底。

② 为了防止搅动油罐底积水或污物而产生附加静电，装油前应将罐底的积水和污物清除。

③ 为了降低罐内油面电位，过滤器不应离注油管口太近。

3. 泄漏导走法

（1）导体接地

接地是消除静电危害最常见的方法，主要是消除导体上的静电。金属导体应直接接地。

① 凡用来加工、储存、运输各种易燃液体、易燃气体和粉体的设备都必须接地。如果袋式过滤器由纺织品或类似物品制成，建议用金属丝穿缝并予以接地；如果管道由不导电材料制成，应在管外或管内绕以金属丝，并将金属丝接地。

② 工厂或车间输送氧气、乙炔等的管道必须连成一个整体，并予以接地。可能产生静电的管道两端和每隔 $200\sim300m$ 处均应接地。平行管道相距 10cm 以内时，每隔 20m 应用连接线互相连接起来。管道与管道或管道与其他金属物件交叉或接近，其间距离小于 10cm 时，也应互相连接起来。

③ 注油漏斗、浮动罐顶、工作站台、磅秤和金属检尺等辅助设备均应接地。油壶或油桶装油时，应与注油设备跨接起来，并予以接地。

④ 汽车槽车、铁路槽车在装油之前，应与储油设备跨接并接地；装、卸完毕先拆除油管，后拆除跨接线和接地线。

⑤ 可能产生和积累静电的固体和粉体作业中，压延机、上光机及各种辊轴、磨砂机、筛分机、混合器等工艺设备均应接地。

（2）加抗静电剂

抗静电添加剂是化学药剂，具有良好的导电性或较强的吸湿性。加入抗静电添加剂之后，能降低材料的体积电阻率或表面电阻率。对于固体，若能将其体积电阻率降低至 $1\times10^7\Omega\cdot m$ 以下，或将其表面电阻率降低至 $1\times10^8\Omega\cdot m$ 以下，即可消除静电的危险。

（3）增湿

增湿即增加现场空气的相对湿度。随着湿度的增加，绝缘体表面上结成薄薄的水膜，能使其表面电阻大为降低，同时降低带静电绝缘体的绝缘性，增强其导电性，从而减小绝缘体通过本身泄放电荷的时间常数，提高泄放速度，限制静电电荷的积累。

生产场所可以通过安装空调设备、喷雾器等来提高空气的湿度，消除静电危险。从消除静电危害的角度考虑，保持相对湿度在 70% 以上较为适宜。

（4）确保静置时间和缓和时间

经注油管输入容器和储罐的液体，将带入一定的静电荷。静电荷混杂在液体内，根据导电和同性相斥的原理，电荷将向容器壁及液面集中泄漏消散，而液面上的电荷又要通过液面导入大地，显然是需要一段时间才能完成这个过程的。除上面提到的管道中的过滤器和管道出口之间需要 30s 缓冲时间外，当注油量达到油罐容积的 90% 时，停止注油，从注油停止到油面产生最大静电电位也有一段延迟时间。

4. 人体的防静电措施

（1）人体接地

人体带电除了能使人体遭到电击和对安全生产造成威胁外，还能在精密仪器或电子器件生产中造成质量事故。为了防止人体带电对化工生产的危害，采取以下防静电措施：

① 在人体必须接地场所，应装设消电装置——金属地棒。工作人员随时用手接触地棒，以消除人体所带有的静电。在坐着工作的场合，工作人员可佩戴接地的腕带。

② 防静电的场所入口处应有裸露的金属接地物，如采用接地的金属门、扶手、支架等。

③ 在有静电危害的场所，工作人员应穿戴防静电工作服、鞋和手套，不得穿化纤衣服。

（2）工作地面导电化

① 特殊危险场所的工作地面应是导电性的或可以创造导电性条件的，如洒水或是铺设导电地板。

② 工作地面泄漏电阻的阻值既要小到能防止人体静电的积累，又要防止人体触电时不致受到严重伤害，故电阻值应适当。目前国内外要求一般场合为 $10^8\,\Omega$，有火灾爆炸危险的场所为 $10^6\,\Omega$。

（3）安全操作

① 工作中，应尽量不做使人体带电的活动。

② 合理使用规定的劳保用品和工具。

③ 工作时间应有条不紊，避免急骤性动作。

④ 在有静电危险的场所，不得携带与工作无关的金属物品，如钥匙、硬币、手表、戒指等，也不许穿带钉子的鞋进入现场。

⑤ 不准使用化纤材料制作的拖布或抹布擦洗物体或地面。

第三节　防雷技术

一、雷电的分类及危害

1. 雷电的分类

雷电通常可分为直击雷和感应雷两种。

（1）直击雷

大气中带有电荷的雷云对地电压可高达几十万千伏。当雷云同地面凸出物之间的电场强度达到该空间的击穿强度时所产生的放电现象，就是通常所说的雷击。这种直接对地面凸出物造成的雷击称为直击雷。

（2）感应雷

感应雷也称雷电感应，分为静电感应和电磁感应两种。静电感应是在雷云接近地面，在架空线路或其他凸出物顶部感应出大量电荷引起的。在雷云与其他部位放电后，架空线路或凸出物顶部的电荷失去束缚，以雷电波的形式，沿线路或凸出物极快地传播。电磁感应是由雷击后伴随的巨大雷电流在周围空间产生迅速变化的强磁场引起的。这种磁场能使附近金属导体或金属结构感应出很高的电压。

2. 雷电的危害

雷击时，雷电流很大，可达数十至数百千安培，同时雷电压也极高。因此雷电有很大的破坏力，会造成设备或设施的损坏、大面积停电及生命财产损失。其危害主要有以下几个方面。

（1）电性质破坏

雷电放电会产生极高的冲击电压，可击穿电气设备的绝缘，损坏电气设备和线路，造成大面积停电。绝缘损坏还会引起短路，导致火灾或爆炸事故，也为高压串入低压、设备漏电创造了危险条件，并可能造成严重的触电事故。巨大的雷电流流入地下，会在雷击点及其连接的金属部分产生极大的对地电压，也可直接导致因接触电压或跨步电压而产生的触电事故。

（2）热性质破坏

强大的雷电流通过导体时，在极短的时间内转换为大量热量，产生的高温会造成易燃物燃烧，或金属熔化飞溅，从而引起火灾、爆炸。

（3）机械性质破坏

热效应会使雷电通道中木材纤维缝隙或其他结构中缝隙里的空气剧烈膨胀，同时使水分及其他物质分解为气体，因而在被雷击物体内部会出现强大的机械压力，使被击物体遭受严重破坏或造成爆裂。

（4）电磁感应

雷电的强大电流所产生的强大交变电磁场会使导体感应出较大的电动势，并且还会在构成闭合回路的金属物中感应出电流，这时如果回路中有的地方接触电阻较大，就会发生局部发热或火花放电，这对于存放易燃、易爆物品的场所是非常危险的。

（5）雷电波入侵

雷电在架空线路、金属管道上会产生冲击电压，使雷电波沿线路或管道迅速传播。若侵入建筑物内，可击穿配电装置和电气线路绝缘层，产生短路，或使建筑物内易燃易爆品燃烧和爆炸。

（6）防雷装置上的高电压对建筑物的反击作用

当防雷装置受雷击时，在接闪器、引下线和接地体上均具有很高的电压。如果防雷装置与建筑物内外的电气设备、电气线路或其他金属管道相隔的距离很近，它们之间就会产生放电，这种现象称为反击。反击可能引起电气设备的绝缘被破坏，金属管道被烧穿，甚至造成易燃、易爆品着火和爆炸。

（7）雷电对人的危害

雷击电流若迅速通过人体，可立即使人的呼吸中枢麻痹，心室颤动、心脏骤停，以致脑组织及一些主要脏器受到严重损坏，出现休克甚至突然死亡。雷击时产生的火花、电弧还会使人遭到不同程度的灼伤。

二、防雷装置

为了保证生命及建筑物的安全，需要装设防雷装置。常见的防雷装置有避雷针、避雷线、避雷网、避雷带、避雷器等。防雷装置一般由接闪器、引下线、接地装置三部分组成，其作用是防止直击雷或将雷电流引入大地。

1. 接闪器

接闪器是指避雷针、避雷线、避雷网、避雷带等直接接受雷电的金属构件。

避雷针一般采用直径为 $12\sim16mm$ 的圆钢或公称口径为 $20\sim25mm$ 的钢管制成，用来保护建筑物、露天配电装置和电力线路。

避雷线一般采用截面不小于 $35mm^2$ 的钢绞线，常用来架设在高压架空输电线路上，也可用来保护较长的单层建筑物。

避雷网为网格状，避雷带为带状。它们一般采用圆钢和扁钢制作，安装方便，不用计算保护范围，且不影响建筑物外观。当建筑物不装设突出的避雷针时，都可以采用避雷带、避雷网保护。避雷带可利用直接敷设在屋顶和房屋突出部分的接地导体作为接闪器。当屋顶面积较大时，可敷设避雷网作为接闪器。

除甲类生产厂房和甲类库房外，只要是金属屋面的建筑物，均可利用其屋面作为接闪器。接闪器应镀锌或采取其他防腐蚀措施。

2. 引下线

引下线一般采用直径为 8mm 的圆钢或截面为 $48mm^2$、厚度为 4mm 的扁钢，沿建筑物外墙敷设，并经最短路线接地。一个建筑物的引下线一般不少于两根。

建筑物的金属构件（如消防梯）等可作为引下线，但其所有部位之间均应连成电气通路。采用多根引下线时，为了便于测量接地电阻以及检查引下线和接地线的连接状况，宜在各引下线距地面约 1.8m 处设置断接卡；在易受机械损伤的地方，则应对地上 1.7m 至地下 0.3m 的一段接地线加保护设施。

3. 接地装置

接地装置包括埋设在地下的接地线和接地体。其中垂直埋设的接地体一般采用角钢、钢管、圆钢；水平埋设的接地体一般用扁钢、圆钢。在腐蚀性较强的土壤中，应采用镀锌等防腐措施或加大截面。

为了减少相邻两接地体的屏蔽效应，两接地体之间的距离一般应为 5m。接地体埋设深度不应小于 0.5m。接地体应远离会因高温而使土壤电阻率升高的地方。为降低跨步电压，防止直击雷的接地装置距建筑物出入口及人行道不应小于 3m。

4. 避雷器

避雷器是防止雷电过电压侵袭配电装置和其他电气设备的保护装置，有阀型避雷器、管型避雷器和羊角避雷器（保护间隙）之分。通常安装在被保护设备的引入端，其上端接在架空输电线路上，下端接地。平时，避雷器对地保持绝缘状态，不影响系统的正常运行；当线路受雷击时，避雷间隙被击穿，将雷电引入大地；雷电流通过以后，避雷器又恢复原态，系统则仍可正常运行。

阀型避雷器用于保护变、配电装置，分高压和低压两种。管型避雷器一般只用于线路上。羊角避雷器是最简单、最经济的防雷装置，一般安装在线路的进户处，保护电度表等设备。

三、防雷等级的划分

建筑物按其重要性、使用性质、遭受雷击的可能性和后果的严重性分为三类。

1. 第一类防雷建筑物

制造、使用或储存火炸药及其制品的危险建筑物，遇电火花会引起爆炸，从而造成巨大破坏或人身伤亡。

2. 第二类防雷建筑物

① 国家级重点文物保护的建筑物。

② 国家级的会堂、办公建筑物、大型展览和博览建筑物、大型火车站和飞机场、国宾馆、国家级档案馆、大型城市的重要给水泵房等特别重要的建筑物。

③ 国家级计算中心、国际通信枢纽等对国民经济有重要意义的建筑物。

④ 制造、使用和储存火炸药及其制品，但电火花不易引起爆炸或不致造成巨大破坏和人身伤亡的建筑物，如油漆制造车间、氧气站、易燃品库等。

⑤ 有爆炸危险的露天钢制封闭气罐。

⑥ 年预计雷击次数大于 0.05 次的部、省级办公楼及其他重要的或人员密集的公共建筑物以及火灾危险场所。

⑦ 年预计雷击次数大于 0.25 次的住宅、办公楼等一般性民用建筑物或一般性工业建筑物。

⑧ 国家特级和甲级大型体育馆。

3. 第三类防雷建筑物

凡不属第一、二类建筑物但需实施防雷保护者。这类主要建筑物如下。

① 省级重点文物保护的建筑物和省级档案馆。

② 年预计雷击次数大于或等于 0.01 次，且小于或等于 0.05 次的部、省级办公楼和其他重要或人员密集的公共建筑物，以及火灾危险场所。

③ 年预计雷击次数大于或等于 0.05 次，且小于或等于 0.25 次的住宅、办公楼等一般性民用建筑物或一般性工业建筑物。

④ 年平均雷暴日大于 15d 的地区，高度为 15m 及以上的烟囱、水塔等孤立的高耸建筑物。年平均雷暴日为 15d 及以下地区，高度为 20m 及以上的烟囱、水塔等孤立的高耸建筑物。

四、雷电的防护

1. 建筑的防雷技术

根据国家标准《建筑物防雷设计规范》（GB 50057—2010）的规定，第一、二类工业建筑物应有防直击雷、感应雷和雷电波侵入的措施；第三类工业建筑物应有防直击雷和雷电波侵入的措施；不装设防雷装置的建筑物，应采取防止高电压侵入的措施。

防直击雷措施主要是在需要防雷的建筑物上安装避雷针、避雷线、避雷带、避雷网等保护装置，并辅以必要的反击措施。

防感应雷措施主要是将建筑物内的金属设备、金属管道、结构钢筋予以连接，并将平行敷设的长金属物隔一定距离用金属线跨接，以防止雷电感应产生高冲击电压造成反击而引起火灾爆炸事故。

防雷电波侵入的措施主要是在室外低压架空线路和金属管道入户处，采用将绝缘子铁脚接地方式和用阀型避雷器或特制空气保护间隙形成放电保护间隙，当雷电波沿低压线路或金属管道侵入时，绝缘子发生沿面放电，将避雷器或空气保护间隙击穿，从而防止雷电波侵入建筑物内。

雷电波也能沿无线电、电视等天线侵入户内，为此，可在天线引入线的室外部分装设一个距离为 2mm 的放电间隙，然后接地；或者在天线引入线上安装接地闸刀，雷雨天时将天线直接接地。

2. 化工设备的防雷技术

（1）金属贮罐的防雷技术

① 当罐顶钢板厚度大于 4mm，且装有呼吸阀时，可不装设防雷装置。但油罐体应作良

好的接地，接地点不少于两处，间距不大于 30m，其接地装置的冲击接地电阻不大于 30Ω。

② 当罐顶钢板厚度小于 4mm 时，虽装有呼吸阀，也应在罐顶装设避雷针，且避雷针与呼吸阀的水平距离不应小于 3m，保护范围高出呼吸阀不应小于 2m。

③ 浮顶油罐（包括内浮顶油罐）可不设防雷装置，但浮顶与罐体应有可靠的电气连接。

④ 易燃液体的敞开贮罐应设独立避雷针，其冲击接地电阻不大于 5Ω。

⑤ 覆土厚度大于 0.5m 的地下油罐，可不考虑防雷措施，但呼吸阀、量油孔、采气孔应做良好接地。接地点不少于两处，冲击接地电阻不大于 10Ω。

（2）非金属贮罐的防雷技术

非金属易燃液体的贮罐应采用独立的避雷针，以防止直接雷击。同时还应有防感应雷措施。避雷针冲击接地电阻不大于 30Ω。

（3）户外架空管道的防雷技术

① 户外输送易燃或可燃气体、液体的管道，可在管道的始端、终端、分支处、转角处以及直线部分每隔 100m 处接地，每处接地电阻不大于 30Ω。

② 当上述管道与爆炸危险厂房平行敷设而间距小于 10m 时，在接近厂房的一段，其两端及每隔 30～40m 应接地，接地电阻不大于 20Ω。

③ 当上述管道连接点（弯头、阀门、法兰盘等）不能保持良好的电气接触时，应用金属线跨接。

④ 接地引下线可利用金属支架，若是活动金属支架，在管道与支持物之间必须增设跨接线；若是非金属支架，必须另作引下线。

⑤ 接地装置可利用电气设备保护接地的装置。

3. 人体的防雷技术

雷电活动时，由于雷云会直接对人体放电，产生的对地电压或二次反击放电，都可能对人造成电击。因此，应注意必要的安全要求。

① 雷电活动时，非工作需要，应尽量少在户外或旷野逗留；在户外或野外处最好穿塑料等不浸水的雨衣；如有条件，可进入有宽大金属构架或有防雷设施的建筑物、汽车或船只内；如依靠建筑物屏蔽的街道或高大树木屏蔽的街道躲避时，要注意离开墙壁和树干距离 8m 以上。

② 雷电活动时，应尽量离开小山、小丘或隆起的小道以及海滨、湖滨、河边、池旁，应尽量远离铁丝网、金属晾衣绳以及旗杆、烟囱、高塔、孤独的树木，还应尽量离开没有防雷保护的小建筑物或其他设施。

③ 雷电活动时，在户内应注意雷电波侵入的危险，应远离照明线、动力线、电话线、广播线、收音机电源线、收音机和电视机天线以及与其相连的各种设备，以防止这些线路或设备对人体的二次放电。调查资料说明，户内 70% 以上的人体二次放电事故发生在与线路或设备相距 1m 以内的场合，相距 1.5m 以上的尚未发现死亡事故。由此可见，在发生雷电时，人体最好远离可能传来雷电侵入波的线路和设备 1.5m 以上。应当注意，仅仅拉下电闸防止雷击是不起作用的。雷电活动时，还应注意关闭门窗，防止球形雷进入室内造成危害。

④ 防雷装置在接受雷击时，雷电流通过会产生很高的电位，可引起人身伤亡事故。为防止反击发生，应使防雷装置与建筑物金属导体间的绝缘介质网络电压大于反击电压，并划出一定的危险区，人员不得接近。

⑤ 当雷电流经地面雷击点的接地体流入周围土壤时，会在接地体周围形成很高的电位，

如有人站在接地体附近，就会受到雷电流所造成的跨步电压的危害。

⑥ 当雷电流经引下线接地装置时，由于引下线本身和接地装置都有阻抗，因而会产生较高的电压降，这时人若接触装置，就会受接触电压危害。

⑦ 为了防止跨步电压伤人，防直击雷的接地装置与建筑物、构筑物出入口和人行道的距离不应少于 3m。当小于 3m 时，应采取接地体局部深埋、隔以沥青绝缘层、敷设地下均压条等安全措施。

4. 防雷装置的检查

为使防雷装置具有可靠的保护效果，不仅要做到合理设计和精心施工，同时还要建立必要的维修、保养和检查制度，主要包括以下内容。

① 对于重要场所或消防重点保卫单位，应在每年雷雨季节以前作定期检查；对于一般性场所或单位，应每 2～3 年在雷雨季节以前作定期检查。如有特殊情况，还要进行临时性检查。

② 检查是否由于维修建筑物或建筑物本身形状有变动，防雷装置的保护范围出现缺口。

③ 检查各处明装导体和接闪器有无因锈蚀或机械损伤而折断的情况。如发现锈蚀在30% 以上，必须及时更换。

④ 检查引下线在距地面 2m 至地下 0.3m 一段的维护处理有无被破坏的情况。

⑤ 检查明装引下线有无在验收后又装设了交叉或平行的电气线路。

⑥ 检查断接卡子有无接触不良的情况。

⑦ 检查接地装置周围的土壤有无沉陷的现象。

⑧ 测量接地装置的接地电阻，如发现接地电阻值有很大变化，应对接地系统进行全面检查，必要时可补设电极。

⑨ 检查有无因挖土、敷设管道或种植树而挖断接地装置的情况。

第四节　触电急救

一、触电急救的要点与原则

触电急救的要点是抢救迅速与救护得法。发现有人触电后，首先要尽快使其脱离电源；然后根据触电者的具体情况，迅速对症救护。现场常用的主要救护方法是心肺复苏法，包括口对口人工呼吸和胸外心脏按压法。

人触电后会出现神经麻痹、呼吸中断、心脏停止跳动等症状，外表呈现昏迷不醒状态，即"假死状态"。据资料统计，从触电后 1min 开始救治的事例中约 80% 有良好效果；从触电后 6min 开始救治的约 10% 有良好效果；从触电后 12min 开始救治的，则成功的可能性就很小了。但也有触电者经过 4h 甚至更长时间的连续抢救而成功脱离危险的先例。所以，抢救及时并坚持救护是非常重要的。

对触电者（除触电情况轻者外）都应进行现场救治。在医务人员接替救治前，切不能放弃现场抢救，更不能只根据触电者当时已没有呼吸或心跳，便擅自判定伤员死亡，从而放弃抢救。

触电急救的基本原则是：应在现场对症地积极采取措施保护触电者生命，使其能减轻伤情、减少痛苦。具体而言就是应遵循迅速（脱离电源）、就地（进行抢救）、准确（姿势）、坚持（抢救）的"八字原则"。同时应根据伤情的需要，迅速联系医疗部门救治。尤其对于触电后果严重的人员，急救成功的必要条件是动作迅速、操作正确。任何迟疑拖延和操作错误都会导致触电者伤情加重或造成死亡。此外，急救过程中要认真观察触电者的全身情况，以防止伤情恶化。

二、解救触电者脱离电源的方法

使触电者脱离电源，就是要把触电者接触的那一部分带电设备的开关或其他短路设备断开；或设法将触电者与带电设备脱离接触。

使触电者脱离电源的安全注意事项如下。

① 救护人员不得采用金属和其他潮湿的物品作为救护工具。

② 在未采取任何绝缘措施前，救护人员不得直接触及触电者的皮肤和潮湿的衣服。

③ 在使触电者脱离电源的过程中，救护人员最好用一只手操作，以防再次发生触电事故。

④ 当触电者站立或位于高处时，应采取措施防止脱离电源后触电者的跌倒或坠落。

⑤ 夜晚发生触电事故时，应考虑切断电源后的事故照明或临时照明，以利于救护。

使触电者脱离电源的具体方法如下：

① 触电者若是触及低压带电设备，救护人员应设法迅速切断电源，如拉开电源开关、拔出电源插头等；或使用绝缘工具、干燥的木棒、绳索等不导电的物品帮触电者脱离带电设备；也可抓住触电者干燥而不贴身的衣服将其与带电设备分开（切记要避免碰到金属物体和触电者的裸露身躯）；也可戴绝缘手套或将手用干燥衣物等包起来去拉触电者，或者站在绝缘垫等绝缘物体上拉触电者使其脱离电源。

② 低压触电时，如果电流通过触电者入地，且触电者紧握电线，可设法将干木板塞进其身下，使触电者与地面隔开；也可用干木把斧子或有绝缘柄的钳子等将电线剪断（剪电线时要一根一根地剪，并尽可能站在绝缘物或干木板上）。

③ 触电者若是触及高压带电设备，救护人员应迅速切断电源；或用适合该电压等级的绝缘工具（戴绝缘手套、穿绝缘靴并用绝缘棒）使触电者脱离电源（抢救过程中应注意保持自身与周围带电部分必要的安全距离）。

④ 当触电发生在杆塔上时，若是低压线路且可能切断电源的应迅速切断电源；不能立即切断时，救护人员应立即登杆（系好安全带），用带有绝缘胶柄的钢丝钳或其他绝缘物使触电者脱离电源。如是高压线路且不可能迅速切断电源时，可用抛铁丝等办法使线路短路，从而导致电源开关跳闸。抛挂前要先将短路线固定在接地体上，另一端系重物（抛掷时应注意防止电弧伤人或因其断线危及人员安全）。

⑤ 不论是高压或低压线路上发生的触电，救护人员在使触电者脱离电源时，均要先注意防止发生高处坠落和再次触及其他有电线路。

⑥ 若触电者触及了断落在地面上的带电高压线，在未确认线路无电或未做好安全措施（如穿绝缘靴等）之前，救护人员不得接近断线落地点 8～12m 范围内，以防止跨步电压伤人（但可临时将双脚并拢蹦跳地接近触电者）。在使触电者脱离带电导线后，亦应迅速将其带至 8～12m 以外并立即开始紧急救护。只有在确认线路已经无电的情况下，方可在触电者倒地现场就地立即进行对症救护。

三、脱离电源后的现场救护

抢救触电者使其脱离电源后，应立即就近移至干燥、通风的场所，切勿慌乱和围观，首先应进行情况判别，再根据不同情况进行对症救护。

1. 情况判别

① 触电者若出现闭目不语、神志不清的情况，应让其就地仰卧平躺，且确保气道通畅，可迅速呼叫其名字或轻拍其肩部（时间不超过 5s），以判断触电者是否丧失意识但禁止摇动触电者头部进行呼叫。

② 触电者若神志不清、意识丧失，应立即检查是否有呼吸、心跳，具体可用"看、听、试"的方法尽快（不超过 10s）进行判定。所谓看，即仔细观看触电者的胸部和腹部是否还有起伏动作；所谓听，即用耳朵贴近触电者的口鼻与心处，细听有无微弱呼吸声和心跳声；所谓试，即用手指或小纸条测试触电者口鼻处有无呼吸气流，再用手指轻按触电者左侧或右侧喉结凹陷处的颈动脉感受有无搏动，以判定是否还有心跳。

2. 对症救护

触电者除出现明显的死亡症状外，一般均可按以下三种情况分别进行对症处理。

① 伤势不重、神志清醒但有点心慌、四肢发麻、全身无力；或触电过程中曾一度昏迷，但已清醒过来。此时应让触电者安静休息，不要走动，并严密观察。也可请医生前来诊治，必要时送往医院。

② 伤势较重、已失去知觉，但心跳和呼吸存在，应使触电者舒适、安静地平卧，不要围观，让空气流通，同时解开其衣服领口与裤带以利于呼吸。若天气寒冷则还应注意保暖，并速请医生诊治或送往医院。若出现呼吸停止或心跳停止，应随即施行口对口人工呼吸法或胸外心脏按压法进行抢救。

③ 伤势严重、呼吸或心跳停止，甚至都已停止，即处于所谓"假死状态"，则应立即进行口对口人工呼吸及胸外心脏按压抢救，同时速请医生或送往医院。应特别注意，急救要尽早进行，切不能消极地等待医生到来；在送往医院途中，也不应停止抢救。

四、心肺复苏法

心肺复苏法包括人工呼吸法与胸外按压法两种急救方法。对于抢救触电者生命来说，两种方法既至关重要又相辅相成，一般情况下要同时施行。因为心跳和呼吸相互联系，心跳停止了，呼吸很快就会停止；呼吸停止了，心脏跳动也维持不了多久。所以，呼吸和心脏跳动是人体存活的基本特征。

心肺复苏法的三项基本措施是：胸外心脏按压、通畅气道和口对口人工呼吸。

1. 胸外心脏按压（人工循环）

心脏是血液循环的"发动机"。正常的心脏跳动是一种自主行为，同时受交感神经、副交感神经及体液的调节。由于心脏的收缩与舒张，把氧气和养料输送给机体，并把机体的二氧化碳和废料带回。一旦心脏停止跳动，机体因血液循环中止，将缺乏供氧和养料而丧失正常功能，最后导致死亡。胸外心脏按压法就是采用人工机械的强制作用维持血液循环，并使其逐步过渡到正常的心脏跳动。

（1）按压位置

胸外心脏按压之前，首先要找到正确的按压位置，即压区。这是保证胸外按压效果的重要前提，其步骤如图 3-11 所示。

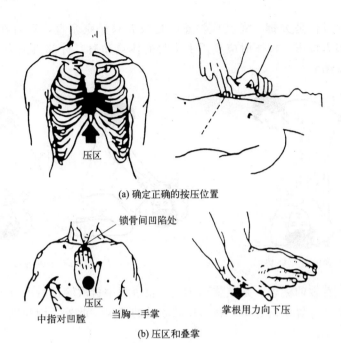

(a) 确定正确的按压位置

锁骨间凹陷处

压区

中指对凹腔　　当胸一手掌　　　掌根用力向下压

(b) 压区和叠掌

图 3-11　胸外按压的准备工作

① 右手食指和中指沿触电者右侧肋弓下缘向上，找到肋骨和胸骨结合处的中点；

② 两手指并齐，中指放在切迹中点（剑突底部），食指平放在胸骨下部；

③ 另一手的掌根紧挨食指上缘，置于胸骨上，此处即为正确的按压位置。

（2）按压姿势

找到按压位置之后，要用正确的按压姿势进行按压。这是达到胸外按压效果的基本保证，其方法如下。

① 使触电者仰面躺在平硬的地方，救护人员立或跪在伤员一侧肩旁，两肩位于伤员胸骨正上方，两臂伸直，肘关节固定不屈，两手掌根相叠，如图 3-11（b）所示。此时，贴胸手掌的中指尖刚好抵在触电者两锁骨间的凹陷处，然后再将手指翘起，不触及触电者胸壁，或者采用手指交叉抬起法，如图 3-12 所示。

② 以关节为支点，利用上身的重力，垂直地将成人的胸骨压陷 4～5cm（儿童和弱者压陷较少，约 2.5～4cm；幼儿则为 1.5～2.5cm）。

③ 按压至要求程度后，要立即全部放松，但放松时救护人员的掌根不应离开胸壁，以免改变正确的按压位置。如图 3-13 所示。

图 3-12　手指交叉抬起法

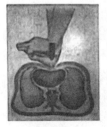

(a) 按压　　　　　　(b) 放松

图 3-13　胸外心脏按压法

按压时正确地操作是关键。尤其应注意，抢救者双臂应绷直，双肩在患者胸骨上方正中，并垂直向下用力按压。按压时应利用上半身的体重和肩、臂部肌肉力量（图 3-14），避免不正确的按压（图 3-15）。

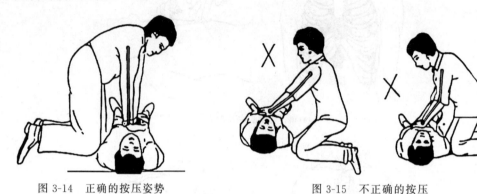

图 3-14　正确的按压姿势　　　　　　　图 3-15　不正确的按压

按压救护是否有效的标志，是在施行按压急救过程中再次测试触电者的颈动脉，看其有无搏动。因为颈动脉位置靠近心脏，容易反映心跳的情况。此外，因颈部暴露，便于迅速触摸，且易学会与记牢。

（3）按压方法

进行胸外按压时，必须采用正确的胸外按压方法。

① 胸外按压的动作要平稳，不能冲击式地猛压，而应以均匀速度有规律地进行，每分钟按压 80～100 次，每次按压和放松的时间要相等（各用约 0.4s）。

② 胸外按压与口对口人工呼吸两法同时进行时，其节奏为：单人抢救时，按压 15 次，吹气 2 次，如此反复进行；双人抢救时，每按压 5 次，由另一人吹气 1 次，可轮流反复进行。如图 3-16 所示。

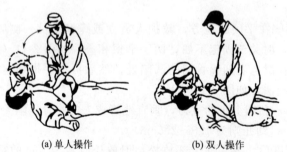

(a)单人操作　　　　　　(b)双人操作

图 3-16　胸外按压与口对口人工呼吸同时进行

2. 通畅气道

触电者呼吸停止时，最主要的是要始终确保其气道通畅。若发现触电者口内有异物，则应清理口腔阻塞。即将其身体及头部同时侧转，并迅速用一个或两个手指从口角处插入以取出异物。操作中要防止将异物推向咽喉深处。

通常采用使触电者鼻孔朝天、头后仰的"仰头抬颌法"通畅气道。具体做法如图 3-17所示，用一只手放在触电者前额，另一只手的手指将触电者下颌骨向上抬起，两手协同将头部推向后仰，此时舌根随之抬起，气道即可通畅，如图 3-18 所示。禁止用枕头或其他物品垫在触电者头下，因为头部太高更会加重气道阻塞，且使胸外按压时流向脑部的血流减少。

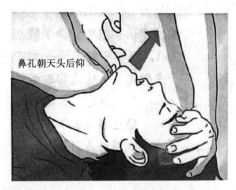

图 3-17　仰头抬颌法

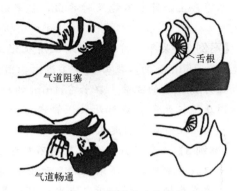

图 3-18　气道阻塞与通畅

3. 口对口人工呼吸

正常的呼吸是由呼吸中枢支配的，由肺的扩张与缩小，排出二氧化碳，维持人体的正常生理功能。一旦呼吸停止，机体就不能建立正常的气体交换，最终导致人的死亡。口对口人工呼吸就是采用人工机械的强制作用维持气体交换，并使其逐步地恢复正常呼吸。具体操作方法如下。

① 在保持气道畅通的同时，救护人员用放在触电者额上的那只手捏住其鼻翼，深深地吸足气后，与触电者口对口接合并吹气，然后放松换气，如此反复进行（图 3-19）。开始时（均在不漏气情况下）可先快速连续而大口地吹气 4 次（每次 1～1.5s）。经 4 次吹气后观察触电者胸部有无起伏，同时测试其颈动脉，若仍无搏动，便可判断为心跳已停止，此时应立即同时施行胸外按压。

图 3-19　口对口人工呼吸法

② 除开始施行时的 4 次大口吹气外，此后正常的口对口吹气量均不需过大（但应达800～1200mL），以免引起胃膨胀。施行速度约为 12～16 次/min；儿童为 20 次/min。吹气和放松时，应注意触电者胸部要有起伏状呼吸动作。吹气中如遇有较大阻力，则可能是头部后仰不够，气道不畅，要及时纠正。

③ 触电者如牙关紧闭且无法打开时，可改为口对鼻人工呼吸。口对鼻人工呼吸时，要将触电者嘴唇紧闭以防止漏气。

📖 事故案例及分析

【案例 1】某年 4 月，河北省某油漆厂发生火灾事故，重伤 7 人，轻伤 3 人。事故的原因是，对输送苯、汽油等易燃物品的设备和管道在设计时没有考虑静电接地装置，以致物料流动摩擦产生的静电不能及时导出，积累形成很高的电位，从而产生放电火花导致油漆稀料着火。

【案例2】某年7月，吉林省某有机化工厂从国外引进的乙醇装置中，乙烯压缩机的公称直径为150mm的二段缸出口管道上，因设计时考虑不周，在离机体2.1m处焊有一根公称直径为25mm的立管，在长284mm的端部焊有一个重18.5kg的截止阀，导致在试车时焊缝因压缩机开车震动而开裂，管内压力高达0.75MPa，使浓度为80%的乙烯气体冲出，高速气流产生静电而引起火灾。

【案例3】某年3月，北京某电石厂溶解乙炔装置中，乙炔压缩机在设计时没有把安全阀的出口接至室外，当压缩机超压时安全阀动作，将乙炔排放在室内，形成爆炸性混合气，遇点火源发生爆炸。经分析，点火源可能是乙炔排放时产生的静电火花，或是现场非防爆电机产生的电火花。

【案例4】某年12月，江苏省某化工厂聚氯乙烯车间共聚工段11号聚合釜（7m³）在升温过程中超温、超压，致使人孔垫片破裂，氯乙烯外泄，导致氯乙烯在车间内爆炸，使860m²的两层混合结构的厂房粉碎性倒塌，当场死亡5人，重伤1人，轻伤6人。该事故造成全厂停产。

现场检查证明，此次爆炸是由11号聚合釜人孔铰链部位的密封垫片被冲开两个65mm和75mm的间隙，氯乙烯大量泄漏而引起的。升温过程中，看釜工未在岗位监护，以致漏气后误判断为10号釜漏气，导致处理失误。漏气时因摩擦产生静电而构成这次爆炸的点火源。该装置安装在旧厂房，厂房为砖木混合结构，不符合防爆要求，大部分伤亡者是由建筑物倒塌砸伤所致。

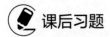 **课后习题**

一、填空题

1.触电事故是电流的能量直接或间接作用于人体造成的伤害，可分为_____和_____。

2.直接触电的防护措施主要有_____等。

3.间接接触触电的防护措施主要有_____、_____、_____、_____、不导电环境、等电位联结、特低电压和漏电保护器等。

4.扑救电气火灾时，应首先_____。

5.雷电通常可分为_____和_____两种。

二、判断题

1.静电能量不大，但其电压很高。实践表明，固体静电可达20000V以上，液体静电和粉体静电可达数万伏，气体和蒸气静电可达10000V以上，人体静电也可达10000V以上。　　　　（　　）

2.触电事故产生的原因主要是缺乏电器安全意识和知识，违反操作规程，维护不良，电气设备存在安全隐患等。　　　　（　　）

3.触电事故发生后，触电者不用脱离电源，应立即在现场抢救，措施要适当。　　　　（　　）

4.间接接触触电的防护措施主要保护接地、保护接零、加强绝缘、电气隔离、不导电环境、等电位联结、特低电压和漏电保护器等。　　　　（　　）

5.TNT爆炸属于物理爆炸。　　　　（　　）

三、简答题

1.如何预防触电？

2.如何安全使用电气设备？

3. 如何预防电气设备火灾？

4. 电气火灾发生后，如何进行灭火？

5. 简述防雷措施。

6. 如何防止静电危害？

7. 简述触电急救的原则和具体方法。

第四章

压力容器安全技术

 本章学习目标

1. 知识目标
（1）掌握压力容器的定义、分类、结构和安全部件；
（2）熟悉压力容器定期检验的内容；
（3）熟悉压力容器的安全使用管理；
（4）熟悉压力管道操作与维护；
（5）了解锅炉和气瓶的检验技术。

2. 能力目标
（1）初步具备判断危险源和防范危险的能力；
（2）具备正确使用压力容器的能力；
（3）初步具备压力容器安全检验能力；
（4）具有操作和维护锅炉的能力；
（5）具有操作和维护气瓶的能力；
（6）初步具备对压力容器事故案例进行分析的能力。

很多煤化工生产过程都需要在一定压力下进行，如德士古气化炉的压力为 6.5MPa，鲁奇气化炉的压力为 2～3MPa，Shell 气化炉压力为 2.8MPa；莱托法苯加氢的压力为 5.88MPa，K-K 法苯加氢的压力为 2.8～3MPa；低压法合成甲醇的压力为 5～10MPa，F-T 合成的压力为 2～3MPa，直接液化的压力达 20MPa，合成氨的压力高达 30MPa；运输液氨、液氯、液态二氧化硫、丙烯、丙烷、丁烯、丁烷、丁二烯及液化石油气的液化气体罐车的压力为 0.8～2.2MPa。此外，还有一些公用工程如空气分离、变压吸附制氧过程、干熄焦余热锅炉、工业锅炉都有一定的压力。煤化工生产过程中使用的压力容器形式多样，结构复杂，操作压力较大，危险性较大。因此压力容器的设计、制造、安装及生产过程都应遵守压力容器的安全管理规定。

第一节　压力容器概述

压力容器是指盛装气体或者液体，承载一定压力的密闭设备，用来完成反应、传热、传质、分离、储存等工艺过程。凡同时满足下列三个条件的容器，其设计、制造、施工、使用和管理必须符合现行标准《固定式压力容器安全技术监察规程》（TSG 21—2016，以下简称《容规》）的规定。

① 最高工作压力大于或等于 0.1MPa（不包括液体静压力，下同）；
② 容积大于或等于 $0.03m^3$ 且内直径大于或者等于 150mm；
③ 盛装介质为气体、液化气体和最高工作温度高于或者等于其标准沸点的液体。

在生产过程中，为有利于安全技术监督和管理，根据容器的压力高低、介质的危害程度以及在生产中的重要性，将压力容器进行分类。常见压力容器介质见表 4-1。

表 4-1　常见压力容器介质

类别	常见压力容器介质
压缩气体	空气、氮气、氩气、氢气、一氧化碳、甲烷
液化气体	液化石油气、丙烷、丁烷、丙烯、液氨、液氯、二氧化碳
超低温液化气体	液氧、液氮、液氩、液化天然气
超过标准沸点的液体	高温水

一、压力容器的分类

1. 按压力分类

压力容器的设计压力（p）划分为低压、中压、高压和超高压四个压力等级，如表 4-2 所示。

表 4-2　压力分级

压力等级	代号	压力范围/MPa
低压	L	$0.1 \leqslant p < 1.6$
中压	M	$1.6 \leqslant p < 10.0$
高压	H	$10.0 \leqslant p < 100.0$
超高压	U	$p \geqslant 100.0$

2. 按工艺中的作用分类

压力容器按照在生产工艺过程中的作用原理，划分为反应压力容器、换热压力容器、分离压力容器、储存压力容器。具体划分如表 4-3 所示。

在一种压力容器中，如同时具备两个以上的工艺作用原理时，应按在工艺过程中的主要作用来划分。

表 4-3　压力容器按生产工艺过程中的作用原理分类

工艺分类	代号	用途	常见设备
反应压力容器	R	完成介质的物理、化学反应	反应器、反应釜、分解锅、分解塔、聚合釜、高压釜、超高压釜、合成塔、铜洗塔、变换炉、蒸煮锅、蒸球、蒸压釜、煤气发生炉等

续表

工艺分类	代号	用途	常见设备
换热压力容器	E	完成介质的热量交换	各种热交换器、冷却器、冷凝器、蒸发器等；管壳式废热锅炉、热交换器、冷却器、冷凝器、蒸发器、加热器、消毒锅、染色器、蒸炒锅、预热锅、蒸锅、蒸脱机、电热蒸汽发生器、煤气发生炉水夹套等
分离压力容器	S	完成介质的流体压力平衡缓冲和气体净化分离	分离器、过滤器、集油器、缓冲器、洗涤器、吸收塔、干燥塔、汽提塔、分汽缸、除氧器等
储存压力容器	C（球形为B）	用于储存、盛装气体、液体、液化气体等介质	各种型式的储罐、缓冲罐、消毒锅、印染机、烘缸、蒸锅等

3. 按危险性和危害性分类

（1）一类压力容器

非易燃或无毒介质的低压容器；易燃或有毒介质的低压分离容器和换热容器。

（2）二类压力容器

任何介质的中压容器；易燃介质或毒性程度为中度危害介质的低压反应容器和贮存容器；毒性程度为极度和高度危害介质的低压容器；低压管壳式余热锅炉；搪瓷玻璃压力容器。

（3）三类压力容器

毒性程度为极度和高度危害介质的中压容器，pV（设计压力×容积）$\geqslant 0.2\text{MPa} \cdot \text{m}^3$ 的低压容器；易燃或毒性程度为中度危害介质且 $pV \geqslant 0.5\text{MPa} \cdot \text{m}^3$ 的中压反应容器；$pV \geqslant 10\text{MPa} \cdot \text{m}^3$ 的中压贮存容器；高压、中压管壳式余热锅炉；高压容器。

4. 其他分类方法

按形状分类，如圆筒形、球形、组合型（前者均为回转壳体）以及方形、矩形等。

按筒体结构分为整体式、组合式。

按制造方法分为焊接（最为普通）、锻焊、锻造（主要用于超高压）、铸造（主要优点是方便制造），但因其质量问题需加大安全系数，多用于小型、低压、固定式、移动式、立式、卧式。

按材料分为金属与非金属两大类，其中金属分为钢、铸铁、有色金属与合金。有色金属与合金主要用于腐蚀等特殊工况，在生产条件、生产装备、原材料验收与堆放、吊装、运输包装，尤其是焊接等环节有一系列特殊要求。钢按其化学成分又分为碳素钢、低合金钢（前两者主要是强度钢）及高合金钢（主要用于腐蚀、低温、高温等特殊工况）。

二、压力容器的制造材料

化工装置的压力容器绝大多数为钢制的，制造材料多种多样，比较常用的有如下几种。

1. Q235-A 钢

Q235-A 钢含硅量多，脱氧完全，因而质量较好。限定的使用范围为：设计压力 $\leqslant 1.0\text{MPa}$，设计温度 $0 \sim 350℃$；用于制造壳体时，钢板厚度不得大于 16mm；不得用于盛装液化石油气体、毒性程度为极度和高度危害介质及直接受火焰加热的压力容器。

2. 20g 锅炉钢板

20g 锅炉钢板与一般 20 号优质钢相同，含硫量比 Q235-A 钢低，具有较高的强度，使用温度范围为−20～475℃，常用于制造温度较高的中压容器。

3. 16MnR 普通低合金容器钢板

使用 16MnR 普通低合金容器钢板制造中、低压容器，可减轻温度较高的容器重量，使用温度范围为−20～475℃。

4. 低温容器（低于−20℃）材料

低温容器材料主要要求在低温条件下有较好的韧性以防脆裂，一般低温容器用钢多采用锰钒钢。

5. 高温容器用钢

使用温度小于 400℃ 可用普通碳钢；使用温度为 400～500℃ 可用 15MnVR、14MnMoVg；使用温度为 500～600℃ 可采用 15CrMo、12Cr2Mo1；使用温度为 600～700℃ 时应采用 0Cr13Ni9 和 1Cr13Ni9 和 1Cr18Ni9Ti 等高合金钢。

三、压力容器的基本结构

压力容器一般由筒体、封头、法兰、密封组件、开孔与接管、安全附件及支座等部分组成。对于储存容器，外壳即是容器。而反应器、换热器、分离器等，还需装入工艺所需的内部构件才能构成完整的容器。

1. 筒体

筒体是储存或完成化学反应所需的压力空间。常见的筒体外形有圆筒形和球形两种。

（1）球形容器

球形容器的本体是一个球壳。球壳一般由上下两块圆弧形板（俗称南、北极板）和多块球面板（俗称瓜皮）对接双面焊接而成。大型球罐的球面板数量更多，不但有纵向焊接，而且还有横向焊接（俗称赤道带、南温带、北温带）（参见图 4-1）。

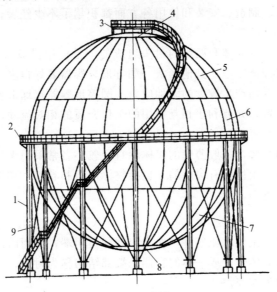

图 4-1 球罐

1—支柱；2—中部平台；3—顶部操作平台；4—北极板；5—北温带；6—赤道带；7—南温带；8—南极板；9—拉杆

球形压力容器大多数是中、低压容器，直径都比较大，因为只有采用大型结构才能充分发挥球形容器的优越性。从承压壳体的受力情况看，球形是最适宜的形状，因为在内压力作用下，球形壳体的应力是圆筒形壳体的一半。如果容器的直径、制造材料和工作压力都相同，则球形壳体所需要的承压壁厚只为圆筒容器的一半。从壳体的表面积看，球形壳体的相对表面积（表面积与容器容积之比）要比圆筒形壳体小 10%～30%，因而使用的板材也少。制造同样容积的压力容器，球形容器要比圆筒形容器节省制造材料 30%～40%。

球形容器的制造比较困难，不便安装内件，也不利于内部介质的流动，所以不宜作反应器和换热器，而被广泛用作储存容器。

球形储罐可以在高压常温、高压低温及低压低温的条件下，用来储存气体、液体及液化气（乙烯、丙烯、丙烷、氧气、氮气、石油气、天然气、液氨、液氯）及轻质油品等。其设计压力从 99.9% 的真空度到 3MPa，个别已达 7MPa；使用温度从 $-250℃$ 到 550℃；容积从 $50m^3$ 到 $50000m^3$ 以上，直径从 $\Phi280mm$ 的小球到 $\Phi47000mm$ 的大型球罐。最大的球罐容积已有 $117000m^3$，直径为 $\Phi60000mm$，重达 3000t。球罐所用材质主要有高强度钢、超高强度低合金钢、不锈钢及铝镁合金等，国内主要由 Q235、16MnR、16MnCuR 和 15MnVR 等钢种制造。球罐结构分单层、双层及多层高压球罐。单层球罐应用较多；双层球罐仅用于低温低压，储存要求洁净的产品或腐蚀性强的介质，如 $-100℃$ 的液态乙烯储罐；多层结构主要用于高压球罐，即用多层较薄的钢板代替单层较厚的钢板，目前国内应用不多。

球形储罐也存在一定缺点，如一般均需现场安装和焊接，对钢板材质及焊接质量要求较高，钢板厚度也受到限制，而且还需考虑由于钢材轧制方向的机械性能的差异，特别对大型球罐，需用高强度钢板。为获得缺陷少而小、内应力低、韧性高的焊缝，防止脆性断裂，就必须严格控制焊接工艺参数和规范。因此施工比较复杂，焊接工作量很大，现场整体退火处理比较困难。此外，大型球罐基础较大，地基承载能力低及不均匀下沉也直接影响球罐的安全操作和使用寿命等。

目前，球形储罐在我国石油、化工、冶金等工业部门已广泛采用。$50～2000m^3$ 的球罐已系列化，并且在设计、制造、安装和使用各方面都积累了不少经验。

（2）圆筒形容器

圆筒形容器是由一个圆筒体和两端的封头组成的，是使用得最为普遍的一种压力容器。虽然它的受力状况不如球体，但比其他形状（如方形）容器要好得多。圆筒体是一个平滑的曲面，不会由于形状突变而产生较大的附加应力。圆筒形容器比球形容器更易制造，内部空间又适宜于装设工艺装置，并有利于相互作用的工作介质的相对流动，因而被广泛用作反应装置、换热装置和分离装置。

对于圆筒形容器的筒体，一般薄壁的筒体除直径较小者常采用无缝钢管外，都是用钢板卷圆后焊接而成；厚壁的筒体则有单层的（包括整体锻造和卷焊）和多层组合的。图 4-2 是一个卧式圆筒形储罐示意图。

2. 封头

封头是圆筒形容器的主要承压部件，作为容器的封闭端，与圆筒体组成一个完整的压力容器。通常人们把与圆筒体焊接成一体的容器的端部结构称为封头，而把与筒体由螺栓、法兰等连接的可拆结构称为端盖。

封头的形式较多，以它的纵剖曲线形状来分，有半球形、碟形、椭圆形、无折边球形等，如图 4-3 所示。

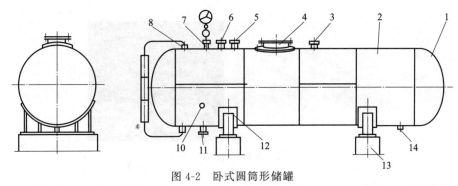

图 4-2 卧式圆筒形储罐

1—封头；2—筒体；3—气相接管；4—人孔；5—液相回流接管；6—安全阀接管；7—压力表接管；
8—液位计接管；9—液位计；10—温度计插孔；11—液相接管；12—鞍式支座；13—基础；14—排污接管

(a) 半球形封头　　　　　　(b) 碟形封头　　　　　　(c) 椭圆形封头

图 4-3 封头

（1）半球形封头

半球形封头实际上就是个半球体，其高度与半径相等。半球形封头整体压制成形比较困难，直径较大（公称直径 DN＞2.5m）的一般都是由几块大小相同的梯形球瓣板和顶部中心的一块圆形球面板（球冠）组焊而成。

（2）碟形封头

碟形封头又称带折边的球形封头。它由几何形状不同的三部分组成：

① 球面体（球冠），是中心部分；

② 圆筒体（俗称直边），是与筒体连接的部分；

③ 过渡圆弧（俗称折边），连接球面体与圆筒体。

（3）椭圆形封头

椭圆形封头是个半椭球体，它的纵剖面是条半椭圆曲线。曲线的曲率半径连续变化，没有形状突变处，因而封头的应力分布较均匀，受力状况比碟形封头好。

3. 法兰

法兰是容器的封头与筒体及开孔、管口与管道连接的重要部件，如图 4-4 所示。它通过螺栓和垫片的连接与密封，保持系统的密封性，在化工设备和化工管道中应用广泛。

为了安全，法兰连接必须满足下列基本要求：

① 有足够的刚度，且连接件之间具有必需的密封压力，以保证在操作过程中介质不会泄漏；

② 有足够的强度，即不因可拆连接的存在而削弱了整个结构的强度，且本身能承受所有的外力；

③ 耐腐蚀，能迅速并多次拆开和装配；

④ 成本低廉，适合大批量地制造。

图 4-4　法兰

4. 开孔与接管

为了适应各种工艺和安全检查的需要，每台压力容器上都有许多开孔和接管，如手孔、人孔、视镜、进出料管等。这些零部件和容器壳体都要承受压力的作用，故称为受压组件。

内径大于等于 300mm、小于 500mm 的压力容器，至少应开设两个手孔；内径大于等于 500mm、小于 1000mm 的，应开设一个人孔或两个手孔；内径大于等于 1000mm 的，应至少开设一个人孔。若压力容器上设有可拆的封头或其他能够开关的盖子等能起到人孔或手孔作用的，可不设人孔和手孔；若压力容器上设置了螺纹塞检查孔，可不再设置手孔，螺纹管塞的公称直径应不小于 50mm。螺纹管塞检查孔是带有标准锥管螺纹的管座并配装封闭塞或帽盖。

检查孔的开设位置应合理、恰当，便于清理内部。手孔或螺纹管塞检查孔应分别开设在两端的封头上或封头附近的筒体上。球形压力容器的人孔应设在极带上。

四、压力容器的设计、制造和安装

1. 压力容器的设计

压力容器的设计单位，必须持有省级以上（含省级）主管部门批准，同级劳动部门备案的压力容器设计单位批准书。超高压容器的设计单位，应持有经国务院主管部门批准，并报劳动部门锅炉压力容器安全监察机构备案的超高压容器设计单位批准书，否则不得设计压力容器。

（1）设计压力

设计压力是指设定的容器顶部最高压力与相应的设计温度一起作为载荷条件，其值不低于工作压力。设计压力一般原则如下：

① 容器的设计压力与最高工作压力的含义并不等同，一般略高于或等于最高工作压力。

② 装设有安全泄压装置的压力容器，其设计压力不得低于安全阀的开启（整定）压力和爆破片装置的爆破压力。

③ 盛装液化气体的容器，无保温装置的，其设计压力（最高工作压力）不低于所装液化气体在 50℃时的饱和蒸气压力；有可靠的保温设施的，其设计压力不低于在试验中实测的最高温度下的饱和蒸气压力。

（2）设计温度

指容器在正常操作条件下，在相应设计温度下设定的壳体的金属温度。设计温度应注意以下几点：

① 对于常温或高温操作的容器，其设计温度不得低于壳体金属可能达到的最高金属

温度；

②　对于在0℃以下操作的容器，其设计温度不得高于壳体金属可能达到的最低金属温度；

③　在任何情况下，容器壳体或其他受压元件金属的表面温度，不得超过材料的允许使用温度；

④　安装在室外且器壁无保温装置的容器，壁温受环境温度的影响而可能小于或等于－20℃时，其设计温度一般应按容器使用地区历年各月、日最低温度月平均值的最小值确定其最低设计温度。

2. 压力容器的制造

凡制造和现场组焊压力容器的单位，必须持有省级以上（含省级）劳动部门颁发的制造许可证。超高压容器的制造单位，必须持有劳动部颁发的制造许可证。制造单位必须按批准的范围（即允许或组焊一、二类或三类）制造或组焊。无制造许可证的单位，不得制造或组焊压力容器。

压力容器制成后，应当进行耐压试验。耐压试验分为液压试验、气压试验以及气液组合压力试验三种。除设计图样要求用气体代替液体进行耐压试验外，不得采用气压试验。进行气压试验前，要全面复查有关技术文件，要有可靠的安全措施，并经制造、安装单位技术负责人和安全部门检查、批准后方可进行。

耐压试验的压力应当符合设计图样要求。其中，耐压试验压力系数 η 的取值见表4-4。

表 4-4　耐压试验的压力系数 η

压力容器的材料	耐压试验压力系数 η	
	液(水)压	气压
钢和有色金属	1.30	1.15
铸铁	2.00	
搪瓷玻璃	1.25	1.10

液压试验时，容器要充满液体，排净空气，待容器壁温度与液体温度相同时，才能缓慢升压到规定压力，根据容器大小保持10~30min，然后将压力降到设计压力至少保持30min。气压试验时，首先缓慢升压至规定试验压力的10%，保持10min，然后对所有焊缝和连接部位进行初次检查。合格后继续升压到规定试验压力的50%，其后按规定试验压力的10%为级差逐级升压到试验压力，保持10~30min，然后再降至设计压力至少保持30min，同时进行检查。要注意气压试验时所用气体应为干燥的空气或氮气，气体温度不低于15℃。

液压试验后检查，符合下列情况为合格：①无渗漏；②无可见异常变形；③试验过程中无异常响声。

耐压试验合格后，可根据图样要求进行泄漏试验。压力试验要严格按照试验的安全规定进行，防止试验中发生事故。压力容器出厂时，制造单位必须按照《容规》的规定向订货单位提供有关技术资料。

3. 压力容器的安装

压力容器安装质量的好坏直接影响容器使用的安全。压力容器的安装单位必须经质量技术监督部门审核批准才可以从事承压设备的安装工作。安装作业必须执行国家有关安装的规范。

安装过程中应对安装质量实行分段验收和总体验收。验收由使用单位和安装单位共同进行。总体验收时，应有上级主管部门和劳动部门参加。压力容器安装竣工后，施工单位应将竣工图、安装及复验记录等技术资料和安装质量证明书等移交给使用单位。

第二节　压力容器的安全附件

一、安全附件的类型

压力容器的安全附件又称为安全装置，是指为使压力容器能够安全运行而装设在设备上的附属装置。压力容器的安全附件按使用性能或用途来分，一般包括以下四大类型：

① 联锁装置。为防止操作失误而设置的控制机构。如联锁开关、联动阀等。

② 警报装置。指压力容器在运行中出现不安全因素，致使容器处于危险状态时能自动发出音响或其他明显警报信号的仪器。如压力警报器、温度监测仪等。

③ 计量装置。指能自动显示压力容器运行中与安全有关的工艺参数的器具。如压力表、温度计等。

④ 泄压装置。指能自动、迅速地排出容器内的介质，使容器内压力不超过它的最高允许使用压力的装置。

二、安全附件

1. 安全阀

（1）安全阀的结构

安全阀是为了防止设备或容器内非正常压力过高引起物理性爆炸而设置的，基本上由三个主要部分组成，即阀座、阀瓣和加载机构。阀座与阀体有的是一个整体，有的是组装在一起的，与容器连通。阀瓣常连带有阀杆，紧扣在阀座上。阀瓣上面是加载机构，载荷的大小是可以调节的。当容器内的压力在规定的工作压力范围以内时，内压作用在阀瓣上的力小于加载机构施加在阀瓣上的力，两者之差构成阀瓣与阀座之间的密封力，阀瓣紧压着阀座，容器内的气体无法排出。当容器内的压力超过规定的工作压力时，内压作用于阀瓣上的力大于加载机构施加在阀瓣上面的力，于是阀瓣离开阀座，安全阀开启，容器内的气体即通过阀座口排出。如果安全阀的排量大于容器的安全泄放量，则经过短时间的排放，容器内压力会很快降回正常工作压力。此时，内压作用于阀瓣的力又小于加载机构施加在阀瓣上面的力，阀瓣又紧压着阀座，气体停止排出，容器保持正常的工作压力继续运行。安全阀就是通过作用在阀瓣上两个力的平衡来关闭或开启以防止压力容器超压的。当设备或容器内压力升高超过一定限度时安全阀能自动开启，排放部分气体，当压力降至安全范围内再自行关闭，从而实现设备和容器内压力的自动控制，防止设备和容器的破裂爆炸。

（2）安全阀的分类

安全阀按其整体结构及加载机构形式来分，常用的有弹簧式和杠杆式两种。在化工装置中，普遍使用弹簧式安全阀。弹簧式安全阀的加载装置是一个弹簧，通过调节螺母可以改变弹簧的压缩量，调整阀瓣对阀座的压紧力，从而确定其开启压力的大小。弹簧式安全阀结构紧凑，体积小，动作灵敏，对震动不太敏感，可以装在移动式容器上。缺点是阀内弹簧受高温影响时，弹性有所降低。

（3）安全阀的选用

安全阀的选用应根据容器的工艺条件及工作介质的特性，从安全阀的安全泄放量、加载机构、封闭机构、气体排放方式、工作压力范围等方面考虑。安全阀的排放量是选用安全阀的关键因素，必须大于或等于容器的安全泄放量。选用安全阀时，要注意它的工作压力范围，要与压力容器的工作压力范围相匹配。为了使压力容器正常安全运行，安全阀应满足以下基本要求：在工作压力下保持严密不漏；在压力达到开启压力时，即可自动迅速开启，顺利地排出气体；在开启状态下，阀瓣应稳定、无振荡现象；在排放压力下，阀瓣处于全开状态，并达到额定排放量；泄压关闭后应继续保持良好的密封状态。

（4）安全阀的安装

安全阀应垂直向上安装在压力容器本体液面以上的气相空间部位，或与连接在压力容器气相空间上的管道相连接。安全阀确实不便装在容器本体上，而用短管与容器连接时，接管的直径必须大于安全阀的进口直径，接管上一般禁止装设阀门或其他引出管。压力容器的一个连接口上装设数个安全阀时，则该连接口入口的面积至少应等于数个安全阀的面积总和。压力容器与安全阀之间，一般不宜装设中间截止阀门。对于盛装易燃，毒性程度为极度、高度、中高度危害或黏性介质的容器，为便于安全阀更换、清洗，可装截止阀，但截止阀的流通面积不得小于安全阀的最小流通面积，并且要有可靠的措施和严格的制度，以保证在运行中截止阀保持全开状态并加铅封。

（5）安全阀的调整、维护和检验

安全阀在安装前应由专业人员进行水压试验和气密性试验，经试验合格后进行调整校正。安全阀的开启压力一般应为容器最高工作压力的 1.05～1.10 倍。对压力较低的低压容器，可调节到比工作压力高 0.8MPa，但不得超过容器的设计压力。校正调整后的安全阀应进行铅封。

要使安全阀动作灵敏、可靠且密封性能良好，必须加强日常维护检查。安全阀应保持清洁，防止阀体弹簧等被油垢脏物所粘住或被锈蚀；还应经常检查安全阀的铅封是否完好，气温过低时，有无冻结的可能性；检查安全阀是否有泄漏。对杠杆式安全阀，要检查其重锤是否松动或被移动等，如发现缺陷，要及时校正或更换。《容规》规定，安全阀要定期检验，每年至少检验一次。定期检验工作包括清洗、研磨、试验和校正。

2. 防爆片

防爆片（见图 4-5）又称防爆膜、防爆板，其作用是当设备内发生化学爆炸或产生过高压力时，防爆片作为人为设计的薄弱环节会自行破裂，将爆炸压力释放掉，使爆炸压力难以继续升高，从而保护设备或容器的主体免遭更大的损坏，使在场的人员不致遭受致命的伤亡。

防爆片具有密封性能好、反应动作快以及不易受介质中黏污物的影响等优点。但它是通过膜片的断裂来泄压的，所以泄压后不能继续使用，容器也被迫停止运行。因此防爆片一般只在不宜装设安全阀的压力容器上使用。随着化学工业的发展，对防爆片的精度要求越来越高，防爆片的结构形式也越来越多，如剪切破坏型、弯曲破坏型（碎裂式）、普通拉伸破坏型（破裂式）、孔式拉伸破坏型和失稳型（压缩型翻转型、突破式）等。

图 4-5　防爆片

防爆片的主零件是一块很薄的金属板，用一副特殊的管法兰夹持着装入容器的引出短管中，也有把膜片直接与密封垫片一齐放入接管法兰的。容器在正常运行时，防爆片虽可能有较大的变形，但能保持严密不漏；当容器超压时，膜片即断裂排泄介质，避免容器因超压而发生爆炸。

防爆片的安全可靠性取决于防爆片的材料、厚度和泄压面积。防爆片的选用要求如下：

① 正常生产时压力很小或没有压力的设备，可用石棉板、塑料片、橡皮或玻璃片等作为防爆片。

② 微负压生产情况下，可采用 2～3cm 厚的橡胶板作为防爆片。

③ 操作压力较高的设备可采用铝板、铜板。铁片破裂时能产生火花，存在可燃性气体时不宜采用。

④ 防爆片的爆破压力一般不超过系统操作压力的 1.25 倍。若防爆片在低于操作压力时破裂，就不能维持正常生产；若操作压力过高而防爆片不破裂，则不能保证安全。

⑤ 防爆片的泄放面积一般按照 $0.035～0.1 m^2/m^3$ 选用。防爆片的安装要可靠，夹持器和垫片表面不得有油污，夹紧螺栓应拧紧，防止螺栓受压后滑脱。运行中应经常检查连接处有无泄漏。由于特殊要求在防爆片和容器之间安装了切断阀的，要检查阀门的开闭状态，并应采取措施保证此阀门在运行过程中处于开启位置。防爆片一般每 6～12 月应更换 1 次。

3. 防爆门

防爆门一般设置在燃油、燃气的燃烧室外壁上，以防止燃烧爆炸时，设备遭到破坏。防爆门的总面积一般按燃烧室内部净容积计算，不少于 $250 cm^2/m^3$。为了防止燃烧气体喷出时将人烧伤，防爆门应设置在人们不常到的地方，高度不低于 2m。防爆门分为向上翻和向下翻的两种。

4. 液位计

液位计（或液位自动指示器）是压力容器的安全附件，显示容器内液面位置（气液交界面）的一种装置。盛装液化气体的储运容器，包括大型球形储罐、卧式储槽和罐车等，以及作液体蒸发用的换热容器，都应装设有液位计或液位自动指示器，以防容器内因满液而发生液体膨胀导致容器超压事故。介质为粉体物料的压力容器，多数选用放射性同位素料位仪表指示粉体的料位高度。

图 4-6　液位计

液位计（图 4-6）是根据连通管原理制成的，结构非常简单，有玻璃管式和平板玻璃式两种，压力容器多用平板玻璃式。选用、装设和使用液位计或液位自动指示器时，应注意以下事项：

① 应根据压力容器的介质、最高工作压力和温度正确选用。

② 在安装使用前，低、中压容器用的液位计，应进行 1.5 倍液位计公称压力的水压试验；高压容器用的液位计，应进行 1.25 倍液位计公称压力的水压试验。

③ 盛装 0℃ 以下介质的压力容器，应选用防霜液位计。

④ 寒冷地区室外使用的液位计，应选用夹套型或保温型结构的液面计。

⑤ 用于易燃，毒性程度为极度、高度危害介质的液化气体压力容器时，应采用板式或自动液压指示计，并应有防止泄漏的保护装置。

⑥ 要求液面指示平稳的，不应采用浮子（标）式液位计。

⑦ 液面计应安装在便于观察的位置，如液面计的安装位置不便于观察，则应增加其他辅助设施。大型压力容器还应有集中控制的设施和警报装置。液面计的最高和最低安全液位，应做出明显的标记。

⑧ 应对液面计实行定期检修制度，使用单位可根据运行实际情况，在管理制度中予以具体规定。压力容器操作人员应加强液面计的维护管理，经常保持其完好和清晰，如检查气液连通开关是否处于开启状态，连通管或开关是否堵塞，各连接处有无渗漏现象等。

⑨ 液面计有下列情况之一的，应停止使用：超过检验周期；玻璃板（管）有裂纹、破碎；阀件固死；经常出现假液位。

⑩ 使用放射性同位素料位仪表，应严格执行国务院发布的《放射性同位素与射线装置安全和防护条例》的规定，采取有效保护措施，防止使用现场安全和危害。

5. 压力表

压力表是测量压力容器中介质压力的一种计量仪表。压力表的种类较多，有液柱式、弹性元件式、活塞式和电量式四大类。压力容器大多使用弹性元件式的单弹簧管压力表。

压力表的安装与维护应注意以下事项：

① 装在压力容器上的压力表，其最大量程应与容器的工作压力相适应；压力表的最大量程最好选用为容器工作压力的 2 倍，不能小于 1.5 倍或大于 3 倍。

② 根据容器的压力等级和工作需要选择压力表，按容器的压力等级要求，低压容器一般不低于 2.5 级；中压及高压容器不应低于 1.5 级。

③ 为便于操作人员能清楚准确地看出压力指示，压力表盘直径不能太小。在一般情况下，表盘直径不应小于 100mm。如果压力表距离观察地点远，表盘直径应相应增大，距离超过 2m 时，表盘直径最好不小于 150mm；距离超过 5m 时，不要小于 250mm。超高压容器压力表的表盘直径应不小于 150mm。装在压力容器上的压力表，其表盘刻度极限值应为容器最高工作压力的 1.5~3 倍，最好为 2 倍。压力表量程越大，允许误差的绝对值也越大，视觉误差也越大。

④ 安装压力表时，为便于操作人员观察，应将压力表安装在最醒目的地方，并要有充足的照明，同时要注意避免受辐射热、低温及震动的影响；装在高处的压力表应稍微向前倾斜，但倾斜角不要超过 30°。压力表接管应直接与容器本体相接，为了便于卸换校验压力表，压力表与容器之间应装设三通旋塞，旋塞应装在垂直的管段上，并要有开启标志，以便核对与更换。蒸汽容器与压力表之间应装有存水弯管；盛装高温、强腐蚀或凝结性介质的容器压力表与之间应装有隔离缓冲装置。

⑤ 使用中的压力表，应根据设备的最高工作压力，在它的刻度盘上画明警戒红线，但不要涂画在表盘玻璃上，以免玻璃转动使操作人员产生错觉，造成事故。

⑥ 未经检验合格和无铅封的压力表均不准安装使用。

⑦ 压力表应保持洁净，表盘上玻璃要明亮透明，使表内指针指示的压力值清楚易见。压力表的接管要定期吹洗。在容器运行期间，如发现压力表指示失灵、刻度不清、表盘玻璃破裂、泄压后指针不回零位、铅封损坏等情况，应立即校正或更换。

⑧ 压力表的维护和校验应符合国家计量部门的有关规定。压力表上应有校验标记，注明下次校验日期或校验有效期。校验后的压力表应加铅封。

另外，化工生产过程中，有些反应压力容器和储存压力容器还装有液位检测报警、温度检测报警、压力检测报警及联锁等，既是生产监控仪表，也是压力容器的安全附件，都应按有关规定的要求加强管理。

第三节　压力容器的定期检验

压力容器的定期检验是指在压力容器的使用过程中，每隔一定期限采用各种适当而有效的方法，对容器的各个承压部件和安全装置进行检查和必要的试验。通过检验，发现容器存在的缺陷，使它们在还没有危及容器安全之前即被消除或采取适当措施进行特殊监护，以防压力容器在运行中发生事故。容器的缺陷主要包括以下两方面：

① 设计制造缺陷。有些压力容器在设计、制造和安装过程中存在着一些原有缺陷，这些缺陷将会在使用中进一步扩展。

② 在使用过程中会产生缺陷。压力容器在生产中不仅长期承受压力，而且还受到介质的腐蚀或高温流体的冲刷磨损，以及操作压力、温度波动的影响。

无论是原有缺陷，还是在使用过程中产生的缺陷，如果不能及早发现或消除，任其发展扩大，势必在使用过程中导致严重爆炸事故。压力容器实行定期检验，是及时发现缺陷、消除隐患、保证压力容器安全运行必不可少的措施。

一、定期检验的要求

压力容器的使用单位必须认真安排压力容器的定期检验工作，按照《压力容器定期检验规则》（TSG R7001—2013）和《固定式压力容器安全技术监察规程》（TSG 21—2016）的有关规定。由取得检验资格的单位和人员进行检验，并将年检计划报主管部门和当地的锅炉压力容器安全监察机构，锅炉压力容器安全监察机构负责监督检查。

二、定期检验的内容

1. 外部检查

外部检查指专业人员在压力容器运行中定期的在线检查。检查的主要内容是：压力容器及其管道的保温层、防腐层、设备铭牌是否完好；外表面有无裂纹、变形、腐蚀和局部鼓包；所有焊缝、承压元件及连接部位有无泄漏；安全附件是否齐全、可靠、灵活好用；承压设备的基础有无下沉、倾斜，地脚螺钉、螺母是否齐全完好；有无振动和摩擦；运行参数是否符合安全技术操作规程；运行日志与检修记录是否保存完整。

2. 内外部检验

内外部检验指专业检验人员在压力容器停机时的检验。检验内容除外部检查的全部内容外，还包括以下内容的检验：腐蚀、磨损、裂纹、衬里情况、壁厚测量、金相检验、化学成分分析和硬度测定。

3. 全面检验

全面检验除内外部检验的全部内容外，还包括焊缝无损探伤和耐压试验。

① 焊缝无损探伤长度一般为容器焊缝总长的 20%。

② 耐压试验是承压设备定期检验的主要项目之一，目的是检验设备的整体强度和致密性。绝大多数承压设备进行耐压试验时用水作介质，故常常把耐压试验称为水压试验。

压力容器的安全状况等级评定见《固定式压力容器安全技术监察规程》（TSG 21—2016）。

三、定期检验的周期

压力容器的检验周期应根据容器的制造和安装质量、使用条件、维护保养等情况，由企业自行确定。

1. 检验周期的规定

外部检查应每年至少一次。

内外部检验的周期分为以下三种情况：

① 安全状况等级为 1～3 级的，每 6 年至少一次；

② 安全状况等级为 3～4 级的，每 3 年至少一次；

③ 安全状况等级为 3 级的可视缺陷严重程度，应适当延长或缩短检验周期。

耐压试验的周期为每 10 年至少一次。装有催化剂的反应容器以及装有充填物（如吸附剂）的大型压力容器，其检验周期由使用单位根据设计图纸和实际使用情况确定。

2. 检验周期适当延长或缩短的规定

有下列情况之一的，内外部检验周期应适当缩短：

① 介质对压力容器材料的腐蚀情况不明，介质对材料的腐蚀速率大于 0.25mm/a，以及设计所确定的腐蚀数据严重不准确；

② 材料焊接性能差，制造时曾多次返修；

③ 首次检验；

④ 使用条件差，管理水平低；

⑤ 使用期超过 15 年，经技术鉴定确认不能按正常检验周期使用。

有下列情况之一的，内外部检验周期可以适当延长：

① 非金属衬里层完好，但其检验周期不应超过 9 年；

② 介质对材料腐蚀速率低于 0.1mm/a，或有可靠的耐腐蚀金属衬里，经外部检验确认符合原要求，但检验周期不应超过 10 年。

3. 检验合格后耐压试验的规定

压力容器在检验合格后，在下列情况下需进行耐压试验：

① 用焊接方法修理或更换主要受压元件；

② 改变使用条件且超过原设计参数；

③ 更换新衬里前；

④ 停止使用两年后复用；

⑤ 新安装或移装；

⑥ 无法进行内部检验；

⑦ 使用单位对压力容器的安全性能表示怀疑。

因特殊情况，不能按期进行内外部检验或耐压试验的使用单位必须申明理由，提前 3 个月提出申报，经单位技术负责人批准，由原检验单位提出处理意见，省级主管部门审查同意，发放压力容器使用证的锅炉压力容器安全监察机构备案后，方可延长检验周期，但一般不应超过 12 个月。

第四节　压力容器的安全技术

一、压力容器的操作与维护

1. 压力容器工艺参数原则

压力容器的工艺规程和岗位操作法应包括下列内容：

① 压力容器工艺操作指标及最高工作压力、最低工作壁温；

② 操作介质的最佳配比和其中有害物质的最高允许浓度，以及反应抑制剂、缓蚀剂的加入量；

③ 正常操作法、开停车操作程序，升降温、升降压的顺序及最大允许速度，压力波动允许范围及其他注意事项；

④ 运行中的巡回检查路线、内容、方法、周期和记录表格；

⑤ 运行中可能发生的异常现象和防治措施；

⑥ 压力容器的岗位责任制、维护要点和方法；

⑦ 压力容器停用时的封存和保养方法。

使用单位不得任意改变压力容器设计工艺参数，严防在超温、超压、过冷和强腐蚀条件下运行。操作人员必须熟知工艺规程、岗位操作法和安全技术规程，通晓容器结构和工艺流程，经理论和实际考核合格者方可上岗。

2. 压力容器的安全操作

① 操作压力容器时要集中精力，勤于检查和调节；

② 操作动作应平稳、缓慢，避免温度、压力的骤升骤降，防止压力容器的疲劳损坏；

③ 阀门的开启要谨慎，开停车时各阀门的开关状态以及开关的顺序不能搞错；

④ 要防止憋压闷烧和高压串入低压系统，防止性质相抵触的物料相混以及液体和高温物料相遇；

⑤ 操作时，操作人员应严格控制各种工艺指数，严禁超压、超温、超负荷运行，严禁冒险性、试探性试验；

⑥ 要在压力容器运行过程中定时、定点、定线地进行巡回检查，认真、及时、准确地记录原始数据；

⑦ 着重检查容器法兰等部位有无泄漏，容器防腐层是否完好，有无变形、鼓包、腐蚀

等缺陷和可疑迹象，容器及连接管道有无振动、磨损；

⑧ 检查安全阀、爆破片、压力表、液位计、紧急切断阀以及安全联锁、报警装置等安全附件是否齐全、完好、灵敏、可靠。

3. 异常情况处理

为了确保安全，压力容器在运行中，发现下列情况之一者应停止运行，并尽快向有关领导汇报。

① 容器工作压力、工作壁温、有害物质浓度超过操作规程规定的允许值，采取紧急措施后仍不能下降时；

② 容器受压元件发生裂纹、鼓包、变形或严重泄漏等，危及安全运行时；

③ 安全附件失灵，无法保证容器安全运行时；

④ 紧固件损坏、接管断裂，难以保证安全运行时；

⑤ 容器本身、相邻容器或管道发生火灾、爆炸或有毒有害介质外逸，直接威胁容器安全运行时。

压力容器内部有压力时，不得进行任何修理或紧固工作。对于特殊的生产过程，需在开车升（降）温过程中带压、带温紧固螺栓的，必须按设计要求制订有效的操作和防护措施，并经使用单位技术负责人批准，在实际操作时，单位安全部门应派人进行现场监督。

以水为介质产生蒸汽的压力容器必须做好水质管理和监测，没有可靠的水处理措施时，不应投入运行。

运行中的压力容器还应保持容器的防腐、保温、绝热、静电接地措施完好。

4. 压力容器的维护保养

压力容器的维护保养工作一般包括防止腐蚀，消除"跑、冒、滴、漏"和做好停运期间的保养。

（1）防腐

化工压力容器内部受工作介质的腐蚀，外部受大气、水或土壤的腐蚀。目前大多数容器采用防腐层来防止腐蚀，如金属涂层、无机涂层、有机涂层、金属内衬和搪瓷玻璃等。检查和维护防腐层的完好，是防止容器腐蚀的关键。如果容器的防腐层自行脱落或受碰撞而损坏，腐蚀介质和材料直接接触，则很快会发生腐蚀。因此在巡检时应及时清除积附在容器、管道及阀门上面的灰尘、油污、潮湿和有腐蚀性的物质，使容器外表面保持洁净和干燥。

（2）消除生产设备的"跑、冒、滴、漏"

生产设备的"跑、冒、滴、漏"不仅浪费化工原料和能源、污染环境，而且往往会造成容器、管道、阀门和安全附件的腐蚀。因此要做好生产设备日常的维护保养和检修工作，正确选用连接方式、垫片材料、填料等，及时消除"跑、冒、滴、漏"现象，消除振动和摩擦，维护保养好压力容器和安全附件。

（3）压力容器在停运期间的保养

容器停用时，要将内部的介质排空放净，尤其是腐蚀性介质，要经排放、置换或中和、清洗等技术处理。根据停运时间的长短以及设备和环境的具体情况，有的在容器内、外表面涂刷油漆等保护层，有的在容器内用专用器皿盛放吸潮剂。

对停运的容器要定期检查，及时更换失效的吸潮剂。油漆等保护层脱落时，应及时补上，使保护层保持完好无损。

二、压力容器的使用管理

为了确保压力容器的安全运行，必须加强对压力容器的安全管理，消除弊端，防患于未然，不断提高其安全可靠性。

1. 压力容器的安全管理

要做好压力容器的安全技术管理工作，首先企业要有专门的机构，配备专业人员，即具有压力容器专业知识的工程技术人员，负责压力容器的技术管理及安全监察工作。

压力容器的技术管理工作主要内容如下：

① 贯彻执行有关压力容器的安全技术规程；

② 编制压力容器的安全管理规章制度，依据生产工艺要求和容器的技术性能制订容器的安全操作规程；

③ 参与压力容器的入厂检验、竣工验收及试车；

④ 检查压力容器的运行、维修和压力附件校验情况，进行压力容器的校验、修理、改造和报废等技术审查；

⑤ 编制压力容器的年度定期检修计划，并负责组织实施；向主管部门和当地劳动部门报送当年的压力容器数量和变动情况统计报表、压力容器定期检验的实施情况及存在的主要问题；

⑥ 压力容器的事故调查分析和报告，检验、焊接和操作人员的安全技术培训管理，压力容器使用登记及技术资料管理。

2. 建立压力容器的安全技术档案

压力容器的技术档案是正确使用容器的主要依据，可以使相关人员全面掌握容器的情况，摸清容器的使用规律，防止发生事故。容器调入或调出时，其技术档案必须随同容器一起调入或调出。对技术资料不齐全的容器，使用单位应对其所缺项目进行补充。

压力容器的技术档案应包括：压力容器的产品合格证，质量证明书，登记卡片，设计、制造、安装等原始的技术文件和资料，检查鉴定记录，验收单，检修方案及实际检查情况记录，运行累计时间表，年运行记录，理化检验报告，竣工图以及中高压反应容器的主要受压元件强度计算书等。

3. 对压力容器使用单位及人员的要求

在压力容器投入使用前，压力容器的使用单位应按劳动部颁布的《压力容器使用管理规则》（TSG R5002—2021）的要求，向地、市锅炉压力容器安全监察机构申报和办理使用登记手续。

容器使用单位应在工艺操作规程中明确提出压力容器安全操作要求，其内容有：

① 操作工艺指标（含介质状况、最高工作压力、最高或最低工作温度）；

② 岗位操作法（含开、停车操作程序和注意事项）；

③ 运行中应重点检查的项目和部位，可能出现的异常现象和防止措施，紧急情况的处理、报告程序等。

压力容器使用单位应对其操作人员进行安全教育和考核，操作人员应持压力容器安全操作证上岗操作。

三、压力容器投用的安全技术

1. 准备工作

压力容器投用前，使用单位应做好基础管理（软件）、现场管理（硬件）的运行准备工作。

（1）基础管理工作

① 规章制度建设。压力容器运行前必须有该容器的安全操作规程（或操作法）和各种管理制度，有该容器明确的安全操作要求。初次运行还必须制订试运行方案（或开车方案和开车操作票），明确人员分工和操作步骤、安全注意事项等。

② 人员培训。在容器试运行前必须对操作及管理人员进行相关的安全操作规程（或操作法）和管理制度的岗前培训和考核。设置压力容器专职管理人员并获得压力容器管理人员证。压力容器的初次运行应由压力容器管理人员和生产工艺技术人员（两者可合二为一）共同组织策划和指挥，并对操作人员进行具体的操作分工和培训。

③ 设备报批。设备压力容器投用前，容器必须办理好报装手续，然后由具有资质的施工单位负责施工，并经竣工验收后办理使用登记手续，取得质量技术监督部门发放的压力容器使用证。

（2）现场管理工作

主要对压力容器本体附属设备、安全装置等进行必要的检查。具体要求如下：

① 检查安装、检验、修理工作遗留的辅助设施，如脚手架、临时平台、临时电线等，是否全部拆除；容器内有无遗留工具、杂物等。

② 检查电、气等的供给是否恢复，道路是否畅通；操作环境是否符合安全运行的要求。

③ 检查容器表面有无异常；是否按规定做好防腐和保温及绝热工作。

④ 检查系统中压力容器连接部位、接管等的连接情况，盲板是否按规定抽出，阀门是否处于规定的启闭状态。

⑤ 检查附属设备及安全防护设施是否完好。

⑥ 检查安全附件、仪器仪表是否齐全，并检查其灵敏程度及校验情况，若发现安全附件无产品合格证或规格、性能不符合要求或逾期未校验情况，不得使用。

2. 开车与试运行

试运行前需对容器、附属设备、安全附件、阀门及关联设备等进一步确认检查。对设备管线做吹扫贯通，预热，试开搅拌，按操作法再次检查阀门、安全附件、气体置换、热紧密封，若预充压后出现异常现象，一经发现应先处理后开车。

按操作规程或操作法要求，按步骤先后进（投）料，并密切注意工艺参数的变化，对超出工艺指标的应及时调控；同时操作人员要沿工艺流程线路跟随物料进程进行检查，防止物料泄漏或走错流向；并注意检查阀门的开启度是否合适，注意运行中的细微变化特别是工艺参数的变化。

3. 运行控制的安全技术

运行中对工艺参数的控制，是压力容器正确使用的重要内容。对压力容器运行的控制主要是对运行过程中工艺参数的控制，即压力、温度、流量、液位、介质配比、介质腐蚀性、交变载荷等的控制。压力容器运行的控制有手动控制（简单的生产系统）和自动联锁控制

（工艺复杂、要求严格的系统）。具体的控制关键点包括压力和温度、流量和介质配比、液位、介质腐蚀、交变载荷。自动控制已成为主流趋势，但压力容器的运行控制绝对不能单纯依赖自动控制，压力容器运行的自动控制系统离不开人。

操作人员必须按规定的程序进行操作。具体要点如下：

① 平稳操作。

② 严格控制工艺指标。

③ 严格执行检修办证制度。办理检修交出证书、动火作业票、进塔入罐许可证。重大的检修交出任务或安全危害较大的压力容器检修交出，还需经压力容器管理员或企业技术负责人审核。

④ 坚持容器运行巡检和实行应急处理的预案制度。必须坚持压力容器运行期间的现场巡回检查制度，特别是操作控制高度集中（设立总控室）的压力容器生产系统，通过现场巡查，及时发现操作中或设备上出现的跑、冒、滴、漏、超温、超压、壳体变形等不正常状态，才能及时采取相应的措施进行消除或调整甚至停车处理。

运行中主要检查工艺条件、设备状况、安全装置。

四、压力容器停止运行的安全技术

1. 正常停止运行的安全技术

容器及设备按有关规定要进行定期检验、检修、技术改造，因原料、能源供应不及时，内部填料定期处理、更换或因工艺需要采取间歇式操作方法等正常原因而停止运行，均属正常停止运行。

压力容器及其设备的停运过程是一个控制操作参数变化的过程。在较短的时间内容器的操作压力、操作温度、液位等不断变化，要进行切断物料、返出物料、容器及设备吹扫、置换等大操作工序。为保证操作人员能安全合理地操作，容器设备、管线、仪表等不受损坏，正常停运过程中应注意以下事项：

（1）编制停运方案

停运方案应包含以下内容：

① 停运周期（包括停工时间和开工时间）及停运操作的程序和步骤。

② 停运过程中控制工艺参数变化幅度的具体要求。

③ 容器及设备内剩余物料的处理、置换、清洗方法及要求，动火作业的范围。

④ 停运检修的内容、要求，组织实施及有关制度。

（2）降温、降压速度控制

停运中应严格控制降温、降压速度，因为急剧降温会使容器壳壁产生疲劳现象和较大的温度压力，严重时会使容器产生裂纹、变形、零部件松脱、连接部位泄漏等现象，甚至造成火灾、爆炸事故。对于储存液化气体的容器，由于器内的压力取决于温度，所以必须先降温，才能实现降压。

（3）清除剩余物料

如果单台容器停运，需在排料后用盲板切断与其他容器及压力源的连接；如果是整个系统停运，需将整个系统装置中的物料用真空法或加压法清除。对残留物料的排放与处理应采取相应的措施，特别是可燃、有毒气体应排至安全区域。

（4）准确执行停运操作

停运操作不同于正常操作，要求更加严格、更加准确无误。开关阀门要缓慢，操作顺序要正确，如蒸汽介质要先开排凝阀，待冷凝水排净后关闭排凝阀，再逐步打开蒸汽阀，防止因水击损坏设备或管道。

2. 紧急停止运行的安全技术

压力容器在运行过程中，如果突然发生故障，严重威胁设备和人身安全时，操作人员应立即采取紧急措施，停止容器运行。

（1）应立即停止运行的异常情况

① 容器的工作压力、介质温度或容器壁温度超过允许值，在采取措施后仍得不到有效控制。

② 容器的主要承压部件出现裂纹、鼓包、变形、泄漏、穿孔、局部严重超温等危及安全的缺陷。

③ 压力容器的安全装置失效、连接管件断裂、紧固件损坏，难以保证安全运行。

④ 压力容器充装过量或反应容器内介质配比失调，造成压力容器内部反应失控。

⑤ 容器液位失去控制，采取措施仍得不到有效控制。

⑥ 压力容器出口管道堵塞，危及容器安全。

⑦ 容器与管道发生严重振动，危及容器安全运行。

⑧ 高压容器的信号孔或警告孔泄漏。

⑨ 主要通过化学反应维持压力的容器，因管道堵塞或附属设备、进口阀等失灵或故障造成容器突然失压，后工序介质倒流，危及容器安全。

（2）紧急停止运行的安全技术

压力容器紧急停运时，操作人员必须做到"稳""准""快"，即保持镇定，判断准确，处理迅速，防止事故扩大。在执行紧急停运的同时，还应按规定程序及时向本单位有关部门迅速报告，防止事故影响生产，还必须做好与相关岗位的联系工作。紧急停运前，操作人员应根据容器内介质状况做好个人防护。

压力容器紧急停止运行时的注意事项：

① 对动力源来自容器外的其他容器或设备，如换热器等，应迅速切断动力源，开启放空阀、排污阀，遇有安全阀不动时，拉动安全阀手柄强制排气泄压。

② 向内产生压力的容器，超压时应根据容器实际情况采取降压措施，当反应等压时，应迅速切断电源，使向容器内输送物料的运转设备停止运行，同时联系有关岗位；迅速开启放空网、安全阀或排污网，必要时开启卸料阀、卸料口，物料未放尽前，搅拌不能停止；对产生放热反应的容器，还应增大冷却水量，使其降温。

③ 液化气体介质的储存容器，超压时应迅速采取强制降温等降温措施，液氨储罐还可开启紧急泄氨器泄压。

3. 停用期间的安全技术

对于长期停用或临时停用的压力容器，也应加强维护保养工作。停用期间保养不善的容器甚至比正常使用的容器损坏更快。停止运行的容器尤其是长期停用的容器，一定要将内部介质排放干净，清除内壁的污垢、附着物和腐蚀物。对于腐蚀性介质，排放后还需经过置换、清洗、吹干等技术处理，使容器内部干燥和洁净。要保持容器外表面的防腐油漆等完好无损，发现油漆脱落或被刮落时要及时补涂。有保温层的容器，还要注意保温层下的防腐和支座处的防腐。

五、压力容器安全状况等级评定

按《压力容器使用管理规则》（TSG R5002—2021）的规定，根据压力容器的安全状况分为1级、2级、3级、4级、5级五个等级。

1. 安全状况等级评定原则

应根据对材质、结构和缺陷的检验结果，进行材质、结构和缺陷的评定，做出客观、准确的结论。评定时，既承认已多年使用的超标缺陷，又不排除其存在的危险性。对材质劣化、原有缺陷扩展、产生新缺陷的压力容器，应从严评定。评定时，以评定项目等级最低项的等级作为压力容器最终等级。按规定新制压力容器为1、2级时可以投用；在用压力容器为1、2、3级可继续使用；4级应控制使用，但液化气体罐车、槽车不允许继续使用；5级应报废。

2. 安全状况等级评定

（1）材质评定

实际材质与原设计选定材质不符合时，如果实际材质清楚，经材质检验未发现新生缺陷（不包括正常腐蚀），不影响定级。如使用中产生新缺陷，并确认是实际材质选用不当所致，应定为4级或5级，液化气体罐车、槽车应定为5级。

材质如有石墨化、合金元素迁移、回火脆性、应变时效、晶间腐蚀、氢损伤及脱碳、渗碳等，应根据材质劣化程度定为4级或5级。

（2）结构评定

封头主要参数不符合现行标准，但经检验未发现新缺陷，可定为2级或3级，如发现新缺陷应根据有关规定条款评定。封头与筒体连接形式采用单面焊对接而未焊透，液化气体罐车、槽车应定为5级，其他用途的压力容器应定为3～5级；如采用不等厚板件对接结构，经检验未查出新缺陷，可定为3级，若发现新缺陷，则应定为4级或5级。

焊缝布置不当或焊缝间距小于规定值，经检验未发现新缺陷，可定为3级；若发现新缺陷，则应定为4级或5级。按规定应采用全焊透结构的角焊缝但没有采用全焊透结构的主要承压元件，经检验未发现新缺陷可定为3级；若发现新缺陷应定为4级或5级。

如果开口不当，经检验未发现新缺陷，对一般压力容器可定为2级或3级；如果孔径超过规定，其计算和补强结构经过特殊考虑，不影响定级；未作特殊考虑，补强不够，应定为4级或5级。

（3）缺陷评定

表面裂纹按规定是不允许出现的，应一律消除。如果确有裂纹，其深度在壁厚余量范围内，打磨后不须补焊，不影响定级；其深度超过壁厚余量，打磨后补焊合格可定为2级或3级。

由于工卡具、电弧等因素引起压力容器损伤，如果是焊迹，可利用打磨方法消除，在不补焊的情况下能保持原有性能，不影响定级；需要补焊的，补焊合格后可定为2级或3级。变形无须进行处理的，不影响定级；继续使用不能满足强度要求的，可定为5级。使用时出现局部鼓包，如弄清原因并判断不再继续发展时，可定为4级；无法查明原因或发现材质进入屈服状态时，可定为5级。

焊缝咬边深度在内表面不超过0.5mm，在外表面不超过1.0mm；焊缝连续长度在内外表面均不超过100mm；焊缝两侧咬边长度，在内表面不超过焊缝总长的10%，在外表面不超过焊缝总长的15%，对于一般压力容器不影响定级，当咬边深度超标时应予修复。对罐车、槽车和有特殊要求的压力容器，检验时未发现新的缺陷，可定为2级或3级；查出有新缺陷及咬边深度超标，应予修复。对低温压力容器，焊缝咬边应打磨消除，无须补焊的，不影响评级；若须补焊，补焊合格后可定为2级或3级。

存在腐蚀的压力容器，对于均匀腐蚀，如按最小壁厚余量（扣除至下一个使用周期的腐蚀量的2倍）校核强度合格，不影响评级；若须补焊，补焊合格后可定为2级或3级。

压力容器焊缝存在的埋藏缺陷，应按规定进行局部或全部探伤，根据具体情况评定。压力容器耐压试验时安全性能不能满足要求，属于本身原因的，应定为5级。

3. 检验评定报告

检验评定报告应包括所评定的安全状况等级、允许继续使用的参数、监控使用的限制条件、下次检验周期、判废的依据及其他事宜。

第五节　压力管道

在煤化工生产中，管道和设备同样重要。因此，加强管道的使用、管理，亦是实现安全生产的一项重要工作。高压工艺管道的管理范围为：

① 静载设计压力为10～32MPa的化工工艺管道和氨蒸发器、水冷排、换热器等设备，以及静载工作压力为10～32MPa的蛇管、回弯管；

② 工作介质温度为-20～370℃的高压工艺管道。

一、管道的标准

化工管道，从广义上理解，应包括管子（断面几何形状为封闭环形，有一定壁厚和长度，外表形状均匀的构件）、管件（管子的连接件，包括阀门、法兰等）及其附属设施。

1. 公称直径

压力容器的公称直径是按容器零部件标准化系列而选定的壳体直径，用符号DN及数字表示，单位为mm。

公称直径标记为：

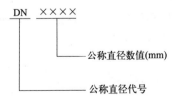

如DN100，即表示公称直径为100mm的管道及其附件，如阀门等。常用公称直径系列见表4-5。根据公称直径及公称压力，可以确定管道所用的管子、阀门、管件、法兰、垫片的结构尺寸和连接螺纹的标准。

注意：对于焊接的圆筒形容器，公称直径是指它的内径；对于由无缝钢管制作的圆筒形容器，公称直径是指它的外径，因为无缝钢管的公称直径不是内径，而是接近而又小于外径的一个数值，为了方便，用无缝钢管作容器筒体时，选外径作为公称直径。

表 4-5　公称直径系列表　　　　　　　　　　　　　　单位：mm

公称直径						
15	(65)	300	(650)	(950)	(1250)	1600
20	80	350	700	1000	1300	1800
25	100	400	750	(1050)	(1350)	2000
(32)	(125)	450	800	1100	1400	
40	150	500	(850)	(1150)	(1450)	
50	200	600	900	1200	1500	

2. 公称压力

管道元件国家标准《管道元件　公称压力的定义和选用》（GB/T 1048—2019）规定，公称压力表示为：

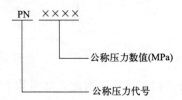

如 PN4.0，表示公称压力为 4.0MPa 的管道及其元件。公称压力等级系列见表 4-6。

表 4-6　公称压力等级系列表　　　　　　　　　　　　单位：MPa

公称压力				
0.05	1.0	6.3	28.0	100.0
0.10	1.6	10.0	32.0	125.0
0.25	2.0	15.0	42.0	160.0
0.40	2.5	16.0	50.0	200.0
0.60	4.0	20.0	63.0	250.0
0.80	5.0	25.0	80.0	335.0

3. 试验压力

管道投入使用前，要根据设计和使用工艺条件的要求，对管道的强度和材料的紧密性进行检验，检验所规定的压力称为试验压力。

试验压力表示为：

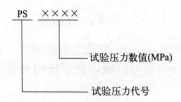

如 PS15，即表示试验压力为 15MPa。一定的公称压力有其相应的试验压力。按照国家标准的规定，PN0.25～30.0 范围内，PS＝1.5PN；PN40.0～80.0 范围内，PS＝1.4PN；PN210.0 时，PS＝1.3PN 或 PS＝1.25PN。常温下工作的管道的公称压力 PN 与试验压力 PS 的关系见表 4-7。

表 4-7　公称压力与相应的试验压力　　　　　　　　单位：MPa

PN	PS	PN	PS	PN	PS
0.10	0.2	4.0	6.0	42.0	59.0
0.25	0.4	5.0	7.5	50.0	70.0
0.40	0.6	6.3	9.5	63.0	95.0
0.60	0.9	10.0	15.0	80.0	112.0
0.80	1.2	15.0	22.5	100.0	130.0
1.0	1.5	16.0	24.0	125.0	163.0
1.6	2.4	20.0	30.0	160.0	205.0
2.0	3.0	25.0	38.0	200.0	260.0
2.5	3.8	32.0	48.0	250.0	325.0

由于在高温下工作的化工管道是在常温下进行的，因此，对于操作温度高于 200℃的碳钢管道和操作温度高于 350℃的合金管道的液压试验，其试验压力应乘以温度修正系数 $[\sigma]/[\sigma]^t$。试验压力 PS 按下式计算：

$$PS = \eta p [\sigma]/[\sigma]^t$$

式中　p——工作压力，MPa；

　　　η——压力试验系数，中、低压管道 η＝1－25，高压管道＝1.5；

　　　$[\sigma]$——常温下管材的环向应力，按 20℃时选取，MPa；

　　　$[\sigma]^t$——在操作温度下管材的许用应力，MPa。

试验压力 PS 的值不得小于 $p+1$，温度修正系数 $[\sigma]/[\sigma]^t$ 值最高不超过 1.8。真空操作的化工管道，试验压力规定为 0.2MPa。

二、高压管道操作与维护

高压工艺管道由机械和设备操作人员统一操作和维护，操作人员必须熟悉高压工艺管道的工艺流程、工艺参数和结构。操作人员培训教育考核必须有高压工艺管道相关内容，考核合格者方可操作。

高压工艺管道的巡回检查应和机械设备一并进行。高压工艺管道检查时应注意以下事项：

① 机械和设备出口的工艺参数不得超过高压工艺管道设计或缺陷评定后的许用工艺参数，高压管道严禁在超温、超压、强腐蚀和强振动条件下运行；

② 检查管道、管件、阀门和紧固件有无严重腐蚀、泄漏、变形、移位和破裂以及保温层的完好程度；

③ 检查管道有无强烈振动，管与管、管与相邻件有无摩擦，管卡、吊架和支承有无松动或断裂；

④ 检查管内有无异物撞击或摩擦的声响；

⑤ 检查安全附件、指示仪表有无异常，发现缺陷及时报告，妥善处理，必要时停机处理。

高压工艺管道严禁下列作业：

① 严禁利用高压工艺管道作电焊机的接地线或吊装重物的受力点；

② 高压管道运行中严禁带压紧固或拆卸螺栓，开、停车有热紧要求者，应按设计规定热紧处理；

③ 严禁带压补焊作业；

④ 严禁热管线裸露运行；

⑤ 严禁借用热管线做饭或烘干物品。

三、高压管道技术检验

技术检验工作由企业锅炉压力容器检验部门或委托有检验资格的单位进行，并对其检验结论负责。高压工艺管道技术检验分外部检查、探查检验和全面检验。

1. 外部检查

车间每季度至少检查一次，企业每年至少检查一次。检查项目包括：

① 管道、管件、紧固件及阀门的防腐层、保温层是否完好，可见管表面有无缺陷；

② 管道振动情况，管与管、管与相邻物件有无摩擦；

③ 吊卡、管卡、支承的紧固和防腐情况；

④ 管道的连接法兰、接头、阀门填料、焊缝有无泄漏；

⑤ 检查管道内有无异物撞击或摩擦声。

2. 探查检验

探查检验是针对高压工艺管道不同管系可能存在的薄弱环节，实施对症性的定点测厚及连接部位或管段的解体抽查。

（1）定点测厚

测点：管内壁的易腐蚀部位，流体转向的易冲刷部位，制造时易拉薄的部位，使用时受力大的部位，以及根据实践经验选点。

高压工艺管道定点测厚周期应根据腐蚀、磨蚀年速率确定。腐蚀、磨蚀速率小于0.10mm/a，每四年测厚一次；0.10～0.25mm/a，每两年测厚一次；大于 0.25mm/a，每半年测厚一次。

（2）解体抽查

解体抽查主要是根据管道输送的工作介质的腐蚀性能、热学环境、流体流动方式，以及管道的结构特性和振动状况等，选择可拆部位进行解体抽查，并把选定部位标记在主体管道简图上。

一般应重点查明法兰、三通、弯头、螺栓以及管口、管口壁、密封面、垫圈的腐蚀和损伤情况。同时还要抽查部件附近的支承有无松动、变形或断裂。对于全焊接高压工艺管道，只能靠无损探伤抽查或修理阀门时用内窥镜扩大检查。

解体抽查可以在机械和设备单体检修时或企业年度大修时进行，每年选检一部分。

3. 全面检验

全面检验是在机械和设备单体大修或年度停车大修时对高压工艺管道进行鉴定性的停机

检验，以决定管道系统是否继续使用、限制使用、局部更换或报废。全面检验主要包括以下几种。

（1）表面检查

表面检查是指宏观检查和表面无损探伤。宏观检查是用肉眼检查管道、管件、焊缝的表面腐蚀，以及各类损伤深度和分布，并详细记录。表面无损探伤主要采用磁粉探伤或着色探伤等手段检查管道、管件、焊缝和管头螺纹表面有无裂纹、折叠、结疤、腐蚀等缺陷。

对于全焊接高压工艺管道，可在阀门拆开时用内窥镜检查；无法进行内壁表面检查时，可用超声波或射线探伤法检查代替。

（2）解体检查和壁厚测定

管道、管件、阀门、丝扣以及螺栓、螺纹的检查，应按解体要求进行。按定点测厚选点的原则对管道、管件进行壁厚测定。对于工作温度大于180℃的碳钢和工作温度大于250℃的合金钢的临氢管道、管件和阀门，可用超声波能量法或测厚法根据能量的衰减或壁厚的"增厚"来判断氢腐蚀程度。

（3）焊缝埋藏缺陷探伤

对制造和安装时探伤等级低的、宏观检查成型不良的、有不同表面缺陷的或在运行中承受较高压力的焊缝，应用超声波探伤或射线探伤检查埋藏缺陷，抽查比例不小于待检管道焊缝总数的10%。但与机械和设备连接的第一道、口径不小于50mm的，或主支管口径比不小于0.6的焊接三通的焊缝，抽查比例应不小于待检件焊缝总数的50%。

（4）破坏性取样检验

对于使用过程中出现超温、超压，有可能影响金属材料性能的，或以蠕变率控制使用寿命，蠕变率接近或超过1%的，或有可能引起高温氢腐蚀的管道、管件、阀门，应进行破坏性取样检验。检验项目包括化学成分、力学性能、冲击韧性和金相组成等。根据材质劣化程度判断邻接管道是否继续使用、监控使用或报废。

全面检验的周期为10～12年至少一次，但不得超过设计寿命。遇有下列情况者全面检验周期应适当缩短：

① 工作温度大于180℃的碳钢和工作温度大于250℃的合金钢的临氢管道，或探查检验发现氢腐蚀倾向的管段；

② 通过探查检验发现腐蚀、磨蚀速率大于0.25mm/a，剩余腐蚀余量低于预计全面检验时间的管道和管件，或发现有疲劳裂纹的管道和管件；

③ 使用年限超过设计寿命的管道；

④ 运行时出现超温、超压或鼓胀变形，有可能引起金属性能劣化的管段。

第六节　锅炉和气瓶的安全技术

一、锅炉的安全技术

锅炉是利用燃烧产生的热能把水加热或变成蒸汽的热力设备。尽管锅炉的种类繁多、结构各异，但是都是由"锅"和"炉"以及为保证"锅"和"炉"正常运行所必需的附件、仪表及附属设备等三大类（部分）组成的。

"锅"是指锅炉中盛放水和蒸汽的密封受压部分，是锅炉的吸热部分。主要包括汽包、对流管、水冷壁、联箱、过热器、省煤器等。"锅"再加上给水设备就组成锅炉的汽水系统。

"炉"是指锅炉中燃料进行燃烧并放出热能的部分，是锅炉的放热部分。主要包括燃烧设备、炉墙、炉拱、钢架和烟道及排烟除尘设备等。

锅炉的附件和仪表很多，如安全阀、压力表、水位表及高低水位报警器、排污装置、汽水管道及阀门、燃烧自动调节装置、测温仪表等。

锅炉的附属设备也很多，一般包括给水系统的设备（如水处理装置、给水泵）、燃料供给及制备系统的设备（如给煤、磨粉、供油、供气等装置）、通风系统的设备（如鼓风机、引风机）和除灰排渣系统的设备（如除尘器、出渣机、出灰机）。

锅炉"锅"的部分中，凡一面有火焰或烟气加热，另一面有汽、水等介质进行冷热交换的金属壁面称作受热面。把燃料燃烧释放的热量传给水、汽，是"锅"的重要组成部分。水冷壁、对流管、过热器、省煤器都是受热面。空气预热器是辅助受热面。小型锅炉的炉胆、烟火管也是受热面。受热面中，一面受着高温烟气的烘烤，另一面承受水汽的高温、高压、腐蚀，工作条件较为恶劣，是锅炉检验的重点部位之一。

总之，锅炉是一个复杂的组合体，其"锅"的部分为压力容器。化工企业中使用的大、中容量锅炉，除了锅炉本体庞大、复杂外，还有众多的辅机、附件和仪表，运行时需要各个环节密切协调，任何一个环节发生了故障，都会影响锅炉的安全运行。所以作为特种设备的锅炉的安全监督应特别予以重视。

1. 锅炉的运行安全

使用锅炉的单位，应建立以岗位责任制为主的各项规章制度。锅炉上水、点火、升压、运行和停炉要严格按照有关操作规程进行。

（1）点火和升压

锅炉点火前必须进行汽水系统、燃烧系统、风烟系统、锅炉本体和辅机系统的全面检查，确定完好。每个阀门处在点火前正确位置，风机和水泵冷却水畅流、润滑正常，安全附件灵敏、可靠，才可以进行点火准备工作。

锅炉点火是在做好点火前的一切准备工作后进行的。锅炉点火所需的时间应根据炉型、燃烧方式、水循环等情况确定。由于锅炉所用燃料和燃烧方式不同，点火时的注意事项各异。

（2）正常运行维护

锅炉正常运行时，主要是对锅炉的水位、蒸汽压力、汽水质量和燃烧情况进行监视和控制。锅炉水位波动应在正常水位范围内。水位过高，蒸汽带水，蒸汽品质恶化，易造成过热器结垢，影响汽机的安全；水位过低，下降管易产生汽柱或汽塞，恶化自然循环，易造成水冷壁管过热变形或爆破。

在锅炉运行中要保持蒸汽压力的稳定。对于蒸汽加热设备，蒸汽压力过低，汽温也低，影响传热效果；蒸汽压力过高，轻则使安全阀开启，浪费能源，并带来噪声，重则易超压爆炸。此外，蒸汽压力的变化应力求平缓，陡升、陡降都会恶化自然循环，造成水冷壁管损坏。

为了保证锅炉传热面的传热效能，锅炉在运行时必须对易积灰面进行吹灰。吹灰时应增大燃烧室的负压，以免炉内火焰喷出烧伤人。为了保持良好的蒸汽品质和受热面内部的清洁，防止发生汽水共腾，减少水垢的产生，保证锅炉安全运行，必须排污，给水也应预先处理。

2. 锅炉常见事故及处理

（1）水位异常

① 缺水。当锅炉水位低于最低许可水位时称作缺水。缺水是最常见的事故。

危害：在缺水后锅筒和锅管被烧红的情况下，若大量上水，水接触到烧红的锅筒和锅管会产生大量蒸汽，蒸汽压力剧增会导致锅炉烧坏，甚至爆炸。

缺水原因：操作人员违规脱岗、工作疏忽、判断错误或误操作；水位测量或警报系统失灵；自动给水控制设备故障；排污不当或排污设施故障，加热面损坏；负荷骤变；炉水含盐量过大。

预防措施：严密监视水位，定期校对水位计和水位警报器，发现缺陷及时消除。注意对缺水现象的观察，缺水时水位计玻璃管（板）呈白色；严重缺水时严禁向锅炉内给水。注意监视和调整给水压力和给水流量，应与蒸汽流量相适应。排污应按规程规定，每开一次排污阀的时间不超过 30s；排污后关紧阀门，并检查排污是否泄漏。监视汽水品质，控制炉水含量。

② 满水。满水指锅炉水位超过了最高许可水位，也是常见事故之一。

危害：满水事故会引起蒸汽管道发生水击，易把锅炉本体、蒸汽管道和阀门震坏；此外，满水时蒸汽携带大量炉水，使蒸汽品质恶化。

满水原因：操作人员疏忽大意、违章操作或误操作；水位计和水位计考克缺陷及水连管堵塞；自动给水控制设备故障或自动给水调节器失灵；锅炉负荷降低，未及时减少给水量。

处理措施：如果是轻微满水，应关小鼓风机和引风机的调节门，使燃烧减弱；停止给水，开启排污阀门放水，直到水位正常，关闭所有放水阀，恢复正常运行。如果是严重满水，首先应按紧急停炉程序停炉；停止给水，开启排污阀门放水；开启蒸汽母管及过热器疏水阀门，迅速疏水；水位正常后，关闭排污阀门和疏水阀门，再生火运行。

③ 汽水共腾。汽水共腾是锅炉内水位波动幅度超出正常情况，水面翻腾程度异常剧烈的一种现象。

危害：蒸汽大量带水，使蒸汽品质下降；易发生水冲击，使过热器管壁上积附盐垢，影响传热而使过热器超温，严重时会烧坏过热器而引发爆管事故。

汽水共腾原因：锅炉水质没有达到标准；没有及时排污或排污不够造成锅水中盐碱含量过高；锅水中油污或悬浮物过多；负荷突然增加。

处理措施：降低负荷，减少蒸发量；开启表面连续排污阀，降低锅水含盐量；适当增加下部排污量，增加给水，使锅水不断调换新水。

（2）燃烧异常

燃烧异常是指烟道尾部发生二次燃烧和烟气爆炸，多发生在燃油锅炉和煤粉锅炉内。这是由于没有燃尽的可燃物附着在受热面上，在一定的条件下重新着火燃烧。

危害：尾部燃烧常将省煤器、空气预热器甚至引风机烧坏。

二次燃烧原因：炭黑、煤粉、油等可燃物能够沉积在对流受热面上，是因为燃油雾化不完全，或煤粉粒度较大，不易完全燃烧而进入烟道；点火或停炉时，炉膛温度太低，易发生不完全燃烧，大量未燃烧的可燃物被烟气带入烟道；炉膛负压过大，燃料在炉膛内停留时间太短，来不及燃烧就进入尾部烟道。尾部烟道温度过高是因为尾部受热面沾上可燃物后，传热效率低，烟气得不到冷却；可燃物在高温下氧化放热；在低负荷特别是在停炉的情况下，烟气流速很低散热条件差，可燃物氧化产生的热量积蓄起来温度不断升高，引起自燃。同时烟道各部分的门、孔或风挡门不严密，漏入新鲜空气助燃。

处理措施：立即停止供给燃料，实行紧急停炉，严密关闭烟道、风挡板及各门孔，防止漏风，严禁开引风机；尾部投入灭火装置或用蒸汽吹灭器进行灭火；加强锅炉的给水和排水，保证省煤器不被烧坏；待灭火后方可打开门孔进行检查。确认可以继续运行，先开启引风机 10～15min 后再重新点火。

（3）承压部件损坏

① 锅管爆破。

现象与危害：锅炉运行中，水冷壁管和对流管爆破是较常见的事故，性质严重，常导致停炉检修，甚至造成伤亡。爆破时有显著声响，爆破后有喷气声；水位迅速下降，汽压、给水压力、排烟温度均下降；火焰发暗，燃烧不稳定或被熄灭。发生此项事故时，如仍能维持正常水位，可紧急通知有关部门后再停炉；如水位、汽压均不能保持正常，必须按程序紧急停炉。

原因：一般是水质不符合要求，管壁结垢，管壁受腐蚀或受飞灰磨损变薄；升火过猛，停炉过快，使锅管受热不均匀，造成焊口破裂；下集箱沉积的泥垢未排除，阻塞锅管水循环，锅管得不到冷却而过热爆破。

预防措施：加强水质监督；定期检查锅管；按规定升火、停炉，防止超负荷运行。

② 过热器管道损坏。

现象与危害：过热器附近有蒸汽喷出的响声；蒸汽流量不正常，给水量明显增加；炉膛负压降低或产生正压，严重时从炉膛喷出蒸汽或火焰；排烟温度显著下降。

原因：水质不良，或水位经常偏高，或汽水共腾，以致过热器结垢；引风量过大，使炉膛出口烟温升高，过热器长期超温使用；也可能烟气偏流使过热器局部超温；检修不良，使焊口损坏，或水压试验后管内积水。

处理办法：事故发生后，如损坏不严重，且生产需要，待备用炉启用后再停炉，但必须密切注意，不能使损坏恶化；如损坏严重，则必须立即停炉。

预防措施：控制水、汽品质；防止热偏差；注意疏水；注意安全检修质量。

③ 省煤器管道损坏。

现象与危害：沸腾式省煤器出现裂纹和非沸腾式省煤器弯头法兰处泄漏，是常见的事故，最易造成锅炉缺水。事故发生后水位不正常下降，省煤器有泄漏声；省煤器下部灰斗有湿灰，严重者有水流出；省煤器出口处烟温下降。

处理办法：对沸腾式省煤器，加大给水，降低负荷，待备用炉启用后再停炉；若不能维持正常水位则紧急停炉，并利用旁路给水系统，尽量维持水位，但不允许打开省煤器再循环系统阀门。对非沸腾式省煤器，开启旁路阀门，关闭出入口的风门，使省煤器与高温烟气隔绝；打开省煤器旁路给水阀门。

事故原因：给水质量差，水中溶有氧和二氧化碳，发生内腐蚀；经常积灰，潮湿而发生外腐蚀；给水温度变化大，引起管道开裂，管道材质不好。

预防措施：控制给水质量，必要时装设除氧器；及时吹铲积灰；定期检查，做好维护保养工作。

二、气瓶的安全技术

气瓶是指在正常环境下（−40～60℃）可重复充气使用的，公称工作压力为 0～30MPa（表压）、公称容积为 0.4～1000L 的，盛装永久气体、液化气体或溶解气体等的移动式压力容器。

气瓶是储运式压力容器，在生产中的使用日益广泛。目前使用最多的是无缝钢瓶，其公称容积为 40L，外径为 219mm。此外液化石油气瓶的公称容积装重有 10kg、15kg、20kg、50kg 等四种。溶解乙炔气瓶的公称容积有 25L（直径 200mm）、40L（直径 250mm）、50L（直径 250mm）、60L（直径 300mm）等四种。

1. 气瓶的分类

（1）按充装介质的性质分类

① 永久气体气瓶。永久气体（压缩气体）因其临界温度小于 $-10℃$，常温下呈气态，所以称为永久气体，如氢、氧、氮、空气、煤气及氩、氦、氖、氪等。这类气瓶一般都以较高的压力充装气体，目的是增加气瓶的单位容积充气量，提高气瓶利用率和运输效率。常见的气瓶充装压力为 15MPa，也有 20～30MPa 的。

② 液化气体气瓶。液化气体气瓶充装时都以低温液态灌装。有些液化气体的临界温度较低，装入瓶内后会受环境温度的影响而全部汽化；有些液化气体的临界温度较高，装瓶后会始终保持气液平衡状态。因此，液化气体又可分为高压液化气体和低压液化气体。

高压液化气体是指临界温度大于或等于 $-10℃$，且小于或等于 70℃。常见的有乙烯、乙烷、二氧化碳、六氟化硫、氯化氢、三氟一氯甲烷、三氟甲烷、六氟乙烷、氟乙烯等。常见的充装压力有 15MPa 和 12.5MPa 等。

低压液化气体是指临界温度大于 70℃。如溴化氢、硫化氢、氨、丙烷、丙烯、异丁烯、1,3-丁二烯、1-丁烯、环氧乙烷、液化石油气等。《气瓶安全技术规程》（TSG 23—2021）规定，液化气体气瓶的最高工作温度为 60℃。低压液化气体在 60℃ 时的饱和蒸气压都在 10MPa 以下，所以这类气体的充装压力都不高于 10MPa。

③ 溶解气体气瓶。专门用于盛装乙炔的气瓶。由于乙炔气体极不稳定，故必须把它溶解在溶剂（常见的为丙酮）中。气瓶内装满多孔性材料，以吸收溶剂。乙炔瓶充装乙炔气体，一般要求分两次进行，第一次充气后静置 8h 以上，再第二次充气。

（2）按制造方法分类

① 钢制无缝气瓶。以钢坯为原料，经冲压拉伸制造，或以无缝钢管为材料，经热旋压收口收底制造的钢瓶。瓶体材料为采用碱性平炉、电炉或吹氧碱性转炉冶炼的镇静钢，如优质碳钢、锰钢、铬钼钢或其他合金钢。用于盛装永久气体（压缩气体）和高压液化气体。

② 钢制焊接气瓶。以钢板为原料，冲压卷焊制造的钢瓶。瓶体及受压元件材料为采用平炉、电炉或氧化转炉冶炼的镇静钢，材料要求有良好的冲压和焊接性能。这类气瓶用于盛装低压液化气体。

③ 缠绕玻璃纤维气瓶。以玻璃纤维加黏结剂缠绕或以碳纤维制造的气瓶。一般有一个铝制内筒，其作用是保证气瓶的气密性，承压强度则依靠玻璃纤维缠绕的外筒，这类气瓶绝热性能好、重量轻，多用于盛装呼吸所用的压缩空气，供消防、毒区或缺氧区域作业人员随身背挎并配以面罩使用。一般容积较小（1～10L），充气压力多为 15～30MPa。

2. 气瓶的颜色标志

国家法规和标准规定气瓶要漆色，包括瓶色、字样、字色和色环。气瓶漆色的作用除了保护气瓶、防止腐蚀、反射阳光等热源、防止气瓶过度升温以外，还为了便于区别、辨认所盛装的介质，防止可燃或易燃、易爆介质与氧气混装。气瓶颜色标志见表 4-8。

表 4-8　气瓶颜色标志一览表

序号	充装气体	化学式 （或符号）	体色	字样	字色	色环
1	空气	Air	黑	空气	白	$P=20$，白色单环 $P\geqslant30$，白色双环
2	氩	Ar	银灰	氩	深绿	
3	氟	F_2	白	氟	黑	
4	氦	He	银灰	氦	深绿	$P=20$，白色单环 $P\geqslant30$，白色双环
5	氪	Kr	银灰	氪	深绿	
6	氖	Ne	银灰	氖	深绿	
7	一氧化氮	NO	白	一氧化氮	黑	
8	氮	N_2	黑	氮	白	$P=20$，白色单环 $P\geqslant30$，白色双环
9	氧	O_2	淡（酞）蓝	氧	黑	
10	二氟化氧	OF_2	白	二氟化氧	大红	
11	一氧化碳	CO	银灰	一氧化碳		
12	氘	D_2	银灰	氘		
13	氢	H_2	淡绿	氢	大红	$P=20$，大红单环 $P\geqslant30$，大红双环
14	甲烷	CH_4	棕	甲烷	白	$P=20$，白色单环 $P\geqslant30$，白色双环
15	天然气	CNG	棕	天然气	白	
16	空气（液体）	Air	黑	液化空气	白	
17	氩（液体）	Ar	银灰	液氩	深绿	
18	氨（液体）	NH_3	银灰	液氨	深绿	
19	氢（液体）	H_2	淡绿	液氢	大红	
20	天然气（液体）	LNG	棕	液化天然气	白	
21	氮（液体）	N_2	黑	液氮	白	
22	氖（液体）	Ne	银灰	液氖	深绿	
23	氧（液体）	O_2	淡（酞）蓝	液氧	黑	
24	三氟化硼	BF_3	银灰	三氟化硼	黑	
25	二氧化碳	CO_2	铝白	液化二氧化碳	黑	$P=20$，黑色单环
26	碳酰氟	CF_2O	银灰	液化碳酰氟	黑	
27	三氟氯甲烷	$CClF_3$	铝白	液化三氟氯甲烷 R-13	黑	$P=12.5$，黑色单环
28	六氟乙烷	C_2F_6	铝白	液化六氟乙烷	黑	
29	氯化氢	HCl	银灰	液化氯化氢	黑	
30	三氟化氮	NF_3	银灰	液化三氟化氮	黑	

续表

序号	充装气体	化学式（或符号）	体色	字样	字色	色环
31	一氧化二氮	N_2O	银灰	液化笑气	黑	$P=15$，黑色单环
32	五氟化磷	PF_5	银灰	液化五氟化磷	黑	
33	三氟化磷	PF_3	银灰	液化三氟化磷	黑	
34	四氟化硅	SiF_4	银灰	液化四氟化硅	黑	
35	六氟化硫	SF_6	银灰	液化六氟化硫	黑	$P=12.5$，黑色单环
36	四氟甲烷	CF_4	铝白	液化四氟甲烷 R-14	黑	
37	三氟甲烷	CHF_3	铝白	液化三氟甲烷 R-23	黑	
38	氙	Xe	银灰	液氙	深绿	$P=20$，白色单环 $P=30$，白色双环
39	1,1-二氟乙烯	$C_2H_2F_2$	银灰	液化偏二氟乙烯	大红	
40	乙烷	C_2H_6	棕	液化乙烷	白	$P=15$，白色单环 $P=20$，白色双环
41	乙烯	C_2H_4	棕	液化乙烯	淡黄	
42	磷化氢	PH_3	白	液化磷化氢	大红	
43	硅烷	SiH_4	银灰	液化硅烷	大红	
44	乙硼烷	B_2H_6	白	液化乙硼烷	大红	
45	氟乙烯	C_2H_3F	银灰	液化氟乙烯 R-1141	大红	
46	锗烷	GeH_4	白	液化锗烷	大红	
47	四氟乙烯	C_2F_4	银灰	液化四氟乙烯	大红	
48	二氟溴氯甲烷	$CBrClF_2$	铝白	液化二氟溴氯甲烷	黑	
49	三氯化硼	BCl_3	银灰	液化三氯化硼	黑	
50	溴三氟甲烷	$CBrF_3$	铝白	液化溴三氟甲烷	黑	$P=125$，黑色单环

3. 气瓶的安全附件

（1）安全泄压装置

气瓶的安全泄压装置是为了防止气瓶在遇到火灾等高温时，瓶内气体受热膨胀而发生破裂爆炸。

① 防爆片。防爆片装在瓶阀上，其爆破压力略高于瓶内气体的最高温升压力。防爆片多用于高压气瓶上，有的气瓶不装防爆片。《气瓶安全技术规程》对是否必须装设防爆片，未做明确规定。气瓶装设防爆片有利有弊，一些国家的气瓶不采用防爆片这种安全泄压装置。

② 易熔塞。易熔塞一般装在低压气瓶的瓶肩上，当周围环境温度超过气瓶的最高使用温度时，易熔塞的易熔合金熔化，瓶内气体排出，避免气瓶爆炸。

（2）瓶帽

瓶帽是瓶阀的防护装置，可避免气瓶在搬运过程中因碰撞而损坏瓶阀，保护出气口螺纹不被损坏，防止灰尘、水分或油脂等杂物落入阀内。瓶帽按其结构型式可分为拆卸式和固定式两种。

（3）防震圈

气瓶装有两个防震圈，是气瓶瓶体的保护装置。气瓶在充装、使用、搬运过程中，常常会因滚动、震动、碰撞而损伤瓶壁，以致发生脆性破坏。这是气瓶发生爆炸事故常见的一种直接原因。我国采用的是两个用橡胶或塑料制成的防震圈紧套在瓶体上部和下部。

4. 气瓶的充装

（1）气瓶充装前的检查

① 气瓶是否由持有制造许可证的制造单位制造，气瓶是否是规定停用或需要复验的；

② 气瓶改装是否符合规定；

③ 气瓶原始标志是否符合标准和规定，钢印字迹是否清晰可见；

④ 气瓶是否在规定的定期检验有效期限内；

⑤ 气瓶上标出的公称工作压力是否符合欲装气体规定的充装压力；

⑥ 气瓶的漆色、字样是否符合《气瓶颜色标记》的规定；

⑦ 气瓶附件是否齐全并符合技术要求；

⑧ 气瓶内有无剩余压力，剩余气体与欲装气体是否一致；

⑨ 盛装氧气或强氧化性气体气瓶的瓶阀和瓶体是否沾染油脂；

⑩ 新投入使用或经定期检验、更换瓶阀或因故放尽气体后首次充气的气瓶，是否经过置换或真空处理；

⑪ 瓶体有无裂纹、严重腐蚀、明显变形、机械损伤以及其他能影响气瓶强度和安全使用的缺陷。

（2）禁止充气的气瓶

在气瓶充装前的检查中，发现气瓶具有下列情况之一时，应禁止对其进行充装：

① 钢印标记、颜色标记不符合规定及无法判定瓶内气体的；

② 改装不符合规定或用户自行改装的；

③ 附件不全、损坏或不符合规定的；

④ 瓶内无剩余压力的；

⑤ 超过检验期的；

⑥ 外观检查存在明显损伤，需进一步进行检查的；

⑦ 氧化或强氧化性气体气瓶沾有油脂的；

⑧ 易燃气体气瓶的首次充装，事先未经置换和抽空的。

任何气瓶在充装结束后，都必须经检查员按规定的检查项目逐只检查，不符合技术要求的，应进行妥善处理，否则严禁出站。

（3）气瓶的充装量

为了保证气瓶在使用或充装过程中不因环境温度升高而处于超压状态，必须对气瓶的充装量严格控制。

确定永久气体及高压液化气体气瓶的充装量时，要求瓶内气体在最高使用温度（60℃）下的压力不超过气瓶的最高许用压力；对低压液化气体气瓶，则要求瓶内液体在最高使用温度下，不会膨胀致瓶内满液，即要求瓶内始终保留一定气相空间。

根据上述原则，各种类型的气体的最大充装量应按下列方法确定：

① 永久气体气瓶的最大充装量，应保证所装的气体在 333K（60℃）时的压力不超过气

瓶的最高许用压力。

② 高压液化气体的最大充装量也应保证所装液化气体在 333K（60℃）时的气体压力（已全部汽化）不超过气瓶的最高许用压力。但它的充装量是以充装系数（单位容积内装入液化气体的质量）来计量的。

③ 低压液化气体的最大充装量是保证所装入的液化气体在 333K（60℃）时瓶内不会满液，仍保留有气相空间。也就是液化气体充装系数（单位容积内所装入的液化气体质量）不应大于所装介质在 333K 时液体的密度。

④ 乙炔气瓶的充装压力，在任何情况下不得大于 2.5MPa。

5. 气瓶的检验

气瓶在使用过程中，要定期进行技术检验，测定气瓶技术性能状况，从而对气瓶能否继续使用做出正确的判断。气瓶的定期检验，应由取得检验资格的专门单位负责进行。检验单位的检验钢印代号，由劳动部门统一规定。

（1）各类气瓶的检验周期

① 盛装腐蚀性气体的气瓶，每两年检验一次；

② 盛装一般气体的气瓶，每三年检验一次；

③ 液化石油气气瓶，使用未超过二十年的，每五年检验一次；超过二十年的，每两年检验一次；

④ 盛装惰性气体的气瓶，每五年检验一次。

气瓶检验单位应对要检验的气瓶逐只进行检验，并按规定出具检验报告。

（2）气瓶定期检验的项目

① 外观检查。气瓶外观检查的目的是要查明气瓶是否有腐蚀、裂纹、凹陷、鼓包、磕伤、划伤、倾斜、筒体失圆、颈圈松动、瓶底磨损及其他缺陷，以确定气瓶能否继续使用。

② 音响检查。外观检查后，应进行音响检查，其目的是通过音响判断瓶内腐蚀状况和有无潜在的缺陷。

③ 瓶口螺纹检查。用肉眼或放大镜观察螺纹状况，用锥螺纹塞规进行测量。要求螺纹表面不准有严重锈损、磨损或明显的跳动波纹。

④ 内部检查。在没有内窥镜的情况下，可采用电压 6～12V 的小灯泡，借助灯光从瓶口目测。如发现瓶内的锈层或油脂未被除去，或落入瓶内的泥沙、锈粉等杂物未被洗净，必须将气瓶返回清理工序重新处理。注意检查瓶内容易腐蚀的部位，如瓶体的下半部。还应注意瓶壁有无制造时留下的损伤。

⑤ 重量和容积的测定。测定气瓶重量和容积的目的，在于进一步鉴别气瓶的腐蚀程度是否影响其强度。

⑥ 水压试验。水压试验是气瓶定期检验中的关键项目，即使上述各项检查都合格的气瓶，也必须再经过水压试验，才能最后确定是否可以继续使用。《气瓶安全技术规程》规定，气瓶耐压试验的试验压力为设计压力的 1.5 倍。水压试验的方法有两种，即外测法气瓶容积变形试验和内测法气瓶容积变形试验。

⑦ 气密性试验。通过气密性试验来检查瓶体、瓶阀、易熔塞、盲塞的严密性，尤其是盛装毒性和可燃性气体的气瓶，更不能忽视这项试验。气密性试验可用经过干燥处理的空气、氮气作为加压介质。试验方法有两种，即浸水法试验和涂液法试验。

6. 气瓶的管理

（1）气瓶的使用

使用气瓶的注意事项如下。

① 使用气瓶者应学习国家有关气瓶的安全监察规程、标准，了解气瓶规格、质量和安全要求的基本知识和规定，在技术熟练人员的指导监督下进行操作练习，合格后才能独立使用。

② 使用前应对气瓶进行检查，确认气瓶和瓶内气体质量完好，方可使用。如发现气瓶颜色、钢印等辨别不清，检验超期、气瓶损伤（变形、划伤、腐蚀）、气体质量与标准规定不符等现象，应拒绝使用并做妥善处理。

③ 按照规定，正确、可靠地连接调压器、回火防止器、输气管、橡胶软管、缓冲器、汽化器、焊割炬等，检查、确认没有漏气现象。连接上述器具前，应微开瓶阀吹除瓶阀出口的灰尘、杂物。

④ 气瓶使用时，一般应立放（乙炔瓶严禁卧放使用）。不得靠近热源，与明火的距离、可燃与助燃气体气瓶之间的距离不得小于10m。

⑤ 使用易发生聚合反应的气体气瓶，应远离射线、电磁波、振动源。

⑥ 防止日光曝晒、雨淋、水浸。

⑦ 移动气瓶应手搬瓶肩转动瓶底；移动距离较远时可用轻便小车运送，严禁抛、滚、滑、翻和肩扛、脚端。

⑧ 禁止敲击、碰撞气瓶。禁止在气瓶上焊接、引弧。不准用气瓶做支架和铁砧。

⑨ 注意操作顺序。开启瓶阀应轻缓，操作者应站在阀出口的侧后；关闭瓶阀应轻而严，不能用力过大，避免关得太紧、太死。

⑩ 瓶阀冻结时，不准用火烤。可把瓶移入室内或温度较高的地方，或用40℃以下的温水浇淋解冻。

⑪ 注意保持气瓶及附件清洁、干燥，禁止沾染油脂、腐蚀性介质、灰尘等。

⑫ 瓶内气体不得用光、用尽，应留有剩余压力（余压）。压缩气体气瓶的剩余压力，应不小于0.05MPa；液化气体气瓶应留有不少于0.5%～1.0%规定充装量的剩余气体。

⑬ 要保护瓶外油漆防护层，既可防止瓶体腐蚀，也是识别标记，可以防止误用和混装。瓶帽、防震圈、瓶阀等附件都要妥善维护、合理使用。

⑭ 不得擅自更改气瓶的钢印和颜色标记。

⑮ 气瓶投入使用后，不得对瓶体进行挖补、焊接修理。

（2）气瓶的搬运和运输

搬运和运输气瓶应小心谨慎，否则容易造成事故，应注意以下事项：

① 运输、搬动、装卸气瓶的相关管理、操作、押运和驾驶人员，应学习并熟练掌握气瓶、气体的安全知识，以及消防器材和防毒面具的用法。

② 气瓶应戴瓶帽，最好戴宏大定式瓶帽保护瓶阀，避免瓶阀受力损坏。

③ 短距离移动气瓶，最好使用专用小车。人工搬动气瓶时，应手搬瓶肩，转动瓶底，不可拖拽、滚动或用脚蹬踹。

④ 应轻装轻卸，严禁抛、滑、滚、撞。

⑤ 吊装时应使用专门装具，严禁使用电磁起重机、链绳吊装，避免吊运途中滑落。

⑥ 航空、铁路、公路、水运中的气瓶，应遵守相应的专业规章的规定。

⑦ 装运气瓶应妥善固定。汽车装运，一般应立放，车厢高度不应低于瓶高的 2/3；卧放时，气瓶头部（有阀端）应朝向一侧，垛放高度应低于车厢高度。

⑧ 运输已充气的气瓶，瓶体温度应保持在 40℃ 以下，夏天要有遮阳设施，防止暴晒，炎热地区应夜间运输。

⑨ 同一运输仓内（如车厢、集装箱、货仓）应尽量装运同一种气体的气瓶。严禁将容易发生化学反应而引起爆炸、燃烧、毒性、腐蚀危害的异种气体气瓶同仓运输；严禁将易燃气体、油脂、腐蚀性物质与气瓶同仓运输。

⑩ 运输气瓶的仓室严禁烟火，应配备灭火器材（乙炔瓶不准使用四氯化碳灭火器）和防毒面具。

⑪ 运输气瓶的车辆，途中休息或临时停车时，应避开交通要道、重要机关和繁华地区，应停在准许停靠的地段或人烟稀少的空旷地点，要有人看守，驾驶员和押运员不得同时离车。

⑫ 在运输途中如发生气瓶泄漏、燃烧等事故时，不要惊慌，将车往下风方向开，寻找空旷处，针对事故原因，按应急方案处理。

⑬ 运输车辆或仓室应挂安全标志。

（3）气瓶的储存保管

存放气瓶的仓库必须符合有关安全防火要求。气瓶库与其他建筑物的安全距离、与明火作业以及散发易燃气体作业场所的安全距离，都必须符合防火设计范围；不要建筑在高压线附近。仓库应是轻质屋顶的单层建筑，门窗应向外开，地面应平整而又粗糙不滑（储存可燃气瓶，地面可用沥青水泥制成）。对于易燃气体气瓶仓库，电气设施要防爆还要考虑避雷；为便于气瓶装卸，仓库应设计装卸平台。每座仓库储量不宜过多，盛装有毒气体气瓶或介质相互抵触的气瓶应分室加锁储存，并有通风换气设施；应在气瓶库附近设置防毒面具和消防器材，库房温度不应超过 40℃；冬季取暖严禁使用火炉。

气瓶仓库符合安全要求，为气瓶储存安全创造了条件。但是管理人员还必须严格认真地贯彻《气瓶安全技术规程》的有关规定。

① 气瓶的储存应有专人负责管理。管理人员、操作人员、消防人员应经过安全技术培训，了解气瓶、气体的安全知识。

② 气瓶的储存一定要按照气体性质和气瓶设计压力分类：所装介质相互接触能发生化学反应的异种气体气瓶应分开（分室储存），如氧气瓶与氢气瓶、液化石油气瓶，乙炔瓶与氧气瓶、氯气瓶不能同储一室。空瓶、实瓶应分开储存。

③ 气瓶库（储存间）应符合《建筑设计防火规范》采用二级以上防火建筑，与明火或其他建筑物应有适当的安全距离。易燃、易爆、有毒、腐蚀性气体气瓶库之间的安全距离不得小于 15m。

④ 气瓶库应通风、干燥，防止雨（雪）淋、水浸，避免阳光直射，要有便于装卸、运输的设施。库内不得有暖气、水、煤气等管道通过，也不准有地下管道或暗沟。

⑤ 在火热的夏季，要随时注意仓库室内温度，加强通风，保持室温在 40℃ 以下。存放有毒气体或易燃气体气瓶的仓库，要经常检查有无渗漏，发现有渗漏的气瓶，应采取措施或送气瓶制造厂处理。

⑥ 地下室或半地下室不能储存气瓶。

⑦ 气瓶库应有明显的"禁止烟火""当心爆炸"等各类必要的安全标志。

⑧ 气瓶库应有运输和消防通道，设置消防栓和消防水池，在固定地点备有专用灭火器、灭火工具和防毒用具。

⑨ 储气的气瓶应戴好瓶帽，最好戴固定瓶帽。瓶阀出气管端要装上帽盖，并拧上瓶帽。

⑩ 实瓶一般应立放储存。有底座的气瓶，应将气瓶直立于气瓶的栅栏内，并用小铁链扣住；无底座气瓶，可水平横放在带有衬垫的槽木上，以防气瓶滚动；气瓶均朝向一方，如果需要堆放，层数不得超过五层，高度不得超过1m；气瓶应存放整齐，要留有通道，宽度不小于1m，便于检查与搬运。

⑪ 实瓶的储存数量应有限制，在满足当天使用量和周转量的情况下，应尽量减少储存量。对临时存放充满气体的气瓶，一定要注意数量一般不超过五瓶，不能受日光曝晒，周围10m内严禁堆放易燃物质和使用明火作业。

⑫ 对于盛装易发生聚合反应的气体并规定了储存期限的气瓶应注明储存期限，及时发出使用。

⑬ 加强气瓶入库和发放管理工作，建立并执行气瓶进出库制度，认真填写入库和发放气瓶登记表，以备检查。

 事故案例及分析

【压力容器事故案例1】违规焊接维修导致液化石油气钢瓶爆炸

1.事故发生经过

2017年3月3日，承德县利汇矿业有限公司吉庆铁矿腾达采区的实际控制人魏某通知刘某波组织人员对二号竖井井盖进行维修，刘某波电话联系了吴某要求组织人员来进行此项作业，吴某安排无证焊工徐某到达腾达采区进行焊接作业，又安排刘某喜、熊某为其助手。徐某使用氧气和煤气对井盖进行切割、焊接维修作业。当日17时，切割作业使用的液化石油气钢瓶突然发生爆炸，导致刘某喜和徐某死亡，熊某重伤。

2.事故原因

（1）直接原因

焊工徐某无证上岗作业，没有掌握电、气焊作业基本安全知识，违章作业；液化石油气钢瓶进行气焊作业过程中，未使用丙烷专用割嘴和设置防回火装置，使用时出现回火，引发瓶体爆炸。

（2）间接原因

企业安全管理制度存在漏洞，缺乏有效管理和相应规章制度。

【压力容器事故案例2】锅炉炉膛煤气爆炸事故案例

2015年6月28日10时4分，位于鄂尔多斯市准格尔旗的内蒙古伊东集团九鼎化工有限责任公司发生一起压力容器爆炸较大生产安全事故，造成3人死亡，6人受伤，直接经济损失人民币812.4万元。

1.事故发生经过

2015年6月28日7时45分许早交接班，净化班班长杨某义向一分厂净化工段长刘某磊报告，脱硫脱碳工序三气换热器发生泄漏，刘某磊将上述情况报告给一分厂副厂长郝某成后，到现场查看。其间，一分厂厂长助理李某在控制室听到操作工贾某红报告三气换热器有泄漏，也到现场查看泄漏情况。8 时 30 分左右，李某遇到刘某磊，二人爬上换热器平台查看，发现三气换热器脱硫器进口右侧同一条焊缝有两个漏点，相隔约 4～5cm。刘某磊用手感觉漏点泄漏情况，发现有气体吹动发凉，随后对漏点进行标记并用手机进行拍照，拉起警戒线后离开。8 时 56 分左右，李某也向一分厂副厂长郝某成报告了泄漏情况，并嘱咐巡检工远离泄漏现场。郝某成接到报告后，到分管生产安全的副总经理翟某龙办公室进行了报告，同时翟某龙通知生产管理中心主任白某强，三人在翟某龙办公室商议后，翟某龙决定停车，但未明确采取紧急停车。郝某成按正常停车程序，分别电话通知净化工段长刘某磊对净化系统进行降压、气化工段长薛某旺做好停车准备。9 时左右，郝某成离开翟某龙办公室，在路上碰见合成工段长王某文，告诉他准备停车；之后又去了泄漏现场和刘某磊查看了泄漏情况；随后与刘某磊一起到了变换工段安排变换工段停车，同时提醒该工段做气气换热器保温的外来施工人员苏某飞、黄某娜、田某保、马某伟等人注意安全；最后去了气化工段和氨库进行巡检。此时，净化工段北面的空分工段也有外来施工人员郭某春正在进行施工作业。

在此之前，生产管理中心主任白某强于 8 时 50 分签发检维修作业票证，同意在三气换热器南侧约 7m 处的高压脱硫泵房对高压脱硫贫液泵 A 泵进行检修作业。约 9 时，张某刚、胡某 2 名检维修作业人员在办理了检维修作业票证后，进入高压脱硫泵房进行维修作业。随后，检修副班长周某旗电话通知常某鹏、王某天、梁某明、赵某伟、贺某春等 5 人，去高压脱硫泵房帮忙。

10 时 4 分 56 秒，三气换热器发生第一次爆炸燃烧，听到爆炸声响后，张某刚、王某天、梁某明、贺某春等 4 名检修作业人员立即从高压脱硫泵房跑出。由于三气换热器炸口朝向脱硫泵房，泄出的脱硫气在泵房内聚集，在第一次爆炸明火的作用下，约 7s 后，高压脱硫泵房发生第二次爆炸，造成高压脱硫泵房内常某鹏、胡某、赵某伟 3 名检维修作业人员死亡；张某刚、王某天、梁某明、贺某春 4 名检维修作业人员在逃出时受伤。由于第一次爆炸产生碎片的撞击，以及富含氢气明火的灼烤，三气换热器南侧上方的一段脱硫富液压力管道发生塑性爆裂，引发第三次爆炸。爆炸冲击波震碎空分工段外墙玻璃，造成外来施工人员郭某春受伤。爆炸发生后，变换工段外来施工人员苏某飞慌忙逃生，从施工高处跳落受伤。

2. 事故原因

（1）直接原因

该三气换热器从投入运行到爆炸前，脱硫气入口联箱两侧人字焊缝处出现四次裂纹泄漏，设备存在明显质量问题。此次爆炸是由于在前四次未修焊过的脱硫气进口封头角接焊缝处，存在贯通的陈旧型裂纹，引发低应力脆断导致脱硫气瞬间爆出。因脱硫气中氢气含量较高，爆出瞬间引起氢气爆炸着火。由于炸口朝向脱硫泵房，泄出的脱硫气流量很大，在泵房内瞬时聚集达到爆炸极限，引起连环爆炸，致使伤亡事故发生。

（2）间接原因

①开封空分公司未严格按照国家相关要求对事故设备的生产制造、出厂检验、售后维修等各环节进行严格把控。②九鼎化工公司对事故设备长期存在的隐患未按照法律法规进行处理。

【压力容器事故案例 3】

1. 事故发生经过

某厂芳烃分离装置开工前向氢气瓶群中的一个气瓶充装外购高纯度电解氢，充装结束后，对瓶口的法兰拆装"8"字形转换盲板时，发生瓶口着火引起单瓶粉碎性爆炸，造成了站毁人亡的特大事故。该贮气站共有氢气瓶 12 只和氮气瓶 10 只。站内有面积为 $109m^2$ 的充氢压缩机房及氢气压缩机两台，并有附属的充氢管系。爆炸由 V204/4 瓶引起并呈粉碎性破裂，紧靠它的 V204/8 瓶被爆炸冲击波拔断 6 只 M30 的螺栓，整体飞出 16m。

2. 事故原因

① 气瓶站是为装置开停工设置的，而设备、管系、阀门长年维修计划没有落实，对阀门内漏情况不清楚，又在使用前的气密性检查中没有发现问题，使用中保留了泄漏的阀门。

② 充氢量没有检查、平衡、控制。现场已充完 250 瓶，按 $0.04m^3$/瓶计，则已充 $10m^3$ 的氢气，而 V204/4 的设计容积为 $4.3m^3$。若稍加平衡，就可发现充氢过程的不正常状况，有可能避免事故发生。

③ 法兰拆装作业。工人在爆炸环境下用铁质扳手拆装，当有氢气泄漏时，铁质金属间的机械撞击、摩擦均可导致燃爆事故的发生。

④ 从 V204/4 残片机械性能分析，气瓶站中其他气瓶瓶体在瞬时高压的冲击下，壁厚有不同程度的塑性减薄，使材料的强度增加，塑性下降。此种状态的材料对氢脆特别敏感，易发生氢脆开裂。

【压力容器事故案例 4】

某化工厂的 1 台 20t/h 燃煤锅炉，建成投产于 1999 年，工作压力为 1.27MPa，气动式自动调节给水。2002 年 8 月 24 日 16 时 5 分，该锅炉正在满负荷运行，当时工作压力为 1.1MPa，忽然从炉顶传来较大而急促的水击声，经确定，水击是在给水管道与上锅筒连接处到附近止回阀间发生的。锅炉紧急停炉后，经排查发现，给水管道穿锅筒处无变形或损坏，锅筒外保温层局部脱落。

事故分析：当打开上锅筒人孔检查时，发现锅筒进水管穿锅筒位置，短管接法兰处开焊，焊接痕迹只有 3 点，上下法兰连接处只有 2 只螺栓，螺栓松懈且已全部锈住，两法兰之间无连接密封材料。由此分析，每当锅炉自动上水关闭时，上锅筒压力为 1.1MPa，致使蒸汽由上法兰缝隙处串入给水管道，当蒸气进入止回阀时，该阀自动关闭，产生水击，满负荷生产使供水频繁，造成汽水冲击加剧，致使发生较大而急剧的水击声响。

事故原因：①施工人员马虎，图省事；②年度大修走过场；③水质控制不严格。

【压力容器事故案例 5】

2010 年 1 月 7 日 17 时 16 分左右，中国石油天然气股份有限公司兰州石化分公司合成橡胶厂 316 罐区的操作工在巡检中发现裂解碳四球罐（R202）出口管路弯头处泄漏，立即报告当班班长。17 时 18 分，当班班长打电话向合成橡胶厂生产调度室报告现场发生泄漏，并要求派消防队现场监护。17 时 20 分，位于泄漏点北面约 50m 的丙烯腈装置焚烧炉操作工向石油化工厂生产调度室报告 R202 所在罐区产生白雾，接着又报告白雾迅速扩大。17 时 21 分，合成橡胶厂 316 罐区当班班长再次向生产调度室报告现场泄漏严重。17 时 24 分，现场发生爆炸。之后又接连发生数次爆炸，爆炸导致 316 号罐区四个区域发生大火。

事故原因：裂解碳四球罐（R202）内物料从出口管线弯头处发生泄漏并迅速扩大，泄漏的裂解碳四达到爆炸极限，遇点火源后发生空间爆炸，进而引起周边储罐泄漏、着火和爆炸；作为危险化学品重大危险源的 316 罐区安全设防等级低，应急管理薄弱，早期投用的储罐本质安全水平、自动化水平不高。

【压力容器事故案例6】

某化肥厂造气车间气化炉蒸汽调压阀失灵，导致减压阀全开，使0.8MPa的蒸汽进入0.07MPa的低压蒸汽管网，刚巧6号炉夹套锅炉出口单向阀失灵，造成6号炉夹套锅炉超压破裂。夹套锅炉中的水和水蒸气与炽热的焦炭接触，剧烈反应造成整个炉体爆炸下沉，现场一片火海。

事故原因：夹套锅炉出口单向阀失灵，低压蒸汽管网无安全放空阀。

【锅炉事故案例1】

1. 事故发生经过

2022年1月15日17时8分左右，新余市致瑞包装有限公司锅炉余热回收器在运行中发生爆炸事故，造成2人死亡，直接经济损失约420万元。2022年1月15日，宜春市远达锅炉压力容器设备安装有限公司的电焊工翟某根、钳工袁某春等4人在锅炉房内施工作业。9时30分左右，翟某根、袁某春安装2#余热回收器循环水泵进水管，按新余市致瑞包装有限公司司炉辅助人员谭某的要求，将1#、2#余热回收器的进水管进行并管作业（施工方案内没有这道工序），当时1#余热回收器正在运行（锅炉未停炉）。谭某关闭1#余热回收器循环水泵和软水箱底部进水阀门后，翟某根等人开始施工。10时30分左右，并管作业完成，翟某根打开软水箱底部进水阀门试漏，试漏完成后通知谭某施工完成。

14时左右，翟某根、袁某春将2#余热回收器回水管露出地面的部分切断，并焊接堵头，14时30分左右施工完成。预埋的2#余热回收器回水管与1#余热回收器回水管通过三通连接，共用一根回水母管进入软水箱，回水管被切断时，仅有少量的水、汽从管中流出。

2. 事故原因

（1）直接原因

1#余热回收器循环水泵关闭，而锅炉处于运行状态，造成余热回收器长时间干烧。操作人员李某生违规操作，未将1#锅炉停炉，未等余热回收器冷却便打开循环水泵向余热回收器内进水，水瞬间汽化，导致余热回收器内部压力急剧升高，引起爆炸。

（2）间接原因

① 新余市致瑞包装有限公司安全生产主体责任落实不到位。

② 南昌市特种设备安装有限公司安全生产主体责任落实不到位。一是未核对1#余热回收器的图纸，结构形式与图纸严重不符。二是随意更改施工内容，超出施工方案范围施工。三是公司未派质检人员前往施工现场负责检验验收工作。四是未按要求采取有效措施导致未经检验合格的锅炉投入使用。五是公司管理体系运行失控，法人没有履行法人代表职责，事故项目未任命技术、安全、质量等现场管理人员。

③ 宜春市远达锅炉压力容器设备安装有限公司安全生产主体责任落实不到位，施工现场管理混乱。

【锅炉事故案例2】

1. 事故发生经过

2014年12月13日3时15分左右，某甲醇厂水汽车间当班司炉监盘发现2#锅炉出口压力突然涨至3000Pa左右，同时MFT动作，汽包液位迅速下降。班长纪某某立即汇报车间主任并及时调度，锅炉降负荷，联系现场进行检查，发现锅炉尾部竖井北侧有大量蒸汽喷出，判断是2#锅炉爆管；汇报车间领导并调度后，停止2#锅炉运行。经检查，2#锅炉水冷蒸发屏的2根钢管和异式过热器的1根钢管爆管。

2. 事故原因

（1）直接原因：锅炉水冷壁管内结垢，造成垢下腐蚀及二次氢脆破坏，使锅炉在运行过程中水冷壁管爆破性破裂。

（2）间接原因：因空分机组凝汽器管束泄漏，循环水漏入冷凝液系统，导致冷凝液进入锅炉给水系统，污染锅炉给水。

【气瓶事故案例1】

在四川省达州市达县申家滩双线特大桥材料加工厂施工工地，中铁二十三局襄渝铁路二线工程指挥部的第二项目部发生一起严重气瓶爆炸事故。事发时，该批气瓶被送到事故地点，在装卸工人将气瓶从汽车上卸下时，一气瓶发生爆炸，造成2人死亡，1人重伤。

事故原因：①违规充装。经查该气瓶为二氧化碳气体和氧气混装，引起化学爆炸。②违规装卸。装卸工野蛮装卸，导致气瓶受到强烈冲击，引起爆炸。

【气瓶事故案例2】

1. 事故发生经过

2017年9月29日下午，驾驶员兼卸瓶员郭某华、押运员兼卸瓶员郭某建驾驶普通货物运输车辆，在凯尉气体公司装载60瓶氧气送往通达悦来建筑公司在赛维多晶硅公司的拆迁工地。到达赛维多晶硅公司南大门后，由通达悦来建筑公司气瓶管理员王某骑着电动车领路，约15时30分到达还原车间东大门，开始卸瓶。王某把电动车停稳后绕到驾驶室驾驶员位置时听到一声爆炸声，气瓶发生爆炸。爆炸造成郭某华、郭某建当场死亡，王某受轻伤，小货车后门、侧门损坏严重，距离小货车10m远的还原车间东面墙上的玻璃被震碎。

2. 事故原因

（1）直接原因

凯尉气体公司向一只瓶内沾有油脂的气瓶充装了氧气，郭某华和郭某建采取滚、滑方式卸瓶且未采取加垫橡胶垫等防撞击措施，气瓶产生撞击，发生爆炸。

（2）间接原因

①气瓶运输车辆未取得危险品道路运输证，郭某华、郭某建未取得危险品运输驾驶、押运、装卸管理从业资格证；各项管理制度、操作规程落实不到位，无相关记录等见证材料；气瓶出站前，未按规定佩戴防震圈、瓶帽；气瓶运输时，未按规定采取固定措施。②安全教育培训不到位，员工缺乏安全意识和业务知识。气瓶检查人员林某善未按规定对气瓶进行充装前后的检查并作出记录；安全生产管理人员兼气瓶充装员林某文未督促落实气瓶充装前检查工作。

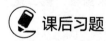 **课后习题**

一、选择题

1.《固定式压力容器安全技术监察规程》（TSG 21—2016）规定，首次定期检验后其安全状况等级为1、2级的，其定期检验周期一般为（　　　）年。

　A. 3　　　　　　　　B. 3~6　　　　　　　　C. 6　　　　　　　　D. 9

2. 16MnR一般使用温度限制在（　　　）范围内。

A. −20～475℃　　　B. −20～375℃　　　C. −100～475℃　　　D. −10～375℃

3. 安全阀与压力容器之间一般（　　　）装设截止阀门。

A. 应该　　　　　　B. 不宜　　　　　　C. 禁止　　　　　　D. 必须

4. 按所承受的压力高低分类，压力为 1.78MPa 的压力容器属于（　　　）。

A. 低压容器　　　　B. 中压容器　　　　C. 高压容器　　　　D. 超高压容器

二、填空题

1. 根据《特种设备安全监察条例》（国务院令第 373 号）的规定，_____是指涉及生命安全，危险性较大的锅炉、压力容器（含气瓶，下同）、压力管道、电梯、起重机械、客运索道、大型游乐设施。

2. 压力容器的组成结构包括_____、_____、_____、_____和_____。

3. 压力容器按设计压力分为_____、_____、_____、_____和_____。

4. 锅炉的主要安全附件是_____、_____和_____。

5. 压力容器一般应于投用满_____年时进行首次全面检验，下次的全面检验周期，由检验机构根据本次全面检验结果按照《压力容器定期检验规则》（TSG R7001—2013）第四条的有关规定确定。

6. 盛装腐蚀性气体的气瓶，每_____年检验一次；盛装惰性气体的气瓶，每_____年检验一次。

三、判断题

1. 爆破片只要不破裂可以一直使用下去。　　　　　　　　　　　　　　　　（　　　）

2. 安全阀的开启压力不得超过压力容器的设计压力。　　　　　　　　　　　（　　　）

3. 压力容器的定期检验，分为外部检查、内外部检查。　　　　　　　　　　（　　　）

4. 压力容器的分类按安全监察管理分为固定式压力容器和移动式压力容器。　（　　　）

四、简答题

1. 煤化工生产的哪些工艺设备属于压力容器？分别属于哪类压力容器？

2. 压力容器检验的内容有哪些？

3. 简述压力容器定期检验的周期。

4. 弹簧式安全阀的作用原理是什么？

5. 锅炉常见事故有哪些？如何处理？

6. 简述气瓶存储安全要求。

第五章

机械伤害及坠落安全防护技术

 本章学习目标

1. 知识目标
（1）掌握机械伤害的特点和分类；
（2）熟悉机械伤害的原因及其防护；
（3）熟悉翻车机、卸料机、粉碎机、皮带运输机等设备的安全操作规程；
（4）熟悉化工高处作业安全规范；
（5）了解人的不安全行为；
（6）了解高处作业的安全防护。

2. 能力目标
（1）初步具备判断危险源和防范危险的能力；
（2）初步具备对机械伤害和坠落事故案例进行分析的能力；
（3）能正确使用高处作业安全防护用品；
（4）遵守安全生产的行为规范。

　　煤化工生产过程中使用的机械设备较多，例如备煤车间的皮带传送机、粉碎机、磨煤机、堆取料机等，炼焦车间的焦炉装煤车、推焦车、拦焦车、熄焦车、捣固车等，气化炉的搅拌装置、加煤装置以及化工车间的离心机、压缩机、泵类、空分设备等都是运转机械，在运行过程中易造成机械伤害事故。此外，气化炉、合成塔、焦炉等高大设备在运转或检修过程中易发生跌落。因此，应采取合理的措施防止机械伤害及坠落事故发生。

第一节　运转机械安全技术

一、化工机械的特点和分类

　　化工机械有别于其他机械的显著特点包括：涉及的能量形式多种多样，相互间转换过程比较复杂，最常见的能量形式有热能、机械能、化学能、电磁能等；物质性质多变，如其组成、组分及其相态的多变等；运行工况领域十分宽阔，操作参数特殊，如高低压、高低转速、高低温、高低黏度等；对不同化学性能的要求具有优良的适用性。

化工机械本身特点决定了化工机械总体上可分为两大类，即化工设备和化工机器。化工设备主要包括各种容器，如热交换器、塔器、反应器、槽罐等，其主要作用部件若是静止的，习惯上称为静止设备。化工机器主要包括离心机、压缩机、泵、过滤机、破碎机、旋转窑、旋转干燥器、运输机等，其主要作用部件若是经常运动的，习惯上称为转动设备。容易发生机械伤害的常常是运转中的设备。

二、运转机械的不安全状态

1. 运转机械危险源

运转机械是运行的机械，当机械能逸散施于人体时，就会发生伤害事故。机械及其零件对人产生机械伤害的主要原因是机械设计不合理、强度计算误差、安装调试存在问题、安全装置缺陷以及人的不安全行为。

运转机械伤害包括以下几种。

（1）碰撞伤害

机械零部件高速运动使在运动途中的人受到伤害。运转机械的摇摆部位存在着撞击的危险。

（2）夹挤和卷入伤害

机械零部件的运动可以形成夹挤点或缝，如手臂被两辊之间的辊隙夹挤，截获过往运动的衣服而被夹挤等。相互接触而旋转的滚筒，如轧机、卷板机、干燥滚筒等都有把人卷入的危险。

（3）切割和戳扎伤害

由于机械零部件锋利，而使人受到伤害。

（4）缠绕伤害

传动齿轮、传动皮带、传动对轮、传动链条等运动的机械零部件可以卷入头发、环状饰品、有钩挂衣袖、裤腿、手套、衣服等而造成缠结伤害。风翅、叶轮等有绞伤或咬伤的危险。

（5）抛射和喷射伤害

机械零部件或物料被运转的机械抛射出而造成伤害。

2. 运转机械不安全原因

运转机械的设计、制造、安装、调试、使用、维修直至报废，都有可能产生不安全状态。

（1）机械设计不合理

设计时对安全装置和设施考虑不周；结构设计不合理；使用条件考虑不周；选用材质不符合工艺要求；强度或工艺计算有误；设计审核失误等。这些大都是设计者缺乏经验或疏忽所致。

（2）安装与调试过程不规范

没按设计要求装设安全装置或设施；没按设计要求选材；所用的材料没有按要求严格检查，材料存在的原始缺陷没有被发现；制造工艺、安装工艺不合理；制造、安装技术不熟练，质量不符合标准；随意更改图纸，不按设计要求施工等。

（3）使用与维修过程违规操作

使用方法不当；使用条件恶劣；冷却与润滑不良，造成机械磨损和腐蚀；超负荷运行；维护保养差；操作技术不熟练；人为造成机械不安全状态，如取下防护罩、切断联锁、摘除信号指示等；超期不修；检修质量差等。

三、人的不安全行为

人的不安全行为表现为多种情况，大致可以分为操作失误和误入危区两种情况。

1. 操作失误

机械具有复杂性和自动化程度较高的特点，要求操作者具有良好的素质。但人的素质是有差异的，不同的人在体力、智力、分析判断能力及灵活性、熟练性等方面，有很大不同。特别是人的情绪易受环境因素、社会因素和家庭因素的影响，导致操作失误。

常见的操作失误如下：

① 运转机械产生的噪声危害比较严重，操作者的知觉和听觉会发生麻痹，当运转机械发出异声时，操作者不易发现或易判断错误。

② 运转机械的控制方法或操纵系统的排列和布置与操作者习惯不一致，运转机械的显示器或指示信号标准化不良或识别性差，而使操作者误动作。

③ 操作规程不完善、作业程序不当、监督检查不力都易造成操作者操作失误，导致事故。

④ 操作者本身的因素如技术不熟练、准备不充分、情绪不良等，也易导致失误。

⑤ 运转机械突然发生异常，时间紧迫，操作者经验不足导致过度紧张而失误。

⑥ 操作者缺乏对运转机械危险性的认识，不知道运转机械的危险部位和范围，进行不安全作业而产生失误。

⑦ 取下安全罩、切断连锁装置等人为地使运转机械处于不安全状态而导致事故。

2. 误入危区

（1）运转机械危区

所谓危区是指运转机械在一定的条件下，有可能发生能量逆流造成人员伤害的部位或区域。如压缩机主轴联结部位、副轴、活塞杆、十字头、填料函、油泵皮带轮或传动轮、风机轮、电机转子等，传送机械的皮带、链条、滚筒、电机等均属危区部位。危区部位一般都存在一定的危区范围，如果人的某个部位进入运转机械危区范围，就有可能发生人身伤害事故。

（2）误入危区的原因

在人机系统中，人的自由度比运转机械大得多，而每个人的素质和心理状态千差万别，所以存在误入危区的可能性。

① 机械操作状况的变化使工人改变已熟练掌握的原来的操作方法，产生较大的心理负担，如不及时加强培训和教育，就很可能产生误入危区的不安全行为。

②“图省事、走捷径”是人们的共同心理。对于已经熟悉了的机械，人们往往会下意识地进行操作，也不会选择更安全的操作方法，因而会有意省掉某些操作环节，而且一次成功就会重复照干，这也是误入危区的常见原因。

③ 条件反射是人和动物的本能，但会因一时的条件反射而忘记置身于危区。如某工人

在机床上全神贯注地工作，这时后面有人与之打招呼，条件反射使其下意识地转身而忘记了身处危区，把手无意中伸入卡盘，发生伤害事故。

④ 疲劳使操作者体力下降、大脑产生麻木感，有可能出现某些不安全行为而误入危区。

⑤ 由于操作者身体状况不佳或操作条件影响，造成没看到或看错、没听到或听错信号，产生不安全行为而误入危区。

⑥ 人们有时会忘记某件事而出现思维错误，而错误的思维和记忆会使人做出不安全的行为，有可能使人体某个部位误入危区。

⑦ 不熟悉业务的指挥者指挥不当，多人多机系统的联络失误，以及紧急状态下人的紧张慌乱，都有可能产生不安全行为，导致误入危区。

四、运转机械安全防护

1. 提高运转机械的安全可靠性

（1）零部件安全防护

运转机械的各种受力零部件及其连接，必须合理选择结构、材料、工艺和安全系数，在规定的使用寿命期内，不得产生断裂和破碎。运转机械零部件应选用耐老化或抗疲劳的材料制造，并应规定更换期限，其安全使用期限应小于材料老化或疲劳期限。易被腐蚀的零部件，应选用耐腐蚀材料制造或采取防腐措施。

（2）控制系统安全防护

运转机械应配有符合安全要求的控制系统，控制装置必须保证当能源发生异常变化时，也不会造成危险。控制装置应安装在使操作者能看到整个机械动作的位置上，否则应配置开车报警声光信号装置。运转机械的调节部分，应采用自动联锁装置，以防止误操作和自动调节、自动操纵等失误。

（3）操纵器安全防护

操纵器应有电气或机械方面的联锁装置。易出现误动作的操纵器，应采取保护措施。操纵器应明晰可辨，必要时可辅以易理解的形象化符号或文字说明。

（4）操作人员安全防护

运转机械需要操作人员经常变换工作位置者，应配置安全走板，走板宽度应不小于0.5m；操作位置高于2m者，应配置供站立的平台和防护栏杆。走板、梯子、平台均应有良好的防滑功能。

2. 防止人的不安全行为

应该建立健全安全操作规程，针对不同类型的运转机械的特点，详细准确地编制运转机械操作规程。安全操作规程一经确立，就是运转机械的操作法规，不得随意违反。

应进行经常性的安全教育和安全技术培训，不断提高操作者的安全意识和安全防护技能，教育操作者熟练掌握并严格遵守安全操作规程。应结合同类型运转机械事故案例进行教育，使操作者对操作过程中可能发生的事故进行预测和预防。

应不断改进操作环境，如室温、尘毒、振动、噪声等的处理和控制；加强劳动纪律，防止操作者过度疲劳；优化人机匹配，防止或减少失误。

3. 设立防护装置或设施

机械设备的安全运转首先应基于机械本身的安全设计，对于可以预见的危险和可能的伤害，也应该有适当的安全防护措施。人员易触及的可动零部件，应尽可能密封，以免在运转时与其接触。运转机械运行时，需要操作者接近的可动零部件，必须有安全防护装置。为防止运转机械运行中运动的零部件超过极限位置，应配置可靠的限位装置。若可动零部件所具有的动能或势能会引起危险时，则应配置限速、防坠落或防逆转装置。运转机械运行过程中，为避免工具、工件、连接件、紧固件等甩出伤人，应有防松脱措施和配置防护罩或防护网等措施。

第二节　备煤机械安全技术

备煤即原料煤的装卸、储存、输送、配煤、粉碎等工序。备煤车间中卸煤一般采用翻车机、螺旋卸煤机或链斗卸煤机等机械；堆取煤采用堆取料机、门式抓斗起重机、桥式抓斗起重机、推土机等，运煤车辆多，装卸设备多，运输皮带多，诱发机械伤害事故的原因也较多。为防止机械伤人等事故的发生，应遵守《焦化安全规程》（GB 12710—2008）等的安全规定。

一、卸煤及堆取煤机械

1. 翻车机操作安全

翻车机应设事故开关、自动脱钩装置、翻转角度极限信号和开关，以及人工清扫车厢时的断电开关，且应有制动闸。翻车机转到90°时，其红色信号灯熄灭前禁止清扫车底。翻车时，其下部和卷扬机两侧禁止有人工作和逗留。

2. 螺旋卸煤机和链斗卸煤机操作安全

严禁在车厢装挂时上下车，卸煤机械离开车厢之前，禁止扫煤人员进入车厢内工作。螺旋卸煤机机构和链斗卸煤机应设夹轨器。螺旋卸煤机的螺旋机构和链斗卸煤机的链斗起落机构，应设提升高度极限开关。在操作链斗卸煤机时，要由机车头或调车卷扬机进行对位作业，必须避免碰撞情况的发生。

3. 堆取料机操作安全

堆取料机应设风速计、防碰撞装置、运输胶带联锁装置、与煤场调度通话装置、回转机构和变幅机构的限位开关及信号、手动或具有独立电源的电动夹轨钳等安全装置。堆取料机供电地沟，应有保护盖板或保护网，沟内应有排水设施。

4. 门式或桥式抓斗起重机操作安全

门式或桥式抓斗起重机具有运行灵活可靠的优点，但操作不当或违章作业也有可能发生伤害事故。为避免事故，门式或桥式抓斗起重机应设夹轨器和自下而上的扶梯，以便从司机室能看清作业场所及其周围的情况。门式或桥式抓斗起重机应设卷扬小车作业时大车不能行走的联锁装置、卷扬小车机电室门开自动断电联锁或检修断电开关、抓斗上升极限位装置、双车间距限位装置等。大型门式抓斗起重机应设风速计、扭斜极限装置和上下通话装置。抓斗作业时必须与车厢清理残煤作业的人员分开进行，至少保持1.5m的距离。尤其是抓斗故障处理必须停放在指定位置进行，切不可将抓斗停放在漏斗口上处理，以免滑落引起重大伤害事故。应禁止推土机横跨门式起重机轨道。

二、破碎机及粉碎机

破碎机是破碎过程中的关键机械，用于破碎大块的煤料，破碎后的煤料采用粉碎机进行粉碎。焦化厂采用的粉碎机有反击式、锤式和笼形等几种形式。

对于破（粉）碎机，须符合下列安全条件：加料、出料最好是连续化、自动化的，产生的粉尘应尽可能的少。对各类破（粉）碎机，必须有紧急制动装置，必要时可迅速停车。运转中的破（粉）碎机严禁检查、清理和检修，禁止打开其两端门和小门。破（粉）碎机工作时，不准向破（粉）碎机腔内窥视，不要拨动卡住的物料。如破（粉）碎机加料口与地面平齐或低于地面不到 1m 均应设安全格子。

为保证安全操作，破（粉）碎装置周围的过道宽度必须大于 1m。如破（粉）碎机安装在操作台上，则操作台与地面之间的高度应在 1.5～2m。操作台必须坚固，沿台周边应设高 1m 的安全护栏。

颚式破碎机应装设防护板，以防固体物料飞出伤人。为此，要注意加入破碎机的物料粒度不应大于其破碎性能。当固体物料硬度相当大，且摩擦角（物料块表面与颚式破碎机之间夹角）小于两颚表面夹角的一半时，即可能将未破碎的物料甩出。当非常坚硬的物料落入两颚之间，会导致颚破碎，故应设保险板。在颚破碎之前，保险板先行破裂加以保护。对于破碎机的某些传动部分，应用安全螺栓连接，在其超负荷情况下，螺栓会弯曲或断掉以保护设备和操作人员。粉碎机前应设电磁分离器，以吸出煤中的铁器，破（粉）碎机应有电流表、电压表及盘车自动断电的联锁装置。

三、皮带运输机

皮带运输机是煤化工企业备煤和筛焦系统常用的输送设备，它是由皮带、托辊、卷筒、传动装置和张紧机组所组成的。皮带运输机具有结构简单、操作可靠、维修方便等优点。虽然皮带运输机是一种速度不高、安全问题不大的设备，但根据许多厂矿尤其是备煤工序的实践经验表明，皮带轮和托辊造成的绞碾伤亡是皮带运输机的多发和最常见的事故，必须引起足够重视。

1. 皮带输送机的安全要求

从传动机构到墙壁的距离不应少于 1m，以便检查和润滑传动机构时能自由出入；输送机的各个转动和活动部分，务必用安全罩加以防护；传动机构的保护外罩取下后，不准进行工作；输送机的速度过高时，则应加栏杆防护；输送机应设有联锁装置，以防止事故的发生；皮带机长度超过 30m 应设人行过桥，超过 50m 应设中间紧急停机按钮或拉线开关，"紧急停机"的拉线开关应设在主要人行道一侧；启动装置旁边，应设音响信号，在未发出工作信号之前运输装置不得启动；运输机的启动装置，应设辅助装置（例如锁），为防止检修时被他人启动，应在启动装置处悬挂"机器检修，禁止开动"的小牌；倾斜皮带机必须设置止逆、防偏、过载、打滑等保护装置。

2. 皮带运输机安全操作规程

① 开车前应将皮带机所属部件和油槽进行检查，检查传动部分是否有障碍物卡住，齿轮罩和皮带轮罩等防护装置是否齐全，电器设备接地是否良好，发现问题及时处理。听到开

车信号，待上一岗位启动后再启动本岗位。听到停车信号，待皮带上无料时方可停车。

② 开车后，要经常观察轴瓦、减速器运转是否正常，特别要注意皮带跑偏，负载量大小，防止皮带破裂。运行中禁止穿越皮带。

③ 运行中没有特殊情况不允许重负荷停车。

④ 皮带机被物料挤住时，必须停止皮带机后方可取出，禁止在运行中取出物料。

⑤ 禁止在运行中清理滚筒，皮带两侧不准堆放障碍物和易燃物。

⑥ 运转过程中严禁清理或更换托辊、机头、机尾、滚筒、机架，不允许加油，不准站在机架上进行铲煤、扫水等作业；机架较高的皮带运输机，必须设有防护遮板方可在下面通过或清扫。

⑦ 清理托辊、机头、机尾、滚筒时必须办理停电手续，切断电源后，取下开关保险，锁上开关室。

⑧ 输送机上严禁站人、乘人或者躺着休息。

四、给料机安全操作规程

① 使用前须检查各运转部分、胶带搭扣和承载装置是否正常，防护设备是否齐全。

② 皮带给料机应空载启动，等运转正常后方可入料。禁止先入料后开车。

③ 运行中出现胶带跑偏现象时，应停车调整，不得勉强使用，以免磨损边缘和增加负荷。

④ 给皮带打滑时严禁用手去拉动皮带，以免发生事故。给料机、电动机必须绝缘良好，电动机要可靠接地。

⑤ 给料机发生堵斗时，严禁站在给料机上，将头伸进料斗内通斗。处理堵斗时应停车，拉断电源发出信号并与下一工序取得联系再进行处理。

⑥ 停车前必须先停止入料，等皮带上存料卸尽方可停车。

⑦ 输送带上禁止行人或乘人。

⑧ 操作人员必须穿戴好劳保用品再进入岗位，作业时操作人员禁止离开工作岗位。

⑨ 禁止跨越运行中的皮带。

五、钢丝绳及卷绕装置安全操作规程

① 钢丝绳在使用过程中必须经常检查其强度，一般六个月就必须进行一次全面检查或做强度试验。

② 钢丝绳在使用过程中严禁超负荷使用，不能受冲击力；在捆扎或吊运货物时，应注意不要使钢丝绳直接和物体的快口棱角相接触，要在它们的接触处垫以木板、帆布、麻袋或其他衬垫物，以防止物件的快口棱角损坏钢丝绳而产生设备和人身事故。

③ 钢丝绳在使用过程中，如出现长度不够时，必须采用卸扣连接，严禁用钢丝绳头穿细钢丝绳的方法接长吊运物件，以免产生剪切力。

④ 钢丝绳穿用的滑车，其边缘不应有破裂和缺口。

⑤ 钢丝绳在使用过程中特别是钢丝绳在运动中不要和其他物件相摩擦，更不应与钢边的边缘斜拖，以免钢板的棱角割断钢丝绳，直接影响钢丝绳的使用寿命。

⑥ 钢丝绳在使用一段时间后，必须加润滑油。

⑦ 钢丝绳存放时，要按上述方法将钢丝绳上的脏物清洗干净后上好润滑油，再盘绕好，

存放在干燥的地方。

⑧ 钢丝绳在使用过程中，应尤其注意防止钢丝绳与电焊线相接触，避免钢丝绳碰电后损坏，影响作业的顺利进行。

⑨ 钢丝绳在使用过程中，必须经常注意检查有无断裂、破坏情况并决定是否继续使用，以便及时调换新绳，确保安全。

第三节　焦炉机械安全技术

一、焦炉机械的特点

焦炉机械主要包括推焦车、拦焦车、熄焦车和装煤车等四大机车。推焦车除了整机开动，还有推焦、摘上炉门、提小炉门和平煤等多种功能；拦焦车则有启上炉门和拦焦等功能。而四大车必须在同一炭化室位置上工作，推焦时，拦焦车必须对好导焦槽，熄焦车做好接红焦的准备；装煤车装煤时，必须在推焦车和拦焦车都上好炉门以后进行。如果四大车中任何一个环节失控或指挥信号失误，都有可能造成严重的事故。除了四大车，焦炉机械设备还有捣固机、换向机、余煤提升机、熄焦水泵以及焦粉抓斗机、皮带机、炉门修理站卷扬机等。

焦炉机械操作的全过程存在以下几个不足：自动化协调程序差、很多岗位靠人工操作、多数程序靠人工指挥；四大车车体笨重、运行频繁且视线不开阔；机械运行与人工活动空间狭窄，极易造成碰、撞、挤、压事故的发生。

二、焦炉机械伤害事故

焦炉机械伤害事故主要是四大车事故，常见的有：挤、压、碰、撞和倾覆引起的伤害事故；四大车设备烧坏事故。据不完全统计，焦炉四大车事故中拦焦车造成的事故最多，占 1/2 以上；其次装煤车造成的事故占 1/5，熄焦车事故占 1/10，推焦车事故不到 1/10。产生四大车事故的原因是多方面的，既有人为原因，也有管理原因，还有设备缺陷和环境的不良因素。原因虽复杂多样，但主要原因是违规操作，其次是思想麻痹，因此要不断地提高全员的安全思想素质。另外，新工人技术不熟练和非标准化操作引起的事故也不少，也应重视。

三、防范机械伤害措施

1. 四大车安全措施

① 推焦车、拦焦车、熄焦车、装煤车，开车前必须发出音响信号；行车时严禁上、下车；除行走外，各单元宜按程序自动操作。

② 推焦车、拦焦车和熄焦车之间，应有通话、信号联系和联锁装置。

③ 推焦车、装煤车和熄焦车，应设压缩空气压力超限时空压机自动停转的联锁装置。司机室内，应设风压表及风压极限声、光信号。

④ 推焦车推焦、平煤、取门、捣固时，拦焦车取门时以及装煤车落下套筒时均应设有停车联锁装置。

⑤ 推焦车和拦焦车宜设机械化清扫炉门、炉框以及清理炉头尾焦的设备。

⑥ 应沿推焦车的全长设置能盖住与机侧操作台之间间隙的舌板，舌板和操作台之间不得有明显台阶。

⑦ 推焦杆应设行程极限信号、极限开关和尾端活牙或机械挡。带翘尾的推焦杆，其翘尾角度应大于 90°，且小于 96°。

⑧ 平煤杆和推焦杆应设手动装置，且应有手动时自动断电的联锁装置。

⑨ 推焦中途因故中断推焦时，熄焦车和拦焦车司机未经推焦组长许可，不得把车开离接焦位置。

⑩ 煤箱活动壁和前门未关好时，禁止捣固机进行捣固。

⑪ 拦焦车和焦炉侧焦炉柱上应分别设安全挡和导轨。

⑫ 熄焦车司机室应设有指示车门关严的信号装置。

⑬ 寒冷地区的熄焦车轨道应有防冻措施。

⑭ 装煤车与炉顶机、焦两侧建筑物的距离不得小于 800mm。

2. 捣固机、装煤车安全措施

① 装煤车煤槽活动壁、前挡板、锁壁的张开和关闭应设置信号显示。煤槽活动壁及前挡板未关好时，捣固机不应进行捣固。

② 装煤车活动接煤板的升起和落下应设置信号显示，当升起时应设置切断装煤车行走的闭锁装置。

③ 装煤车托煤板没有退回原位时，应设置切断装煤车行走的闭锁装置。

④ 捣固机捣固锤的落下和提起、安全挡的开和关应设置信号显示。

⑤ 捣固机应设置捣固锤落下后切断装煤车行走的闭锁装置。

⑥ 装煤车向炭化室装煤时，在煤饼到位后，应设置切断装煤电机继续前进的限位。托煤板抽出到位、锁壁退回到位，应设置限位控制。严禁没有限位设施的装煤车进行装煤操作。

3. 余煤提升机安全措施

① 单斗余煤提升机应有上升极限位置报警信号、限位开关及切断电源的超限保护装置。

② 单斗余煤提升机下部应设单斗悬吊装置。地坑的门开启时，提升机应自动断电。

③ 单斗余煤提升机的单斗停电时应能自动锁住。

4. 炉门修理站安全措施

① 炉门修理站旋转架上部应有防止倒伏的锁紧装置或自动插销，下部应有防止自行旋转的销钉。

② 炉门修理站卷扬机上的升、降开关应与旋转架的位置联锁，并能点动控制；旋转架的上升限位开关必须准确可靠。

第四节　坠落安全防护

一、化工高处作业安全

凡在坠落高度基准面 2m 以上（含 2m）有可能坠落的高处进行的作业，均称为高处作业。

高处作业依据高度分为 4 级：高度在 2～5m，称为一级高处作业；高度在 5～15m，称为二级高处作业；高度在 15～30m，称为三级高处作业；高度在 30m 以上，称为特级高处作业。

1. 坠落事故原因

化工装置多数为多层布局，高处作业的机会比较多，如设备、管线拆装，阀门检修更换，仪表校对，电缆架空敷设等高处作业，事故发生率高，伤亡率也高。发生高处坠落事故的原因主要是：洞、坑无盖板或检修中移除盖板；平台、扶梯的栏杆不符合安全要求，临时拆除栏杆后没有防护措施，也未设警告标志；高处作业不挂安全带、不戴安全帽、不挂安全网；梯子使用不当或梯子不符合安全要求；不采取任何安全措施，在石棉瓦等不坚固的结构上作业；脚手架有缺陷；高处作业用力不当、重心失稳；工器具失灵，配合不好，危险物料坠落造成伤害；作业附近对电网设防不妥导致触电坠落等。

一名体重为 60kg 的工人，从 5m 高处滑下坠落地面，经计算可产生 300kgf（1kgf＝9.80665N）冲击力，会致使人死亡。

2. 高处作业的安全规定

① 应预先对高处作业现场进行勘察，确定高处作业方案，并提出安全保护措施。

② 从事高处作业的人员，身体必须健康，患有高血压、心脏病、贫血、癫痫的人员不能从事高处作业。作业人员饮酒、精神不振时禁止登高作业，作业过程严禁嬉戏、打闹。

③ 高处作业前单位应对作业人员进行高处作业常识、操作规程的培训。危险性较大的岗位作业人员必须经上级有关部门培训，持证上岗。

④ 高处作业机械和登高装置应确保处于良好的技术状况，并在作业实施前进行检查、确认。

⑤ 根据现场需要，应采取安全布控措施，如设置锥形标、限速标志、隔离带（线）、警示牌等，确保齐全、有效。

⑥ 必须设置牢固的可供人员站立的作业平台，并设置供操作者上下的安全梯台。

⑦ 不需带电作业的应尽可能不带电作业。作业时应有监护人员，严禁单人实施高处作业。

⑧ 作业时应明确一人进行现场的统一指挥，高处作业人员衣着要灵活、轻便，禁止穿硬底鞋、高跟鞋、带钉鞋和易滑鞋，穿好工作服，戴好安全帽，系好安全带。

⑨ 作业时，材料与工具应妥善放置，防止坠落，严禁用抛、甩的方式传递；作业所用的工具应随手放入工具袋（套）内。

⑩ 结构施工自二层起，凡人员进出的通道口（包括井架、施工电梯的进出口），均应搭设安全防护棚。高度超过 24m 时，防护棚应设双层。

⑪ 进行交叉作业时，注意不得在上下同一垂直方向上操作，下层作业的位置必须处于依上层高度确定的可能坠落范围之外。不符合以上条件时，必须设置安全防护层。

⑫ 进行悬空作业时，要设有牢靠的作业立足处，并视具体情况设防护栏杆，搭设脚手架、操作平台，使用马凳，张挂安全网或其他安全措施；作业所用索具、脚手板、吊篮、吊笼、平台等设备，均需经技术鉴定方能使用。

⑬ 对于洞口作业，可根据具体情况采取设防护栏杆、加盖板、张挂安全网与装栅门等措施。

⑭ 进行攀登作业时，作业人员要从规定的通道上下，不能在阳台之间等非规定通道进行攀登，也不得随意利用吊车车臂架等施工设备进行攀登。

⑮ 凡是临边作业，都要在临边处设置防护栏杆，一般上杆离地面的高度为 1.0～1.2m，下杆离地面的高度为 0.5～0.6m；防护栏杆必须自上而下用安全网封闭，或在栏杆下边设置严密固定的高度不低于 18cm 的挡脚板或 40cm 的挡脚笆。

3. 坠落防护用品

坠落防护用品（图 5-1）是防止人体从高处坠落的整体及个体防护用品。个体防护用品是通过绳带，将高处作业者的身体系于固定物体上，整体防护用品是在作业场所的边沿下方张网，以防不慎坠落。防止坠落的工具主要有安全带和安全网。

(a) 缓冲绳　　　　　(b) 安全带　　　　　(c) 旋扣式帽衬　　　　　(d) 腰部定位带

图 5-1　坠落防护用品

安全网是应用于高处作业场所边侧立装或下方平张的防坠落用品，用于防止和挡住人和物体坠落，使操作人员避免或减轻伤害的集体防护用品。根据安装形式和目的，分为立网和平网，如图 5-2 所示。

(a) 立网　　　　　　　　　　　(b) 平网

图 5-2　安全网

安全带按使用方式，分为围杆安全带和悬挂、攀登安全带两类。安全带有很多种，应该根据具体作业实际要求选用不同的安全带。

（1）安全带使用注意事项

① 在使用安全带时，应检查安全带的部件是否完整，有无损伤，金属配件的各种环不得是焊接件且应边缘光滑；产品上应有"安鉴证"。

② 使用围杆安全带时，围杆绳上应有保护套，不允许在地面上随意拖着绳走，以免损伤绳套，影响主绳。

③ 悬挂安全带不得低挂高用，因为低挂高用会使主绳在坠落时受到的冲击力大，对人体伤害也大。

④ 安全带使用 2 年后，应做一次抽检。

⑤ 安全带的使用期限为 3～5 年，发现异常应提前报废。

（2）全身式安全带

全身式安全带是作业人员所穿戴的个人防护用具。在发生坠落时，可以分解作用力拉住作业人员，减轻作业人员的伤害，且不会从安全带中滑脱。如图 5-3 所示。

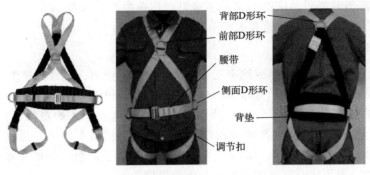

图 5-3　全身式安全带

全身式安全带佩戴方法如下：

① 握住安全带的前部 D 形环，抖动安全带，使所有的编织带回到原位。如果胸带、腿带和腰带被扣住时，则松开编织带并解开带扣。

② 把肩带套到肩膀上，让 D 形环处于后背两肩中间的位置。

③ 扣好胸带，并将其固定在胸部中间位置。

④ 从两腿之间拉出腿带，扣好带扣。按同样的方法扣好第二根腿带。

⑤ 扣好腰带，拉紧肩带。

⑥ 全部组件都扣好后，仔细检查所有卡扣是否完全连接，并调整至舒适。

二、煤化工常见坠落事故及预防

1. 煤塔坠落及窒息事故预防

配煤槽是用来储存配煤所需的各单种煤的容器，其位置一般设在煤的配合设备之上。为防止坠落事故发生，煤槽上部的人孔应设金属盖板或围栏。为防止大块煤落入煤槽，煤流入口应设算子，受煤槽的算格不得大于 0.2m×0.3m，翻车机下煤槽算格不得大于 0.4m×0.8m，粉碎机后各煤槽算缝不得大于 0.2m。煤槽的斗嘴应为双曲线形，煤槽应设振煤装置，以加快漏煤。塔顶层除胶带通廊外，还应另设一个出口。

煤槽、煤塔要定期清扫，当溜槽堵塞、挂煤、棚料或改变煤种时也需清扫。由于煤槽、煤塔深度较深，清扫时不仅有坠落陷没的危险，还有可能挂煤坍塌被埋没，发生窒息死亡事故，所以对清扫煤塔工作的安全应十分重视，清扫煤槽、煤塔工作必须有组织有领导地进行。首先要履行危险工作申请手续，采取可靠的安全措施，经领导批准，在安全员的监督下进行。

在清扫过程中还必须遵守下列安全事项：

① 清扫工作应在白天进行，病弱者不准参加作业。

② 清扫中的煤塔、煤槽必须停止送煤，并切断电源。

③ 设专人在塔上下与煤车联系，漏煤的排眼不准清扫，清扫的排眼不准漏煤。

④ 下塔槽作业的人员必须穿戴好防护用具。

⑤ 下煤槽、煤塔者，必须戴好安全带，安全带要有专人管理，活动范围不可超过1.5m，以防煤层陷塌时被埋。

⑥ 上下煤塔时，禁止随手携带工具材料，必须由绳索传递。

⑦ 清扫作业必须从上而下进行，不准由下而上挖掏，以免挂煤坍落被埋入。

⑧ 清扫所需临时照明，应用 12V 的安全灯，作业中严禁烟火。

⑨ 清扫中应遵守高空作业的有关安全规定。

2. 焦炉坠落事故预防

焦炉系多层布局，基本上形成地下室、走廊、平台、炉顶、走台五层作业，焦炉四大车体也是由多层结构组成，故楼梯分布多、高层作业多。焦炉炉体作业各部位至炉底均有一定高度，炉顶至炉底，小焦炉有 5～6m，大焦炉近 10m，大容积焦炉更高，机焦两侧平台离地面至少 2m，均符合国家高处作业的规定。由于机侧有推焦车作业，焦侧有拦焦车运行，所以两侧不可能设防护栏杆，而两侧平台场地狭窄，炉顶、炉台、炉底又是多层交叉作业，加上烟尘蒸气大，稍不留心就可能引起坠落伤亡事故。

焦炉坠落事故可分为人从高处坠落、煤车从炉顶坠落和物体坠落打击伤害等三种情况。装煤车坠落事故，轻者为轻、重伤，重者可死亡，而且常常造成设备严重损坏，影响生产。人员在装煤车、平台上坠落以及落物砸伤人员甚至致人死亡的事故也屡见不鲜。造成坠落事故的原因主要是违章，其次是设备、设施有缺陷，还有安全措施不力或人员思想麻痹。

焦炉坠落防范措施如下：

（1）防范装煤车坠落的措施

① 在炉端台与炉体的磨电轨道设分断开关隔开，平时炉端台磨电轨道不送电，煤车行至炉端台时，因无电源，而自动停车，从而避免坠落事故；也便于煤车在炉端台停电检修，分断开关送电后，仍可返回炉顶。

② 设置行程限位装置。

③ 煤车抱刹制动装置要保持有效好使，无抱刹装置的煤车要调节好行走电机的电磁抱闸，保证停电后能及时停车。

④ 安全挡一定要牢固可靠。

⑤ 提高煤车司机的素质。煤车必须由经培训合格的司机驾驶，非司机严禁操作；严格执行操作规程，不准超速行驶；司机离开煤车必须切断电源。

（2）防止人、物坠落伤害事故的措施

① 焦炉炉顶表面应平整，纵拉条不得突出表面。

② 设置防护栏。单斗余煤提升机正面（面对单斗）的栏杆，不得低于 1.8m，栅距不得大于 0.2m；粉焦沉淀池周围应设防护栏杆，水沟应有盖板；敞开式的胶带通廊两侧应设防止焦炭掉落的围挡。

③ 凡机焦两侧作业人员必须戴好安全帽，防止坠落物砸伤。

④ 禁止从炉顶、炉台往炉底抛扔东西。如有必要时，炉底应设专人监护，在扔物范围内禁止任何人停留或通行。

⑤ 焦炉机侧、焦侧的消烟梯子或平台小车（带栏杆）应有安全钩。

⑥ 在机焦两侧进行扒焦、修炉等作业时，要采取适当安全措施，预防物体坠落。如焦炉机侧、焦侧操作平台不得有凹坑或凸台，在不妨碍车辆作业的条件下，机侧操作平台应设一定高度的挡脚板。

⑦ 由于焦炉平台特别是焦侧平台，距熄焦塔和焦坑较近，特别在冬季熄焦、放焦时，蒸汽弥漫影响视线，给操作和行走带来不便，易于发生坠落，应特别注意防范。

⑧ 为防止炉门坠落，要加强炉门、炉门框焦油石墨的清扫，使炉门横铁下落到位；上好炉门、拧紧横铁螺丝后，必须上好安全插销，以防横铁移位脱钩而引起坠落。

⑨ 上升管、桥管、集气管和吸气管上的清扫孔盖和活动盖板等，均应用小链与其相邻构件固定。

⑩ 清扫上升管、桥管宜机械化，清扫集气管内的焦油渣宜自动化。

3. 焦炉砌筑安全

① 所有参加施工的人员均须进行必要的安全教育。

② 禁止非工作人员在砌体上任意走动，操作人员进行操作时，不得蹬踩放置不稳的砖及已砌的悬空砖，以防摔伤。在砌体砌高以后，要注意杂物掩盖的地点，以防踩空而失足。

③ 人工加工耐火砖应戴手套、防护镜，不要两人面对面加工砖，使用的手锤及工具要经常检查，以防脱落伤人。

④ 走跳板时要小心，尤其在有坡度的地方，必须注意不要滑下摔伤。

⑤ 行走时应走在轨道外侧，注意推砖小车。

⑥ 不要在较高的砖垛下休息和通行，如因工作需要，在较高的砖垛下进行工作时，应注意检查，防止砖垛倒塌。

⑦ 在砌体下面作业与通行时，应事先与上面的工作人员联系好，并戴上安全帽。

⑧ 禁止坐在卷扬塔的铁架上，或向塔内伸头，在钢绳拉动时不要跨过。

⑨ 倾倒灰浆时应注意防止飞溅人眼。

⑩ 使用磨砖机、切砖机时应注意：开车前要检查各部件及砂轮片是否坚固良好，电气绝缘是否良好，并应试行运转；操作人员应站在砂轮运转方向的侧面，同时要防止手被砂轮碰伤。

⑪ 在安装与砌砖同时逆行时，应注意下列事项：不准抓起重机等的链条和松悬着的绳套为依靠，以防坠落；不准在起重机作业区内行走；禁止在高空构件安装作业区和高空焊接、切割金属作业区的下面行走或并行作业，必要时应与上面的工作人员联系好，并设有可靠的安全设施方能进行工作。

⑫ 工地所有电气设备应由电工负责维护，其他人不得乱动。

⑬ 在工作和行走时，应注意防止触及破露电线，更不准用金属和潮湿的物体去触击电灯和动力电线。禁止脚踏电焊箱的地线。

⑭ 筑炉工程的照明，必须使用 12V 的安全灯，灯头要有金属结构的防护罩。用安全灯检查隐蔽工程时，应事先进行电线的检查。

⑮ 夜晚工作时，操作人员如在较黑暗的地区工作，应通知周围人员并报告负责人员。

📖 事故案例及分析

【皮带运输机伤害事故案例 1】 皮带运转时清扫的伤害事故

2001 年 6 月 14 日 15 时，山西某焦化厂备煤车间 3 号皮带输送机岗位操作工郝某从操作室进入 3 号皮带输送机进行交接班前检查清理，约 15 时 10 分，捅煤工刘某发现 3 号皮带断煤，于是到受煤斗处检查，捅煤后发现皮带机皮带跑偏，就地调整无效，即向 3 号皮带机尾轮部位走去，离机约 5～6m 处时，看到有折断的铁锹把在尾轮北侧，未见郝某本人，意识到情况严重，随即将皮带机停下，并报告有关人员。有关人员到现场后，发现郝某面朝下卧在 3 号皮带机尾轮下，头部伤势严重，立即将其送往医院，经抢救无效死亡。

事故原因：

① 操作工郝某在未停车的情况下处理机尾轮沾煤，违反了该厂"运行中的机器设备不许擦拭、检修或进行故障处理"的规定，是导致本起事故的直接原因；

② 皮带机没有紧急停车装置，在机尾没有防护栏杆，是造成这起事故的重要原因；

③ 该厂安全管理不到位，对职工安全教育不够，安全防护设施不完善，是造成这起事故的原因之一。

【皮带运输机伤害事故案例 2】未停机进行异物清理造成伤害事故

某焦化厂一名操作工在处理皮带输送机跑偏时，不停车的情况下用扳手撬皮带轮上的异物，由于扳手打滑，手臂被皮带机卷入，颈部受到挤压，当场死亡。

事故原因：操作工安全意识差，违反操作规程。

【熄焦车伤害事故案例】熄焦车违规操作造成伤害事故

2009 年 8 月 9 日 13 时，某公司焦化厂三炼焦甲班出完本班最后一孔焦后，按照计划进入检修时间。当班作业长王某安排熄焦车驾驶员吕某到 3# 焦炉检测熄焦车滑线，并嘱咐检验标准及注意事项。同一时间，甲班焦线生产组长张某安排刮板机岗位工张某某等三名员工到地面站检查除尘布袋的使用情况；当时员工张某某说 2# 刮板压辊有损坏，需要找钳工处理，组长张某同意，并嘱咐做好配合与监护（事后调查检修中心，检修中心未接到此项检修要求）。13 时 20 分，当熄焦车检测完滑线后由东向西行进，行至炉间台时，吕某听到有人喊停车，立即刹车，下车检查情况，发现刮板机岗位工张某某头部向西，顺卧在熄焦轨道中间，右腿出血。吕某随后用对讲机汇报当班作业长王某，王某初步判断为右腿骨折，马上拨打 120 急救中心电话，同时将现场情况汇报有关领导及焦化厂调度室，并调用车辆，将伤者送至人民医院救治。

事故原因：

① 张某某安全意识不强，违反操作规程，擅自进入熄焦车轨道；

② 熄焦车瞭望视野不好，熄焦车由东向西行驶时，车厢完全挡住熄焦车司机的视线；

③ 焦化厂各级管理人员对员工管理不严格，员工劳动组织纪律性涣散；

④ 作业长和班、组长对设备状况底数不清，检修工作安排不详细。

【机械伤害事故案例】

2019 年 4 月 12 日 23 时 25 分，本钢板材股份有限公司焦化厂焦二作业区发生一起机械伤害事故，事故造成一名操作工死亡，直接经济损失 135 万元，损失工作日 6000 天。

事故原因：

① 直接原因：这名操作工对厂内移动设备区域的观察不到位，在走台上行走时不慎被刮板机刮倒而遭受推焦车的碾压，在钝性外力作用下造成胸腹腔内脏器破裂，失血死亡。

② 间接原因：本钢焦化厂对职工的安全教育效果不明显，职工安全意识和自我防护意识不强，检查督促不够；交接班制度不严格；员工对作业区存在死角和盲区。

【粉碎机伤害事故案例】

某研究所王某、李某用小型对辊式破碎机破碎试验用煤，因煤块较大，下料不畅，二人决定停车清理。王某去断电，李某则开上盖用手拨对辊上的煤块，由于对辊在运行中存在惯性，李某的手连同手套被卷入辊间，以致李某的中指、无名指截肢。

事故的主要原因：违章操作，机械设备没有完全停下来时进行操作；员工安全意识淡薄。

【焦炉机械伤害事故案例1】

2008年10月某焦化厂发生一起机械伤害事故，装煤车在炉顶装煤时螺旋给料机发生堵塞，岗位工在套筒下往上观察堵塞情况，司机在未确认的情况下将装煤套筒落下，导致岗位工被砸死。

事故原因：

① 在处理故障时未制订临时安全措施，未采取可靠的防护，是此次事故的主要原因。

② 司机在未进行联系确认的情况下将套筒落下，是这起事故的直接原因。

【焦炉机械伤害事故案例2】

上海誉民实业有限公司（以下简称"誉民公司"）在张家港宏昌钢板有限公司（以下简称"宏昌公司"）焦化厂的炼焦二车间进行维保作业时，发生一起机械伤害事故，造成一人死亡。

事故原因：

① 直接原因：钳工顾某在查看发生异响的环梁导向轮及导向轮加油孔时，冒险将头探入环梁导向轮轨道之间，导向轮向下移动时将其安全帽及头部挤压在导向轮与钢结构之间，导致事故发生。

② 间接原因：誉民公司教育和督促从业人员严格执行本单位的安全操作规程不到位；未向从业人员如实告知作业场所和工作岗位存在的危险因素、防范措施。

【焦炉机械伤害事故案例3】

某焦化厂民工李某在椅子上睡觉，车间副主任祖某发现后将李某叫醒并提醒其班中不能睡觉。不久，李某在269号炉机侧一方轨道上坐睡。煤车司机陈某开车去2号炉装煤，车到煤地磅处时，陈某将行走开关打到零位滑行，李某被煤车撞倒，抢救无效而死亡。

事故原因：李某违章坐在装煤车轨道上睡觉；2号煤车东南角走行轮防护装置有缺陷；煤车司机没有在行驶方向驾驶车辆；安全知识掌握不够扎实，隐患处理不够及时。

【焦炉机械伤害事故案例4】

某焦化分厂推焦车司机周某去摘门机处清扫，没有告知正在操作的副司机。推焦车对门时摘门机将周某撞倒，又在摘门机前移摘门时将其挤伤，最终导致周某抢救无效死亡。

事故原因：违反该厂推焦车安全规程第五条"机械在运转时禁止清扫、加油和擦拭"的规定，属本人违章作业。

【焦炉机械伤害事故案例5】

4月8日2时25分，某焦化厂熄焦车接完1号炉43号焦后，开到了2号炉53号焦的接焦位置上。吹哨工刘某到2号炉顶组织推焦，当时只看到推焦车、熄焦车在出焦的位置上，而实际上拦焦车移门机正对准53号焦摘门，而导焦栅离53号焦还很远。刘某未认真查看，把熄焦车催拦焦车快点摘门的信号误认为是接焦信号，便到机侧指挥推焦。推焦司机肖某接到信号后准备推焦，但推焦杆无电不能运行（为防事故装置联锁，推焦杆直接由熄焦车控制），需要打信号让熄焦车送电。因那边未做接焦准备就没有送电，此时，肖某就自行解除联锁，将推焦杆贴近焦饼等电。见熄焦车仍未送电，又第二次解除连锁，强行推焦，直到推焦杆推不动为止，导致拦焦车被推翻的重大设备事故。

事故原因：吹哨工没有按操作规程查看、确认推焦准备情况；吹哨工离开岗位，未按规程到焦侧观察推焦情况；推焦车司机违章，解除联锁，强行推焦；推焦时不观察电流情况。

【坠落伤害事故案例1】

2013年1月28日早晨，某炼焦厂炼焦二车间热工段的副段长黄某安排炉门修理组长李某焊接8#炉地下室压缩风管道，炉门热修工高某负责监护。9时左右，李某和高某开始焊接作业，但作业前未办理高空、动火作业票。两人首先将8#炉地下室煤气预热器东侧压缩风管道的弯头焊接完毕，然后开始准备焊接西侧压缩风管道弯头，由于弯头距离地面4m，不能直接进行焊接作业，于是两人找来电工升降梯，将梯子南北方向靠在煤气预热器管道上，高某扶梯子，李某向上攀爬，在攀爬过程中梯子向北侧滑，李某失去重心向南面摔落，头部着地、两脚朝上，造成鼻腔、口腔出血。经医院诊断李某胸椎4处骨折。

事故原因：作业人员未按要求办理相关作业票，工作安排不到位；作业人员作业前对作业现场安全措施落实不到位。

【坠落伤害事故案例2】

2016年5月16日9时55分，鞍钢劳服修建结构安装工程公司的作业人员在鞍钢集团朝阳钢铁有限公司焦化厂炼焦工区对出焦除尘管道进行检修作业时，发生高处坠落事故，造成1人死亡，直接经济损失约为80万元。

事故原因：

① 直接原因：鞍钢劳服修建结构安装工程公司焦化除尘班组钳工于某，违反该岗位的安全技术操作规程，用脚踹卡住的转换阀，转换阀在外力和自身重力的作用下迅速复位，将于某带出，发生高处坠落。

② 间接原因：鞍钢劳服修建结构安装工程公司安全管理不到位，作业人员在作业过程中存在违章作业行为；现场带班人员发现违章作业行为后，未能有效制止。

【坠落伤害事故案例3】

某焦化厂煤车司机连某，在煤车从2号炉返回煤塔途中，跨坐在车上西南角栏杆拐角处，当车行至煤塔下时被绑在塔柱上的架杆当胸栏下煤车，坠落在炉顶上，造成头部内伤，住院休息一年后痊愈。

事故原因：司机违反安全规定中不许在栏杆上跨坐的条例；安全意识淡薄，精力不集中。

【坠落伤害事故案例4】

2015年3月26日1时许，宣化钢铁集团有限责任公司焦化厂配煤车间M5皮带发生火灾事故，一名女工在逃生过程中坠亡，直接经济损失约110万元。

事故原因：

① 直接原因：M5皮带下方、坠砣上方北2m处煤粉堆积，皮带运转过程中与堆积的煤粉摩擦发热引燃M5皮带，转运站配煤工吴某接到电话后，发现大火已将岗位操作室门封死，无法从楼梯逃生，试图从窗口外下约3m处的框架过梁，不慎从约22m的高空坠落，是其死亡的直接原因。

② 间接原因：岗位工违反劳动纪律，没有按照安全管理制度及操作规程要求定时对皮带机进行巡查；应急救援不及时；安全管理不到位；火灾应急演练针对性不强；劳动组织不合理。

【坠落伤害事故案例5】

某焦化厂焦车司机杜某，在消火过程中违章从拦焦车直接到炉顶开关上升管盖，又从炉顶跨到拦焦车上，由于脚未站稳，手又扶在拦焦车明电支架被火烤着的木板上，杜某连同木板一起从拦焦车顶部经熄焦车雨搭坠落到熄焦车轨道上，经抢救无效死亡。

事故原因：司机违章作业，安全意识淡薄。

课后习题

一、选择题

1. 常见的人的不安全行为有（　　）。

A. 违反安全规程　　　　　　　　　　B. 工作时注意力不集中

C. 过疲劳工作　　　　　　　　　　　D. 安全防护用品使用不当

2. 运转机械伤害有（　　）。

A. 碰撞伤害　　　　　　　　　　　　B. 夹挤和卷入伤害

C. 切割和戳扎伤害　　　　　　　　　D. 缠绕伤害

E. 抛射和喷射伤害

3. 运转机械不安全原因有（　　）。

A. 机械设计不合理　　　　　　　　　B. 安装调试过程不规范

C. 使用、维修过程违规操作

4. 高处作业是指坠落高度在（　　）以上的高处作业。

A. 2m　　　　　　　B. 3m　　　　　　　C. 1.5m　　　　　　D. 2.5m

5. 凡经医生诊断患有（　　）人员，不得从事高处作业。

A. 高血压　　　　　　B. 心脏病　　　　　　C. 癫痫　　　　　　D. 肝炎

6. 以下关于悬挂安全带的注意事项，哪些是对的？（　　）

A. 安全带必须挂在施工作业处下方的牢固构件上

B. 不得系挂在有尖锐棱角的部位

C. 安全带系挂点下方应有足够的净空

D. 不能低于肩部水平

7. 以下哪些作业为特殊的高处作业？（　　）

A. 在作业基准面 20m 处进行的高处作业　　B. 雨雪天气进行的高处作业

C. 在受限空间内进行的高处作业　　　　　　D. 异常温度设备设施附近的高处作业

8. 防护栏杆上杆离地面高度为（　　）。

A. 0.5m　　　　　　B. 1.2m　　　　　　C. 3m

二、填空题

1. 机械设备防护四必四有：_____、_____、_____、_____。

2. 高处作业分为几级：_____、_____、_____、_____。

三、简答题

1. 皮带输送机操作的注意事项有哪些？

2. 炼焦车间的危险源有哪些？易发的事故有哪五类？

3. 焦炉机械伤害事故有哪些？说明其主要原因。

4. 如何防范煤塔坠落事故？

5. 全身式安全带穿戴的步骤是什么？

6. 查找备煤机械伤害方面的事故案例，分析事故原因，并指出应吸取的教训。

第六章

化工装置安全检修

 本章学习目标

1. 知识目标
（1）了解化工装置检修的特点；
（2）熟悉化工装置检修准备工作的基本要求；
（3）掌握化工装置停车的安全处理方法；
（4）熟悉化工装置检修的安全管理要求及技术措施；
（5）掌握化工装置检修后安全开车的基本知识。

2. 能力目标
（1）熟练掌握化工装置检修的分类及特点；
（2）能够做好化工装置检修前的准备工作；
（3）熟练掌握化工装置停车操作注意事项；
（4）掌握化工装置安全检修的相关规定；
（5）能够做好化工装置检修后的安全开车；
（6）初步具备实现化工装置检修期间安全的基本能力；
（7）具备化工生产的安全、环保、节能及劳动卫生防护职业素养。

化工装置在长周期运行中，可能会受到外部负荷、内部应力和相互磨损、腐蚀、疲劳以及自然侵蚀等因素的影响，使个别部件或整体改变原有尺寸、形状，机械性能下降、强度降低，造成隐患和缺陷，威胁安全生产。所以，为了实现安全生产，提高设备效率，降低能耗，保证产品质量，要对装置、设备定期进行计划检修，及时消除缺陷和隐患，使化工生产装置能够"安、稳、长、满、优"地运行。

第一节　概述

一、化工装置检修的分类与特点

1. 化工装置检修的分类

化工装置和设备检修可分为计划检修和非计划检修。

计划检修是指企业根据设备管理、使用的经验以及设备状况，制订设备检修计划，对设备进行有组织、有准备、有安排的检修。计划检修又可分为大修、中修、小修。由于化工装置为设备、机器、公用工程的综合体，化工装置检修比单台设备（或机器）检修要复杂得多。

非计划检修是指因突发性的故障或事故而造成设备或装置临时性停车进行的抢修。非计划检修事先无法预料，无法安排计划，而且要求检修时间短，质量高，检修的环境及工况复杂，故难度较大。

2. 化工装置检修的特点

化工生产装置检修与其他行业的检修相比，具有复杂、危险性大的特点。

由于化工生产装置中使用的设备如炉、塔、釜、器、机、泵及罐槽、池等大多是非定型设备，种类繁多，规格不一，要求从事检修作业的人员具有丰富的知识和技术，熟悉不同设备的结构、性能和特点。装置检修因检修内容多、工期紧、工种多，上下作业、设备内外同时并进，多数设备处于露天或半露天布置，所以其检修作业易受到环境和气候等条件的制约，加之外来工、农民工等临时人员进入检修现场机会多，对作业现场环境又不熟悉，从而决定了化工装置检修的复杂性。

化工生产的危险性大，决定了生产装置检修的危险性亦大。加之化工生产装置和设备复杂，设备和管道中常常残留有易燃、易爆、有毒物质，尽管在检修前做过充分的吹扫置换，但是有些物质仍有可能存在。检修作业又离不开动火、动土、受定空间等作业，客观上具备了发生火灾、爆炸、中毒、化学灼伤、高处坠落、物体打击等事故的条件。实践证明，生产装置在停车、检修施工、复工过程中最容易发生事故。据统计，在中石化总公司发生的重大事故中，装置检修过程发生的事故占事故总起数的42.63%。由于化工装置检修作业杂、安全教育难度较大，很难保证进入检修作业现场的人员都具备比较高的安全知识和技能水平，也很难使安全技术措施自觉到位，因此化工装置检修具有危险性大的特点，同时也决定了化工装置检修的安全工作的重要地位。化工装置检修应遵守的现行法规为《危险化学品企业特殊作业安全规范》（GB 30871—2022）。

二、化工装置停车检修前的准备工作

化工装置停车检修前的准备工作是保证装置停好、修好、开好的主要前提条件，必须做到集中领导、统筹规划、统一安排，并做好"四定"（定项目、定质量、定进度、定人员）和"八落实"（组织、思想、任务、物资、劳动力、工器具、施工方案、安全措施八个方面工作的落实）工作，其中物资包括材料与备品备件。除此以外，准备工作还应做到以下几点。

1. 设置检修指挥部

为了加强停车检修工作的集中领导和统一计划、统一指挥，应设置一个信息畅通、决策迅速的指挥中心，以确保停车检修的安全顺利进行。检修前要成立以厂长（经理）为总指挥，主管设备、生产技术、人事保卫、物资供应及后勤服务等的副厂长（副经理）为副总指挥，机动、生产、劳资、供应、安全、环保、后勤等部门参加的指挥部。检修指挥部下设施工检修组、质量验收组、停开车组、物资供应组、安全保卫组、政工宣传组、后勤服务组。针对装置检修项目及特点，明确分工，分片包干，各司其职，各负其责。

2. 制订安全检修方案

装置停车检修必须制订停车、检修、开车方案及其安全措施。安全检修方案由检修单位的机械员或施工技术员负责编制。

安全检修方案应按设备检修任务书中的规定格式认真填写齐全，其主要内容应包括：检修时间、设备名称、检修内容、质量标准、工作程序、施工方法、起重方案、采取的安全技术措施，并明确施工负责人、检修项目安全员、安全措施的落实人等。方案中还应包括设备的置换、吹洗、盲板流程示意图。尤其要确定合理的工期，以确保检修质量。

方案编制后，编制人经检查确认无误并签字，经检修单位的设备主任审查并签字，然后送往机动、生产、调度、消防队和安技部门，逐级审批，经补充修改使方案进一步完善。重大项目或危险性较大项目的检修方案、安全措施，由主管厂长或总工程师批准，书面公布，严格执行。

3. 制订检修安全措施

除了已制订的动火、动土、罐内空间作业、登高、电气、起重等安全措施外，应针对检修作业的内容、范围，制订相应的安全措施；安全部门还应制订教育、检查、奖罚的管理方案。

4. 进行技术交底，做好安全教育

检修前，安全检修方案的编制人负责向参加检修的全体人员进行检修方案技术交底，使其明确检修内容、步骤、方法、质量标准、人员分工、注意事项、存在的危险因素和由此而采取的安全技术措施等，从而明确分工、责任到人。同时还要组织检修人员到检修现场，了解和熟悉现场环境，进一步核实安全措施的可靠性。技术交底工作结束后，由检修单位的安全负责人或安全员，根据本次检修的难易程度、存在的危险因素、可能出现的问题和工作容易疏忽的地方，结合典型事故案例，对全体人员进行系统全面的安全技术和安全思想教育，以提高执行各种规章制度的自觉性和落实对安全技术措施重要性的认识，从思想上、劳动组织上、规章制度上、安全技术措施上进一步落实，从而为安全检修创造必要的条件。对参与关键部位或有特殊技术要求的项目检修人员，还要进行专门的安全技术教育和考核，身体检查合格后方可参加装置检修工作。

检修前，还应对参加作业的人员进行安全教育，主要内容如下：

① 相关的安全规章制度；

② 作业现场和作业过程中可能存在的危险、有害因素及应采取的具体安全措施；

③ 作业过程中所使用的个体防护器具的使用方法及注意事项；

④ 事故的预防、避险、逃生、自救、互救等知识和技能；

⑤ 相关事故案例和经验教训。

5. 全面检查，消除隐患

装置停车检修前，应由检修指挥部统一组织，分组对停车前的准备工作进行一次全面细致的检查。

检修工作前，使用的各种工具、器具、设备，特别是起重工具、脚手架、登高用具、通风设备、照明设备、气体防护器具和消防器材，要有专人进行准备和检查。检查人员要将检查结果认真登记，并签字存档。同时，要落实好（可能存在的）以下几项工作：

① 有腐蚀性介质的作业场所应配备应急冲洗设备及水源；

② 对放射源采取相应的安全处置措施；

③ 作业现场消防通道、行车通道应保持畅通；影响作业安全的杂物应清理干净；

④ 作业现场的梯子、栏杆、平台、篦子板、盖板等设施应完整、牢固，采用的临时设施应确保安全。

第二节　化工装置停车的安全处理

一、停车操作注意事项

停车方案一经确定，应严格按照停车方案确定的时间、停车步骤、工艺变化幅度，以及确认的停车操作顺序图表，有秩序地进行。停车操作应注意下列问题。

① 降温降压的速度应严格按工艺规定进行。高温部位要防止设备因温度变化梯度过大而产生泄漏。化工装置中介质多为易燃、易爆、有毒、腐蚀性物质，这些介质漏出可能会造成火灾爆炸、中毒窒息、腐蚀、灼伤事故。

② 停车阶段执行的各种操作应准确无误，关键操作采取监护制度。必要时，应重复指令内容，克服麻痹思想。执行每一种操作时都要注意观察是否符合操作意图。例如：开关阀门动作要缓慢等。

③ 装置停车时，所有的设备、管线中物料要处理干净，各种油品、液化石油气、有毒和腐蚀性介质严禁就地排放，以免污染环境或发生事故。可燃、有毒物料应排至火炬烧掉，排放残留物料时应采取相应的安全措施。停车操作期间，装置周围应杜绝一切火源。

另外，对于主要设备停车操作，应注意以下几点：

① 制订主要设备停车和物料处理方案，并经车间领导批准认可。停车操作前，要向操作人员进行技术交底，告知注意事项和应采取的防范措施。

② 停车操作时，车间技术负责人要在现场监视指挥，有条不紊，忙而不乱，严防误操作。

③ 停车过程中，对发生的异常情况和处理方法，要随时做好记录。

④ 对关键性操作，要采取监护制度。

二、吹扫与置换

化工设备、管线的抽净、吹扫、排空作业的好坏，是关系到检修工作能否顺利进行和人身、设备安全的重要条件之一。当吹扫仍不能彻底清除物料时，则需进行蒸汽吹扫或用氮气等惰性气体置换。

1. 吹扫作业注意事项

① 吹扫时要注意选择吹扫介质。炼油装置的瓦斯线、高温管线以及闪点低于130℃的油管线和装置内物料爆炸下限低的设备、管线，不得用压缩空气吹扫。因为空气容易与这类物料混合形成爆炸性混合物，并达到爆炸浓度，吹扫过程中易产生静电火花或其他明火，发生着火爆炸事故。

② 吹扫时阀门开度应小。稍停片刻，使吹扫介质少量通过，注意观察畅通情况。采用蒸汽作为吹扫介质时，有时需用胶皮软管；胶皮软管要绑牢，同时检查胶皮软管承受压力情况，禁止这类临时性吹扫作业使用的胶管用于中压蒸汽。

③ 设有流量计的管线，为防止吹扫蒸汽流速过大及管内带有铁渣、铁锈、铁垢，损坏计量仪表内部构件，一般经由副线吹扫。

④ 机泵出口管线上的压力表阀门要全部关闭，防止吹扫时发生水击把压力表震坏。压缩机系统倒空置换原则是以低压到中压再到高压的次序进行，先倒净一段，如未达到目的而压力不足时，可由二、三段补压倒空，然后依次倒空，最后将高压气体排入火炬。

⑤ 管壳式换热器、冷凝器在用蒸汽吹扫时，必须分段处理，并要放空泄压，防止液体汽化，造成设备超压损坏。

⑥ 吹扫时，要按系统逐次进行，再把所有管线（包括支路）都吹扫到，不能留有死角。吹扫完应先关闭吹扫管线阀门，后停气，防止被吹扫介质倒流。

⑦ 精馏塔系统倒空吹扫，应先从塔顶回流罐、回流泵倒液，关阀，然后倒塔釜、再沸器、中间再沸器的液体，保持塔压一段时间，待盘板积存的液体全部流净后，由塔釜再次倒空放压。塔、容器及冷换设备吹扫之后，还要通过蒸汽在最低点排空，直到蒸汽中不带油为止，最后停汽，打开低点放空阀排空，要保证设备打开后无油、无瓦斯，确保检修动火安全。

⑧ 对于低温生产装置，考虑到复工开车系统内对露点指标控制很严格，所以不应采用蒸汽吹扫，而要用氮气分片集中吹扫，最好用干燥后的氮气进行吹扫置换。

⑨ 采用本装置自产蒸汽吹扫时，应首先检查蒸汽中是否带油。因为装置内油、汽、水等有互串的可能，一旦发现互串，蒸汽就不能用来灭火或吹扫。

一般说来，较大的设备和容器在物料退出后，都应进行蒸煮水洗，如炼化厂塔、容器、油品贮罐等。乙烯装置、分离热区脱丙烷塔、脱丁烷塔，由于物料中含有较高的双烯烃、快烃，塔釜、再沸器提馏段的物料极易聚合，并且有重烃类难挥发油，最好也采用蒸煮方法。蒸煮前必须采取防烫措施。处理时间视设备容积的大小，附着易燃、有毒介质残渣或油垢的多少，清除难易、通风换气快慢而定，通常为8～24h。

2. 特殊置换

① 存放酸碱介质的设备、管线，应先予以中和或加水冲洗。如硫酸贮罐（铁质）用水冲洗后，残留的浓硫酸会变成强腐蚀性的稀硫酸，与铁作用生成氢气与硫酸亚铁，氢气遇明火会发生着火爆炸。所以硫酸贮罐用水冲洗后，还应用氮气吹扫，氮气保留在设备内，对着火爆炸起抑制作用。如果进入作业，则必须再用空气置换。

② 丁二烯生产系统，停车后不宜用氮气吹扫，因为氮气中有氧的成分，容易生成丁二烯过氧化自聚物。丁二烯过氧化自聚物很不稳定，遇明火和氧、受热、受撞击可迅速自行分解爆炸。检修这类设备前，必须认真确认是否有丁二烯过氧化自聚物存在，要采取特殊措施

破坏丁二烯过氧化自聚物。目前多采用氢氧化钠水溶液处理法直接破坏丁二烯过氧化自聚物。

三、装置环境安全标准

通过各种处理工作，生产车间在设备交付检修前，必须对装置环境进行分析，达到下列标准：

① 在设备内检修、动火时，氧含量应为 19%～21%，燃烧爆炸物质浓度应低于安全值，有毒物质浓度应低于职业接触限值；

② 设备外壁检修、动火时，设备内部的可燃气体含量应低于安全值；

③ 检修场地水井、沟，应清理干净，加盖砂封，保证设备管道内无余压、无灼烫物、无沉淀物；

④ 设备、管道物料排空后，应加水冲洗后再用氮气、空气置换至设备内可燃物含量合格，氧含量应为 19%～21%。

四、盲板抽堵

盲板抽堵作业是指在设备、管道上安装和拆卸盲板的作业。

化工生产装置之间、装置与贮罐之间、厂际之间，有许多管线相互连通输送物料，因此生产装置的停车检修应在装置退料进行蒸、煮、水洗置换后，在检修的设备和运行系统管线相接的法兰接头之间插入盲板，以切断物料串进检修装置的可能。盲板抽堵作业应根据《危险化学品企业特殊作业安全规范》（GB 30871—2022）的规定进行。

盲板抽堵应注意以下几点：

① 盲板抽堵作业应由专人负责，根据工艺技术部门审查批复的工艺流程盲板图，进行盲板抽堵作业，统一编号，作好抽堵记录；

② 负责盲板抽堵的人员要相对稳定，一般情况下，盲板抽堵的工作由一人负责；

③ 盲板抽堵的作业人员要进行安全教育及防护训练，落实安全技术措施；

④ 登高作业要考虑防坠落、防中毒、防火、防滑等措施；

⑤ 拆除法兰螺栓时要逐步缓慢松开，防止管道内余压或残余物料喷出；发生意外事故时，堵盲板的位置应在来料阀的后部法兰处，盲板两侧均应加垫片，并用螺栓紧固，做到无泄漏；

⑥ 盲板应具有一定的强度，其材质、厚度要符合技术要求，原则上盲板厚度不得低于管壁厚度，且要留有把柄，并于明显处挂牌标记。

根据《危险化学品企业特殊作业安全规范》（GB 30871—2022）的要求，在盲板抽堵作业前，必须办理盲板抽堵安全作业票（证），没有此票（证）不能进行盲板抽堵作业。盲板抽堵安全作业票（证）的格式参考表 6-1。

表 6-1　盲板抽堵安全作业票（证）的格式　　　　编号：

申请单位			作业单位			作业类别	□堵盲板 □抽盲板
设备管道名称		管道参数		盲板参数		实际作业开始时间	
						月　日　时　分	
盲板位置图及编号：							
					编制人：　　　年　月　日		

续表

作业负责人		作业人		监护人	

涉及的其他特殊作业	
风险辨识结果	

序号	安全措施	是否涉及	确认人
1	在管道、设备上作业时,降低系统压力,作业点应为常压或微正压		
2	在有毒介质的管道、设备上作业时,作业人员应穿戴适合的个体防护装备		
3	火灾爆炸危险场所,作业人员穿防静电工作服、工作鞋;作业时使用防爆灯具和防爆工具		
4	火灾爆炸危险场所的气体管道,距作业地点30m内无其他动火作业		
5	在强腐蚀性介质的管道、设备上作业时,作业人员已采取防止酸碱化学灼伤的措施		
6	介质温度较高、可能造成烫伤的情况下,作业人员已采取防烫伤措施		
7	介质温度较低、可能造成人员冻伤情况下,作业人员已采取防冻伤措施		
8	同一管道上未同时进行两处及两处以上的盲板抽堵作业		
9	其他相关特殊作业已办理相应安全作业票,作业现场四周已设警戒区		
10	其他安全措施		

安全交底人		接受交底人		
监护人				

作业负责人意见:	签字:	年	月	日	时	分
所在单位意见:	签字:	年	月	日	时	分
完工验收:	签字:	年	月	日	时	分

第三节　化工装置的安全检修

一、检修许可制度

化工生产装置的停车检修,尽管经过全面吹扫、蒸煮水洗、置换、抽堵盲板等工作,但检修前仍需对装置系统内部进行取样分析、测爆,进一步核实空气中可燃或有毒物质是否符合安全标准,认真执行安全检修票证制度。

二、检修作业安全要求

作业前,作业单位应办理作业审批手续,并有相关责任人签字确认。

为保证安全检修工作顺利进行,应做好以下几个方面的工作:

① 参加检修的一切人员都应严格遵守检修指挥部颁布的《检修安全规定》。

② 开好检修班前会,向参加检修的人员进行"五交"工作,即交施工任务、交安全措施、交安全检修方法、交安全注意事项、交遵守有关安全规定,认真检查施工现场,落实安全技术措施。

③ 严禁使用汽油等易挥发性物质擦洗设备或零部件。

④ 进入检修现场人员必须按要求着装及正确佩戴相应的个体防护用品；特种作业和特种设备作业人员应持证上岗。

⑤ 认真检查各种检修工器具，发现缺陷，立即修理或更换；作业使用的个体防护器具、消防器材、通信设备、照明设备等应完好；作业使用的脚手架、起重机械、电气焊用具、手持电动工具等各种工器具应符合作业安全要求，超过安全电压的手持式、移动式电动工具应逐个配置漏电保护器和电源开关。

⑥ 消防井、栓周围 5m 以内禁止堆放废旧设备、管线、材料等物件，保持消防通道、行车通道畅通；影响作业安全的杂物应清理干净；作业现场可能危及安全的坑、井、沟、孔洞等应采取有效防护措施，并设警示标志，夜间应设警示红灯；需要检修的设备上的电器电源应可靠断电，在电源开关处加锁并挂安全警示牌。

⑦ 检修施工现场，不许存放可燃、易燃物品；检修现场的梯子、栏杆、平台、篦子板、盖板等设施应完整、牢固，采用的临时设施应确保安全。

⑧ 严格贯彻谁主管谁负责检修原则和安全监察制度。

⑨ 作业完毕，应恢复作业时拆移的盖板、篦子板、扶手、栏杆、防护罩等安全设施的使用功能；将作业用的工器具、脚手架、临时电源、临时照明设备等及时撤离作业现场；将废料、杂物、垃圾、油污等清理干净。

三、动火作业

动火作业是指除可直接或间接产生明火的工艺设备以外的禁火区内可能产生的火焰、火花或炽热表面的非常规作业，如使用电焊、气焊（割）、喷灯、砂轮等的作业。

依据《危险化学品企业特殊作业安全规范》（GB 30871—2022）的规定，固定动火区外动火作业一般分为二级动火、一级动火、特殊动火三个级别，遇节日、假日或其他特殊情况，动火作业应升级管理。特殊动火为最高级别。

特殊动火作业是指在生产运行状态下的易燃易爆生产装置、输送管道、贮罐、容器等部位上及其他特殊危险场所进行的动火作业，带压不置换动火作业按特殊动火作业管理。

一级动火作业是指在易燃易爆场所进行的除特殊动火作业以外的动火作业。厂区管廊上的动火作业按一级动火作业管理。

二级动火作业是指除特殊动火作业和一级动火作业以外的动火作业。凡生产装置或系统全部停车，装置经清洗、置换、分析合格并采取安全隔离措施后，可根据其火灾、爆炸危险性的大小，经所在单位安全管理部门批准后，动火作业可按二级动火作业管理。

在化工装置中，凡是动用明火或可能产生火种的作业都属于动火作业。例如：电焊、气焊、切割、熬沥青、烘砂、喷灯等明火作业；凿水泥基础、打墙眼、电气设备的耐压试验、电烙铁、锡焊等易产生火花或高温的作业。因此凡检修动火部位和地区，必须按《危险化学品企业特殊作业安全规范》（GB 30871—2022）的要求，采取措施，办理审批手续。

1. 动火作业安全要点

（1）审证

在禁火区内动火应经申请、审核和批准手续办理动火作业票，明确动火地点、时间、动火方案、安全措施、现场监护人等。审批动火应考虑两个问题：一是动火设备本身，二是动火的周围环境。要做到"三不动火"，即没有动火作业票不动火，防火措施不落实不动火，监护人不在现场不动火。

（2）联系

动火前要和生产车间、工段联系，明确动火的设备、位置。事先由专人负责做好动火设备的置换、清洗、吹扫、隔离等解除危险因素的工作，并落实其他安全措施。

（3）隔离

动火设备应与其他生产系统可靠隔离，防止运行中设备、管道内的物料泄漏到动火设备中；动火地区与其他区域之间应采取临时隔火墙等措施加以隔开，防止火星飞溅而引起事故。

（4）可燃物控制

动火前，将动火周围 10m 以内的一切可燃物，如溶剂、润滑油、未清洗的盛放过易燃液体的空桶、木筐等移到安全场所；动火期间，距动火点 30m 范围内不应排放可燃气体，距动火点 15m 内不应排放可燃液体，在动火点 10m 范围内及动火点下方不应同时进行可燃溶剂清洗或喷漆等作业。

（5）灭火措施

动火期间动火点附近的水源要保证充足，不能中断；动火场所应准备好足够数量的灭火器具；在危险性大的重要地段动火，消防车和消防人员要到现场，做好充分准备。

（6）检查与监护

上述工作准备就绪后，根据动火制度的规定，厂、车间或安全、保卫部门的负责人应到现场检查，对照动火方案中提出的安全措施检查是否落实，并再次确认和落实现场监护人和动火现场指挥，交代安全注意事项。

（7）动火分析及合格标准

动火分析不宜过早，一般不要早于动火前的 30min；如现场条件不允许，间隔时间可以适当放宽，但不应超过 60min。动火作业中断时间超过 60min，应重新做动火分析。每日动火前均应进行动火分析，特殊动火作业期间应随时进行检测。分析试样要保留到动火之后，分析数据应做记录，分析人员应在分析化验报告单上签字。动火分析合格标准为：

① 当被检测气体或蒸汽（气）的爆炸下限大于或等于 4% 时，其被测浓度应不大于 0.5%（体积分数）；

② 当被检测气体或蒸汽（气）的爆炸下限小于 4% 时，其被测浓度应不大于 0.2%（体积分数）。

（8）动火

动火应由经安全考核合格的人员担任，压力容器的焊补工作应由锅炉压力容器考试合格的工人担任。无合格证者不得独自从事焊接工作。动火作业出现异常时，监护人员或动火指挥应果断命令停止动火，待恢复正常、重新分析合格并经批准部门同意后，方可重新动火。高处动火作业应戴安全帽、系安全带，遵守高处作业的安全规定。使用气焊、气割动火作业时，乙炔瓶应直立放置，氧气瓶和移动式乙炔瓶发生器不得有泄漏，二者应距作业地点 10m 以上，且氧气瓶和乙炔发生器的间距不得小于 5m。有五级以上大风时不宜进行高处动火。电焊机应放在指定的地方，火线和接地线应完整无损、牢靠，禁止用铁棒等物代替接地线和固定接地点。电焊机的接地线应接在被焊设备上，接地点应靠近焊接处，不准采用远距离接地回路。

（9）善后处理

动火作业结束后应清理现场，熄灭余火，切断动火作业所用电源，确认无残留火种后方可离开。

2. 特殊动火作业安全要求

（1）油罐带油动火

油罐带油动火除了检修动火应做到的安全要点外，还应注意：在油面以上不准动火；补焊前应进行壁厚测定，根据测定的壁厚确定合适的焊接方法；动火前用铅或石棉等将裂缝塞严，外面用钢板补焊。罐内油面下动火补焊作业危险性很大，只在万不得已的情况下才采用，作业时要求稳、准、快，现场监护和补救措施比一般检修动火更应该加强。

（2）油管带油动火

油管带油动火处理的原则与油罐带油动火相同，只是在油管破裂，生产无法进行的情况下，抢修堵漏才用。

带油管路动火应注意：测定焊补处管壁厚度，决定焊接电流和焊接方案，防止烧穿；清理周围现场，移去一切可燃物；准备好消防器材，并利用难燃或不燃挡板严格控制火星飞溅方向；降低管内油压，但须保持管内油品的不停流动；要对泄漏处周围的空气进行分析，合乎动火安全要求才能进行；若是高压油管，要降压后再打卡子焊补；动火前与生产部门联系，在动火期间不得卸放易燃物资。

（3）带压不置换动火

带压不置换动火指可燃气体设备、管道在一定条件下未经置换直接动火补焊。带压不置换动火的危险性极大，一般情况下不主张采用。必须采用带压不置换动火时，应注意：整个动火作业必须保持稳定的正压；必须保证系统内的含氧量低于安全标准（除环氧乙烷外一般规定可燃气体中含氧量不得超过 1%）；焊前应测定壁厚，保证焊时不烧穿才能工作；动火焊补前应对泄漏处周围的空气进行分析，防止动火时发生爆炸和中毒；作业人员进入作业地点前要穿戴好防护用品，作业时作业人员应选择合适位置，防止火焰外喷烧伤。整个作业过程中，监护人、扑救人员、医务人员及现场指挥都不得离开，直至工作结束。

根据《危险化学品企业特殊作业安全规范》（GB 30871—2022）的要求，在动火作业前，必须办理动火安全作业票（证），没有此票（证）不准进行动火作业。动火安全作业票（证）的格式可参考表 6-2。

表 6-2 动火安全作业票（证）的格式　　　编号：

申请单位		申请人		作业申请时间		年　月　日　时　分	
作业内容				动火地点			
动火作业级别	特级□　　一级□　　二级□						
动火方式							
动火作业实施时间	自　年　月　日　时　分始至　　年　月　日　时　分止						
动火作业负责人				动火人			
动火分析时间	月　日　时　分		月　日　时　分			月　日　时　分	
分析点名称							
分析数据（%EL）							
分析人							
涉及的其他特殊作业				涉及的其他特殊作业安全作业票编号			
风险辨识结果							

续表

序号	安全措施	是否涉及	确认人
1	动火设备内部构件清理干净，蒸汽吹扫或水洗合格，达到动火条件		
2	断开与动火设备相连接的所有管线，加盲板（　　）块		
3	动火点周围的下水井、地漏、地沟、电缆沟等已清除易燃物，并已采取覆盖、铺沙、水封等手段进行隔离		
4	罐区内动火点同一围堰和防火间距内油罐不同时进行的脱水作业		
5	高处作业已采取防火花飞溅措施		
6	动火点周围易燃物已清除		
7	电焊回路线已接在焊件上，把线未穿过下水井或与其他设备搭接		
8	乙炔气瓶（直立放置并有防倾倒措施），氧气瓶与火源间的间距大于 10m		
9	现场配备消防蒸汽带（　　）根，灭火器（　　）台，铁锹（　　）把，石棉布（　　）块		
10	其他安全措施： 　　　　　　　　　　　　　　　　　编制人：		

安全交底人		接受交底人	
动火措施初审人		监护人	

作业单位负责人意见						
	签字：	年	月	日	时	分

动火点所在车间（分厂）负责人						
	签字：	年	月	日	时	分

安全管理部门意见						
	签字：	年	月	日	时	分

动火审批人意见						
	签字：	年	月	日	时	分

动火前，岗位顶班班长验票						
	签字：	年	月	日	时	分

完工验收						
	签字：	年	月	日	时	分

四、检修用电

　　检修使用的电气设施有两种：一是照明电源，二是检修施工机具电源（卷扬机、空压机、电焊机）。以上电气设施的接线工作须由电工操作，其他工种不得私自乱接。

　　电气设施要求线路绝缘良好，没有破皮漏电现象；线路敷设整齐不乱，埋地或架高敷设均不能影响施工作业、行人和车辆通过；线路不能与热源、火源接近。移动或局部式照明灯要有铁网罩保护。光线阴暗的地方、设备内以及夜间作业要有足够的照明；临时照明灯具悬吊时，不能使导线承受张力，必须用附属的吊具来悬吊；行灯应用导线预先接地。检修装置现场禁用闸刀开关板。正确选用熔断丝，不准超载使用。

　　电气设备，如电钻、电焊机等手拿电动机具，在正常情况下外壳没有电，当内部线圈年久失修、腐蚀或机械损伤，其绝缘遭到破坏时，它的金属外壳就会带电，如果人站在地上、设备上，手接触到带电的电气工具外壳或人体接触到带电导体上，人体与脚之间就会产生电位差，超过 40V 时就会发生触电事故。因此使用电气工具时，其外壳应可靠接地，并安装触电保护器，避免触电事故发生。国外某工厂人员检修一台直径 1m 的溶解锅，在锅内作业时使用 220V 电源、功率仅 0.37kW 的电动砂轮机打磨焊缝表面，因砂轮机绝缘层破损漏电，背脊碰到锅壁，触电死亡。

电气设备着火、漏电，应首先切断电源。不能用水灭电气火灾，宜用干粉机扑救；如触电，用木棍将电线挑开，当触电人停止呼吸时，进行人工呼吸，送医院急救。

电气设备检修时，应先切断电源，并挂上"有人工作，严禁合闸"的警告牌。停电作业应履行停、复用电手续。停用电源时，应在开关箱上加锁或取下熔断器。

在生产装置运行过程中，临时抢修用电时，应办理用电审批手续。电源开关要采用防爆型，电线绝缘要良好，宜空中架设，远离传动设备、热源、酸碱等。抢修现场使用的临时照明灯具宜为防爆型，严禁使用无防护罩的行灯，不得使用 220V 电源，手持电动工具应使用安全电压。

根据《危险化学品企业特殊作业安全规范》（GB 30871—2022）的规定，办理临时用电安全作业票（证），持证作业。

五、动土作业

化工厂区的地下生产设施复杂隐蔽，如地下敷设电缆，其中有动力电缆、信号电缆、通信电缆，另外还有敷设的生产管线。凡是影响到地下电缆、管道等设施安全的地上作业都包括在动土作业的范围内。如：挖土、打桩埋设接地极等入地超过一定深度的作业；用推土机、压路机等施工机械的作业。随意开挖厂区土方，有可能损坏电缆或管线，造成装置停工，甚至人员伤亡。因此，必须按《危险化学品企业特殊作业安全规范》（GB 30871—2022）的要求加强动土作业的安全管理。

1. 审证

根据企业地下设施的具体情况，划定各区域动土作业级别，按分级审批的规定办理审批手续。申请动土作业时，须写明作业的时间、地点、内容、范围、施工方法、挖土堆放场所和参加作业人员、安全负责人及安全措施。一般由基建、设备动力、仪表和工厂资料室的有关人员，根据地下设施布置总图对照申请书中的作业情况仔细核对，逐一提出意见，然后按动土作业规定交有关部门或厂领导批准，根据基建等部门的意见，提出补充安全要求。办妥上述手续的动土作业票方才有效。

2. 安全注意事项

为防止损坏地下设施和地面建筑，施工时必须小心。为防止坍塌，挖掘时应自上而下进行，禁止采用挖空底脚的方法挖掘，同时应根据挖掘深度装设支撑；在铁塔、电杆、地下埋设物及铁道附近挖土时，必须在周围加固后方可进行施工。为防止机器工具伤害，夜间作业必须有足够的照明。为防止坠落，挖掘的沟、坑、池等应在周围设置围栏和警告标志，夜间设红灯警示。

此外，在可能出现煤气等有毒有害气体的地点工作时，应预先告知工作人员，并做好防毒准备。在挖土作业时如突然发现有煤气等有毒气体泄漏或可疑现象，应立即停止工作，撤离全部工作人员并报告有关部门处理，在有毒有害气体未彻底清除前不准恢复工作。在禁火区内进行动土作业还应遵守禁火的有关安全规定。动土作业完成后，现场的沟、坑应及时填平。

六、高处作业

凡在坠落高度基准面 2m 以上（含 2m）有可能坠落的高处进行的作业，均称为高处作业。在化工企业中，作业虽在 2m 以下，但属下列作业的，仍视为高处作业：虽有护栏的框架结构装置，但进行的是非经常性工作，有可能发生意外的工作；在无平台、护栏的塔、釜、炉、罐等化工设备和架空管道上进行的作业；高大独立的化工设备容器内进行的登高作业；作业地段的斜坡（坡度大于 45°）下面或附近有坑、井、风雪袭击、机械振动、机械转动或堆放物易伤人的地方作业等。

一般情况下，高处作业按作业高度可分为四个等级：作业高度在 2～5m 时，称为一级高处作业；作业高度在 5～15m 时，称为二级高处作业；作业高度在 15～30m 时，称为三级高处作业；作业高度在 30m 以上时，称为四级高处作业。

化工装置多数为多层布局，高处作业的机会比较多，如设备、管线拆装，阀门检修更换，仪表校对，电缆架空敷设等。高处作业事故发生率高，伤亡率也高。

1. 高处作业的一般安全要求

（1）作业人员

患有精神病等职业禁忌证的人员不准参加高处作业。检修人员饮酒、精神不振时禁止登高作业。作业人员必须持有作业票。

（2）作业条件

高处作业人员应佩戴符合《坠落防护 安全带》（GB 6095—2021）要求的安全带；带电高处作业应使用绝缘工具或穿均压服；四级高处作业（30m 以上）宜配备通信联络工具。

（3）现场管理

高处作业现场应设有围栏或其他明显的安全界标，除有关人员外，不准其他人在作业点的下面通行或逗留。应设专人监护，作业人员不应在作业处休息。

（4）防止工具材料坠落

高处作业应一律使用工具袋。较粗、重工具用绳拴牢在坚固的构件上，不准随便乱放；在格栅式平台上工作时，为防止物件坠落，应铺设木板；递送工具、材料不准上下投掷，应用绳系牢后上下吊送；上下层同时进行作业时，中间必须搭设严密牢固的防护隔板、罩棚或其他隔离设施；工作过程中除指定的、已采取防护围栏处或落料管槽可以倾倒废料外，任何作业人员严禁向下抛掷物料。

（5）防止触电和中毒

搭设脚手架时应避开高压电线，无法避开时，作业人员在脚手架上的活动范围及其所携带的工具、材料等与带电导线的最短距离要大于安全距离（电压等级为 110kV，安全距离为 1.5m；电压等级为 220kV，安全距离为 3m；电压等级为 330kV，安全距离为 4m）。高处作业地点靠近放空管时，要事先与生产车间联系，保证高处作业期间生产装置不向外排放有毒有害物质，并事先向高处作业的全体人员交代明白；如须排放有毒有害物质，应迅速采取撤离现场等安全措施。

（6）气象条件

雨天和雪天作业时，应采取可靠的防滑、防寒措施；遇有五级以上强风、浓雾等恶劣天气，不应进行高处作业、露天攀登与悬空高处作业；暴风雪、台风、暴雨后，应对作业安全设施进行检查，发现问题立即处理。

（7）注意结构的牢固性和可靠性

在槽顶、罐顶、屋顶等设备或建筑物、构筑物上作业时，临空一面应装安全网或栏杆等防护措施，并事先检查其牢固可靠程度，防止因失稳或破裂等造成事故；严禁直接站在油毛毡、石棉瓦等易碎裂材料的结构上作业。为防止误登，应在这类结构的醒目处挂上警告牌；登高作业人员不准穿塑料底等易滑的或硬性厚底的鞋子；冬季严寒作业应采取防冻防滑措施或轮流进行作业。

2. 脚手架的安全要求

高处作业使用的脚手架和吊架必须能够承受站在上面的人员、材料等的重量。禁止在脚手架和脚手板上放置超过计算荷重的材料。一般脚手架的荷重量不得超过 $270kg/m^2$。脚手架使用前，应经有关人员检查验收，认可后方可使用。

（1）脚手架材料

脚手架的杆柱可采用木杆、竹竿或金属管，木杆应采用剥皮杉木或其他坚韧的硬木，禁止使用杨木、柳木、桦木、油松和其他腐朽、折裂、枯节等易折断的木料；竹竿应采用坚固无伤的毛竹；金属管应无腐蚀，各根管子的连接部分应完整无损，不得使用弯曲、被压扁或者有裂缝的管子。木质脚手架踏脚板的厚度不应小于 4cm。

（2）脚手架的连接与固定

脚手架要与建筑物连接牢固。禁止将脚手架直接搭靠在楼板的木楞上及未经计算荷重的构件上，也不得将脚手架和脚手板固定在栏杆、管子等不牢固的结构上；立杆或支杆的底端宜埋入地下。遇松土或者无法挖坑时，必须绑设地杆。金属管脚手架的立杆应垂直稳固地放在垫板上，垫板安置前需把地面夯实、整平。立杆应套上由支柱底板及焊在底板上的管子组成的柱座，连接各个构件间的铰链螺栓一定要拧紧。

（3）脚手板、斜道板和梯子

脚手板和脚手架应连接牢固；脚手板的两头都应牢牢固定在横杆上，不准在跨度间有接头；脚手板与金属脚手架则应固定在其横梁上。

斜道板要铺满在架子的横杆上；斜道两边、拐弯处和脚手架工作面的外侧应设 1.2m 高的栏杆，并在其下部加设 18cm 高的挡脚板；通行手推车的斜道坡度不应大于 $1:7$，其单方向通行宽度应大于 1m，双方向通行大于 1.5m；斜道板厚度应大于 5cm。

脚手架一般应装有牢固的梯子，以便作业人员上下和运送材料。使用起重装置吊重物时，不准将起重装置和脚手架的结构相连接。

（4）临时照明

脚手架上禁止乱拉电线。必须装设临时照明时，木、竹脚手架应加绝缘子，金属脚手架应另设横担。

（5）冬季、雨季防滑

冬季、雨季施工应及时清除脚手架上的冰雪、积水，并要撒上沙子、锯末、炉灰或铺上草垫。

（6）拆除

脚手架拆除前，应在其周围设围栏，通向拆除区域的路段挂警告牌；高层脚手架拆除时应有专人负责监护；敷设在脚手架上的电线和水管应先切断电源、水源，然后拆除，电线拆除由电工承担；拆除工作应由上而下分层进行，拆下来的配件用绳索捆牢，用起重设备或绳子吊下，不准随手抛掷；不准用整个推倒或先拆下层主柱的方法来拆除；栏杆和扶梯不应先拆除，而要与脚手架的拆除工作同时配合进行；在电力线附近拆除时应先停电，若不能停电应采取防触电和防碰坏电路的措施。

（7）悬吊式脚手架和吊篮

悬吊式脚手架和吊篮应经过设计和验收，所用的钢丝绳及大绳的直径要由计算决定。计算时安全系数：用于吊物不小于6、用于吊人不小于14。钢丝绳和其他绳索事前应做1.5倍静荷重试验，吊篮还须做动荷重试验。动荷重试验的荷重为1.1倍工作荷重，作等速升降，记录试验结果。每天使用前应由作业负责人进行挂钩，并对所有绳索进行检查。悬吊式脚手架之间严禁用跳板跨接使用。拉吊篮的钢丝绳和大绳，不能与吊篮边沿、房檐等有棱角的地方相摩擦。升降吊篮的人力卷扬机应有安全制动装置，以防止因操作人员失误使吊篮落下。卷扬机应固定在牢固的地锚或建筑物上，固定处的耐拉力必须大于吊篮设计荷重的5倍；升降吊篮由专人负责指挥。使用吊篮作业时应系安全带，安全带拴在建筑物的可靠处。根据《危险化学品企业特殊作业安全规范》（GB 30871—2022）的要求，高处作业，必须办理高处安全作业票（证），持证作业。

七、受限空间作业

受限空间作业是指进入或探入受限空间进行的作业。受限空间是指进出口受限，通风不良，可能存在易燃易爆、有毒有害物质或缺氧，对进入人员的身体健康和生命安全构成威胁的封闭、半封闭设施及场所，如反应器、塔、釜、槽、罐、炉膛、锅筒、管道以及地下室、窑井、坑（池）、下水道或其他封闭、半封闭场所。化工装置受限空间作业频繁，危险因素多，容易发生事故。人在含氧量为19％～21％的空气中，表现正常；如果含氧量降到13％～16％，人会突然晕倒；降到13％以下，则会死亡。在受限空间内的富氧环境下，含氧量也不能超过23.5％，更不能用纯氧通风换气，因为氧是助燃物质，一旦作业时有火星，会着火伤人。受限空间作业还会受到爆炸、中毒的威胁。可见受限空间作业中，缺氧与富氧、毒害物质超过安全浓度都会造成事故，作业前必须办理作业票。

凡是经过惰性气体（氮气）置换的设备，进入受限空间前必须再用空气置换，并对空气中的含氧量进行分析。如在受限空间内进行动火作业，除了空气中的可燃物含量符合规定外，氧含量应在19％～21％范围内。若受限空间内具有毒性，还应分析空气中有毒物质含量，保证在容许浓度以下。

值得注意的是动火分析合格，不等于不会发生中毒事故。例如受限空间内丙烯腈含量为0.2％，符合动火规定，当氧含量为21％时，虽为合格，但却不符合卫生规定。车间空气中丙烯腈短时间接触容许浓度（PC-STEL）限值为2mg/m³，经过换算，0.2％（容积分数）的丙烯腈为PC-STEL限值的2167.5倍。进入丙烯腈含量为0.2％的受限空间内作业，虽不会发生火灾、爆炸，但会发生中毒事故。因此，应对受限空间内的气体浓度进行严格监测，监测要求如下：

① 作业前30min，应对受限空间进行气体采样分析，分析合格后作业人员方可进入，如现场条件不允许，间隔时间可以适当放宽，但不应超过60min；

② 监测点应有代表性，容积较大的受限空间，应对上、中、下各部位进行监测分析；

③ 分析仪器应在校验有效期内，使用前应保证其处于正常工作状态；

④ 监测人员进入或探入受限空间采样时应采取个体防护措施；

⑤ 作业中应定时监测，至少每2h监测一次，如监测结果有明显变化，应立即停止作

业，撤离人员，对现场进行处理，分析合格后方可恢复作业；

⑥ 对可能释放有害物质的受限空间，应连续监测，情况异常时应立即停止作业，撤离人员，对现场进行处理，分析合格后方可恢复作业；

⑦ 涂刷具有挥发性溶剂的涂料时，应连续监测分析，并采取强制通风措施；

⑧ 作业中断 30min 时，应重新进行取样分析。

为确保受限空间空气流通良好，可采取如下措施：

① 打开人孔、手孔、料孔、风门、烟门等与大气相通的设施进行自然通风；

② 必要时，应采用风机进行强制通风或管道送风，管道送风前应对管道内介质和风源进行分析确认。

进入下列受限空间作业应采取如下防护措施：

① 缺氧或有毒的受限空间经清洗或置换仍达不到要求时，应佩戴隔离式呼吸器，必要时应拴戴救生绳。

② 易燃易爆的受限空间经清洗或置换仍达不到要求时，应穿防静电工作服及防静电工作鞋，使用防爆型低压灯具及防爆工具。

③ 含有酸碱等腐蚀性介质的受限空间，应穿戴防酸碱工作服、防护鞋、防护手套等防腐蚀护品。

④ 有噪声的受限空间，应佩戴耳塞或耳罩等防噪声护具。

⑤ 有粉尘产生的受限空间，应佩戴防尘口罩、眼罩等防尘护具。

⑥ 进入高温受限空间时，应穿戴高温防护用品，必要时采取通风、隔热、佩戴通信设备等防护措施。

⑦ 进入低温受限空间时，应穿戴低温防护用品，必要时采取供暖、佩戴通信设备等防护措施。

⑧ 进入酸、碱贮罐作业时，要在贮罐外准备大量清水。人体接触浓硫酸后，须先用布、棉花擦净，然后迅速用大量清水冲洗，并送医院处理。如果先用清水冲洗，后用布类擦净，则浓硫酸将变成稀硫酸，会造成更严重的灼伤。

进入受限空间内作业且须与电气设施频繁接触时，如照明灯具、电动工具漏电，可能导致人员触电伤亡，所以照明电源应小于或等于 36V，潮湿部位应小于或等于 12V。在潮湿容器中作业时，作业人员应站在绝缘板上，同时保证金属容器接地可靠。检修带有搅拌机械的设备，作业前应把传动皮带卸下，切断电源，如取下保险丝、拉下闸刀等，并上锁，使机械装置不能启动，再在电源处挂上"有人检修、禁止合闸"的警告牌。采取上述措施后，还应检查确认。

罐内作业时，一般应指派两人以上作罐外监护。监护人应了解介质的各种性质，应位于能经常看见罐内全部操作人员的位置，视线不能离开操作人员，更不准擅离岗位。发现罐内有异常时，应立即召集急救人员，设法将罐内受害人救出，监护人员应从事罐外的急救工作。如果没有其他急救人员在场，即使在非常时候，监护人也不得自己进入罐内。凡是进入罐内抢救的人员，必须根据现场情况穿戴防毒面具或氧气呼吸器、安全防带等防护用具，决不允许不采取任何个人防护而冒险入罐救人。

为确保受限空间作业安全，必须严格按照《危险化学品企业特殊作业安全规范》（GB 30871—2022）的要求，办理受限空间安全作业票（证），持证作业。

八、吊装作业

吊装作业是指利用各种吊装机具将设备、工件、器具、材料等吊起，使其发生位置变化的作业。

依据《危险化学品企业特殊作业安全规范》（GB 30871—2022）规定，吊装作业按照吊装重物质量（m）不同分为三级：

① 一级吊装作业：$m > 100t$；

② 二级吊装作业：$40t \leqslant m \leqslant 100t$；

③ 三级吊装作业：$m < 40t$。

三级以上吊装作业，应编制吊装作业方案。吊装物体质量虽不足 40t，但形状复杂、刚度小、长径比大、精密贵重，以及在作业条件特殊的情况下，也要编制吊装作业方案。吊装作业方案经施工单位技术负责人审批后送生产单位批准。作业前应对吊装人员进行技术交底，给予时间学习讨论吊装方案。

吊装作业前，作业单位应对所有起重机具及其安全装置等进行检查，确保其处于完好状态。

起重设备应严格根据核定负荷使用，严禁超载，吊运重物时应先进行试吊，离地 20～30cm 时，停下来检查设备、钢丝绳、滑轮等，经确认安全可靠后再继续起吊。二次起吊上升速度不超过 8m/min，平移速度不超过 5m/min。起吊中应保持平稳，禁止猛走猛停，避免引起冲击、碰撞、脱落等事故。起吊物在空中不应长时间滞留，并严格禁止在重物下方有人通行或停留。长、大物件起吊时，应设有溜绳，控制被吊物件平稳上升，以防物件在空中摇摆。吊装现场应设置"禁止入内"等安全警戒标志牌；设专人监护，非作业人员禁止入内，安全警戒标志应符合《安全标志及其使用导则》（GB 2894—2008）的规定。

不应靠近输电线路进行吊装作业。确须在输电线路附近作业时，起重机械的安全距离应大于起重机械的倒塌半径并符合《电力安全工作规程 电力线路部分》（DL/T 409—2023）的要求；不能满足时，应停电后再进行作业。吊装现场如有含危险物料的设备、管道时，应制订详细的吊装方案，并对设备、管道采取有效防护措施，必要时停车，放空物料，置换后再进行吊装作业。

遇有大雪、暴雨、大雾及六级以上风等天气时，不应露天作业。

起重吊运不应随意使用厂房梁架、管线、设备基础，防止损坏基础和建筑物。

起重作业必须做到"五好"和"十不吊"。"五好"是：思想集中好；上下联系好；机器检查好；扎紧提放好；统一指挥好。"十不吊"是：无人指挥或者信号不明不吊；斜吊和斜拉不吊；物件有尖锐棱角与钢绳未垫好不吊；重量不明或超负荷不吊；起重机械有缺陷或安全装置失灵不吊；吊杆下方及其转动范围内站人不吊；光线阴暗，视物不清不吊；吊杆与高压电线没有保持应有的安全距离不吊；吊挂不当不吊；人站在起吊物上或起吊物下方有人不吊。

起重机械操作人员应按指挥人员发出的指挥信号进行操作；对任何人发出的紧急停车信号均应立即执行；吊装过程中出现故障时，应立即向指挥人员报告。

各种起重机都离不开钢丝绳、链条、吊钩、吊环和滚筒等机件，这些机件必须安全可靠，若发生问题，都会给起重作业带来严重事故。

钢丝绳在启用时，必须了解其规格、结构（股数、钢丝直径、每股钢丝数、绳芯种类等）、用途和性能、机械强度的试验结果等。起重机钢丝绳应符合《起重机 钢丝绳 保养、维护、检验和报废》（GB/T 5972—2023）的规定。选用的钢丝绳应具有合格证，没有合格证，使用前可截取 1～1.5m 长的钢丝绳进行强度试验。未通过试验的钢丝绳禁止使用。

起重机钢丝绳的安全系数，应根据机构的工作级别、作业环境及其他技术条件决定。

吊装作业时，应严格按照《危险化学品企业特殊作业安全规范》（GB 30871—2022）的要求办理吊装安全作业票（证）持证作业。

九、运输与检修

化工企业生产、生活物资运输任务繁重，运输机具与检修现场工作关系密切，检修中机运事故也时有发生。事故发生原因：机动车违章进入检修现场，发动车辆时排烟管火星引燃装置泄漏的物料，发生火灾事故；电瓶车运送检修材料，装载不合乎规范，司机视野不良，易撞到行人；检修时车身落架，造成伤亡。为做好运输与检修安全工作，必须加强辅助部门人员的安全技术教育工作，以提高职工安全意识。机动车辆进入化工装置前，给排烟管装上火星扑灭器；装置出现跑料时，生产车间应对装置周围马路实行封闭，熄灭一切火源。执行监护任务的消防车、救护车应选择上风处停放。在正常情况下厂区行驶车速不得大于15km/h，铁路机车过交叉口要鸣笛减速。液化石油气罐站操作人员必须经过培训考试，取得合格证。罐车状况要符合设计标准，定期检验合格。

第四节　化工装置检修后开车

一、装置开车前的安全检查

生产装置经过停工检修后，在开车运行前要进行一次全面的安全检查验收。目的是检查检修项目是否全部完工；质量是否全部合格；职业安全卫生设施是否全部恢复完善；设备、容器、管道内部是否全部吹扫干净、封闭；盲板是否按要求抽加完毕，确保无遗漏；检修现场是否工完料尽场地清；检修人员、工具是否撤出现场，达到了安全开工条件。

检修质量检查和验收工作，必须安排责任心强，有丰富实践经验的设备、工艺管理人员和一线生产人员参加。这项工作，既是评价检修施工效果，又是为安全生产奠定基础，一定要消除各种隐患，未经验收的设备不能开车投产。

1. 焊接检验

凡化工装置使用易燃、易爆、剧毒介质以及特殊工艺条件的设备、管线及经过动火检修的部位，都应按相应的规程要求进行 X 射线拍片检验和残余应力处理。如发现焊缝有问题，必须重焊，直到验收合格，否则将导致严重后果。某厂焊接气分装置脱丙烯塔与再沸器之间一条直径为 80mm 的丙烷抽出管线，因焊接质量问题，开车后管线断裂跑料，发生重大爆炸事故。事故的直接原因是焊接质量低劣，有严重的夹渣和未焊透现象，断裂处整个焊缝有3 个气孔，其中一个气孔直径达 2mm，有的焊缝厚度仅为 1～2mm。

2. 试压和气密试验

任何设备、管线在检修复位后，为检验施工质量，应严格按有关规定进行试压和气密试验，防止生产时跑、冒、滴、漏，造成各种事故。

一般来说，压力容器和管线试压用水作介质，不得采用有危险的液体，也不准用工业风或氮气作耐压试验。气压试验危险性比水压试验大得多，曾有用气压代替水压试验而发生事故的教训。

安全检查要点如下：

① 检查设备、管线上的压力表、温度计、液面计、流量计、热电偶、安全阀是否调校安装完毕，灵敏好用。

② 试压前所有的安全阀、压力表应关闭，有关仪表应隔离或拆除，防止起跳或超程损坏。

③ 对被试压的设备、管线反复检查，流程是否正确；为防止系统与系统之间相互串通，必须采取可靠的隔离措施。

④ 试压时，试压介质、压力、稳定时间都要符合设计要求，并严格按有关规程执行。

⑤ 对于大型、重要设备和中、高压及超高压设备、管道，在试压前应编制试压方案，制定可靠的安全措施。

⑥ 情况特殊，采用气压试验时，试压现场应加设围栏或警告牌，管线的输入端应装安全阀。

⑦ 带压设备、管线，在试验过程中严禁强烈机械冲撞或外来气串入，升压和降压应缓慢进行。

⑧ 在检查受压设备和管线时，法兰、法兰盖的侧面和对面都不能站人。

⑨ 在试压过程中，受压设备、管线如有异常情况，如压力下降、表面油漆剥落、压力表指针不动或来回不停摆动，应立即停止试压，并卸压查明原因，视具体情况再决定是否继续试压。

⑩ 登高检查时应设平台围栏，系好安全带，试压过程中发现泄漏，不得带压紧固螺栓、补焊或修理。

3. 吹扫、清洗

在检修装置开工前，应对全部管线和设备彻底清洗，把施工过程中遗留在管线和设备内的焊渣、泥沙、锈皮等杂质清除掉，使所有管线都贯通。如吹扫、清洗不彻底，杂物易堵塞阀门、管线和设备，对泵体、叶轮产生磨损，严重时还会堵塞泵过滤网。如不及时检查，将使泵抽空，导致泵或电机损坏。

一般用水冲洗液体管线，用空气或氮气吹扫气体管线，蒸汽等特殊管线除外。如仪表风管线应用净化风吹扫，蒸汽管线按压力等级不同使用相应的蒸汽吹扫，等等。吹扫、清洗中应拆除易堵卡物件（如孔板、调节阀、阻火器、过滤网等），安全阀加盲板隔离，关闭压力表手阀及液位计联通阀，严格按方案执行；吹扫、清洗要严格按系统、介质的种类、压力等级分别进行，并应符合现行规范要求；在吹扫过程中，要有防止噪声和静电产生的措施，冬季用水清洗应有防冻结措施，以防阀门、管线、设备冻坏；放空口要设置在安全的地方或有专人监视；操作人员应配齐个人防护用具，与吹扫无关的部位要关闭或加盲板隔绝；用蒸汽吹扫管线时，要先慢慢暖管，并将冷凝水引到安全位置排放干净，以防水击，并采取防止检查人烫伤的安全措施；对低点排凝、高点放空，要顺吹扫方向逐个打开和关闭，待吹扫达到规定时间要求时，先关阀后停气；吹扫后要用氮气或空气吹干，防止蒸汽冷凝液造成真空而损坏管线；输送气体管线如用液体清洗时，核对支撑物强度能否满足要求；清洗过程要用最大安全体积和流量。

4. 烘炉

各种反应炉在检修后开车前，应按烘炉规程要求进行烘炉。

① 编制烘炉方案，并经有关部门审查批准。组织操作人员学习，掌握其操作程序和应注意的事项。

② 烘炉操作应在车间主管生产的负责人指导下进行。

③ 烘炉前，有关的报警信号、生产联锁应调校合格，方可投入使用。

④ 点火前，要分析燃料气中的含氧量和炉膛可燃气体含量，符合要求后方能点火。点火时应遵守"先火后气"的原则。点火时要采取防止喷火烧伤的安全措施以及灭火的设施。炉子熄灭后重新点火前，必须再进行置换，合格后再点火。

5. 传动设备试车

化工生产装置中机、泵起着输送液体、气体、固体介质的作用，由于操作环境复杂，一旦单机发生故障，就会影响全局。因此要通过试车，对机、泵检修后能否保证安全投料一次开车成功进行考核。

① 编制试车方案，并经有关部门审查批准。

② 专人负责进行全面仔细的检查，使其符合要求，安全设施和装置要齐全完好。

③ 试车工作应由车间主管生产的负责人统一指挥。

④ 冷却水、润滑油、电机通风、温度计、压力表、安全阀、报警信号、联锁装置等，要灵敏可靠，运行正常。

⑤ 查明阀门的开关情况，使其处于规定的状态。

⑥ 试车现场要整洁干净，并有明显的警戒线。

6. 联动试车

装置检修后的联动试车，重点要注意做好以下几个方面的工作。

① 编制联动试车方案，并经有关领导审查批准。

② 指定专人对装置进行全面认真的检查，查出的缺陷要及时消除。检修资料要齐全，安全设施要完好。

③ 专人检查系统内盲板的抽加情况，登记建档，签字认可，严防遗漏。

④ 装置的自保系统和安全联锁装置应调校合格，正常运行且灵敏可靠；专业负责人要签字认可。

⑤ 供水、供气、供电等辅助系统要运行正常，符合工艺要求；整个装置要具备开车条件。

⑥ 在厂部或车间领导统一指挥下进行联动试车工作。

二、装置开车

装置开车要在开车指挥部的领导下统一安排，并由装置所属的车间领导负责指挥开车。岗位操作工人要严格按工艺卡片的要求和操作规程操作。

1. 贯通流程

将蒸汽、氮气通入装置系统，一方面扫去装置检修时可能残留部分的焊渣、焊条头、铁屑、氧化皮、破布等，防止这些杂物堵塞管线；另一方面验证流程是否贯通。这时应按工艺流程逐个检查，确认无误，做到开车时不串料、不憋压。按规定用蒸汽、氮气对装置系统置换，分析系统含氧量应达到安全值以下的标准。

2. 装置进料

进料前，在升温、预冷等工艺调整操作中，检修工与操作工配合做好螺栓紧固部位的热把、冷把工作，防止物料泄漏。岗位应备有防毒面具。油系统要加强脱水操作，深冷系统要加强干燥操作，为投料奠定基础。

装置进料前，要关闭所有的放空、排污等阀门，然后按规定流程，经操作工、班长、车间值班领导检查无误，启动机泵进料。进料过程中，操作工沿管线进行检查，防止物料泄漏或物料走错流程；装置开车过程中，严禁乱排乱放各种物料。装置升温、升压、加量应按规定缓慢进行；操作调整阶段，应注意检查阀门开度是否合适，逐步提高处理量，使其达到正常生产为止。

 事故案例及分析

【案例 1】 上海赛科石化"5·12"爆炸事故

2018 年 5 月 12 日 15 时 25 分左右，在上海赛科石油化工有限责任公司公用工程罐区位置，上海埃金科工程建设服务有限公司的作业人员在对苯罐进行检维修作业过程中，因苯罐发生闪爆，造成在该苯罐内进行浮盘拆除作业的 6 名作业人员当场死亡。

事故直接原因：内浮顶储罐的浮盘铝合金浮箱组件有内漏积液（苯），在拆除浮箱过程中，浮箱内的苯外泄在储罐底板上且未被及时清理。由于苯易挥发且储罐内为封闭环境，无有效通风，易燃的苯蒸气与空气混合形成爆炸环境，局部浓度达到爆炸极限。罐内作业人员拆除浮箱过程中，使用的非防爆工具及作业过程可能产生的点火能量，遇混合气体发生爆燃，燃烧产生的高温又将其他铝合金浮箱熔融，使浮箱内积存的苯外泄造成短时间持续燃烧。

【案例 2】 山东某石化公司"6·9"火灾事故

山东某建设公司承包山东某石化公司油品车间西罐区石脑油储罐（V-1303D）外壁除锈防腐项目。事发时，罐内存有石脑油 1800m³。2020 年 6 月 9 日上午 10 时，2 名作业人员用非防爆电动磨光机在靠近储罐盘梯的通气孔处进行除锈作业，通气孔突然喷出火焰，随后罐顶撕裂并起火。事故中，2 名作业人员被烧伤，经抢救无效死亡，另外 4 名人员受轻微伤。

事故直接原因：作业人员使用非防爆工具（铁铲、磨光机），产生的火花引燃了通气孔溢出的爆炸性混合气体，回火造成储罐内气相空间闪爆。

管理人员安全意识淡薄，随意决定不退油进行储罐外壁除锈防腐，违反了 GB 30871—2022 的规定：对设备、管线内介质有安全要求的特殊作业，应采取倒空、隔绝、清洗、置换等方式进行处理。

【案例 3】 河南某企业"1·5"爆炸事故

2022 年 1 月 5 日，河南一家企业 30 万吨/年煤焦油加氢精制装置原料罐区发生爆炸事故，造成 3 人死亡。

事故直接原因：T4207 储罐动火前未进行清洗、置换，残存蒽油挥发出的低闪点可燃蒸气与罐内空气形成爆炸性混合物，达到爆炸极限。外来施工人员违反有关规定，在尚未办理动火作业审批手续情况下，擅自冒险对 T4207 储罐人孔处进行焊接作业。焊接高温引起罐内爆炸性混合气体爆炸，罐体损毁，罐内物料冲出起火。

企业违反了 GB 30871—2022 的规定：对设备、管线内介质有安全要求的特殊作业，应采取倒空、隔绝、清洗、置换等方式进行处理。

【案例 4】 淄博峻辰新材料科技有限公司"4·29"一般火灾

2023 年 4 月 29 日 9 时 33 分许，位于淄博市临淄区的淄博峻辰新材料科技有限公司在 RTO 蓄热焚烧装置项目施工过程中，发生火灾事故，未造成人员伤亡，直接经济损失 565.35 万元。

【案例 5】 太原某新材料公司"8·18"粗苯储罐爆燃事故

2016 年 8 月 18 日 15 时 13 分许，太原某新材料公司苯加工分厂罐区的 $5000 m^3$ 粗苯储罐（V181011）发生爆燃事故，事故造成该储罐损毁，相邻储罐部分设施损坏，部分防火隔堤和管道、电缆损毁，爆炸冲击波造成四周部分建筑物玻璃破损，事故未造成人员伤亡，直接经济损失 175.3317 万元。

事故直接原因：苯加工分厂 V181011 储罐进料后，粗苯液位长期低于浮盘落底位置，储罐内形成爆炸性混合气体，并串入与储罐相通的开口的氮气管线。在未采取盲板隔断、可燃气体分析和现场确认等安全措施的情况下，违章指挥动火作业切割氮气管线是引发粗苯储罐爆燃的直接原因。

【案例 6】 贵州某公司"5·9"锅炉车间氨水罐爆炸事故

2018 年 5 月 9 日，贵州某公司锅炉车间机修班工人陈某某和邓某某在 1# 氨水罐罐顶安装循环管，进行动火作业时，1# 氨水罐突然发生爆炸，导致陈某某和邓某某从罐顶被震飞到了地面，造成陈某某死亡，邓某某受伤。

事故直接原因：2 名员工在 1# 氨水罐安装循环管前没有办理动火作业票，也没有进行动火分析，违章进行动火作业，致使在作业过程中氨水罐内氨水外泄汽化与空气形成爆炸性混合物，达到爆炸极限，焊接电弧火花引燃了混合物，发生爆炸。

【案例 7】 上海某石化公司"5·29"爆燃事故。

2021 年 5 月 29 日 8 时 24 分，上海某石化公司烯烃部 2 号烯烃联合装置（老区）7 号裂解炉区域发生一起爆燃事故，造成 1 人死亡，5 人重伤，8 人轻伤。

事故的直接原因：事故公司烯烃部 2 号乙烯装置（老区）在停车检修期间，完成管线氮气吹扫置换后，未关闭 7 号裂解炉进料管线 45 号盲板上、下游的阀门。相关人员在未完成盲板抽堵作业许可票（证）签发流程，未对 7 号裂解炉进料管线 45 号盲板上、下游阀门状态进行现场确认的情况下，即开展抽盲板作业。同时，作业人员打开了轻石脑油进料界区阀门，造成轻石脑油自 45 号盲板未封闭的法兰处高速泄漏，汽化后发生爆燃。

【案例 8】 海某公司烯烃装置发生受限空间作业窒息事故

2018 年 11 月 26 日，上海某公司裂解气压缩机完成空气试车后，进行复位准备。宁波工程公司的三名员工与事故企业一名员工到该裂解气压缩机的三段排出罐进行检查，发现罐内有一块警示牌（受限空间警示牌），宁波公司张某某进入罐内欲取出警示牌时晕倒。事故企业员工于某发现后，跨入罐内欲救人也掉入罐内。2 人经采取措施救出后抢救无效死亡。

原因分析：压缩机在空气试车时密封气为氮气，完成试车后，氮气密封继续维持工作，致使罐内处于低氧状态。张某某和于某进罐后造成窒息死亡。

【案例 9】 安徽某企业"5·11"中毒和窒息事故

2022 年 5 月 11 日 9 时 45 分许，安徽某公司气化车间渣锁斗 B 检修作业中发生一起中毒和窒息事故，造成 3 人死亡。

事故直接原因：采样人员未按照有关要求取样，未能检测出渣锁斗底部二氧化碳气体浓度超标；渣锁斗内通风不彻底，存在有害气体。气化炉系统之间在停车置换合格后与其他系统之间采用盲板进行了隔离，事故渣锁斗 B 的排渣阀在事故发生前一直处于关闭状态，排除了其他系统、捞渣池内有害气体进入渣锁斗 B 内的可能。经分析，由于气化炉内气体处于相对静止状态，在 10 余小时的时间里，气化炉内积灰解析出二氧化碳，在重力作用下向渣锁斗底部沉积，导致渣锁斗底部二氧化碳浓度超标。

【案例 10】 河北某炼化公司"6·15"火灾事故

2016 年 6 月 15 日，河北某炼化公司催化裂化烟气脱硫脱硝吸收塔发生火灾，造成 4 人死亡。

事故的直接原因：作业人员在催化裂化烟气烟囱顶部防腐补焊作业过程中，由于隔离措施不到位，电焊焊渣从缝隙落到了聚丙烯材质的除雾器中，引发大火。高温烟气沿烟囱排出，造成作业人员中毒窒息死亡。

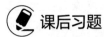 **课后习题**

一、单项选择题

1.吊装作业时，各台起重机械所承受的载荷不得超过各自额定起重能力的（　　）。

A.80%　　　　　　　　B.85%　　　　　　　　C.90%

2.下列（　　）是表示易燃液体燃爆危险性的一个重要指标。

A.闪点　　　　　　　　B.凝固点　　　　　　　C.自燃点

3.（　　）是保护人身安全的最后一道防线。

A.个体防护　　　　　　B.隔离　　　　　　　　C.避难　　　　　　　　D.救援

4.对心跳和呼吸都停止的触电者，应立即按（　　）正确进行现场救治。

A.人工呼吸　　　　　　B.胸外心脏按压　　　　C.心肺复苏法

5.生产经营单位应当如实告知作业场所和工作岗位存在的（　　）。

A.危险因素　　　　　　B.事故隐患　　　　　　C.设备缺陷

二、判断题

1.为缩短吊装作业时间，司索人员可以采取抖绳摘索或者利用起重机抽索。　　　（　　）

2.高处作业用的脚手架的搭设应符合安全要求，两端应捆绑牢固。作业前，应检查所用的安全设施是否坚固、牢靠。　　　（　　）

3.当设备检修涉及高处、动火、吊装、受限空间等作业时，须按相关作业安全规范的规定执行。涉及临时用电还应办理用电手续。　　　（　　）

4.进入受限空间作业前，只需打开人孔、手孔、料孔、风门、烟门等与大气相通的设施进行自然通风。采取强制通风是浪费电。　　　（　　）

5.在检维修过程中利用各种吊装机具将设备、工件、器具、材料等吊起，使其发生位置变化的作业过程称为吊装作业。　　　（　　）

三、问答题

1.化工装置的检修特点有哪些？

2.停车检修操作有哪些安全要求？

3.动火作业的安全要点有哪些？

4.如何保证检修后安全开车？

5.为什么化工检修期间容易发生安全事故？

6.如何实现化工装置检修期间的安全？

第七章

环境与环境保护

 本章学习目标

1. 知识目标
（1）了解环境的概念；
（2）了解环境问题以及分类；
（3）熟悉中国的环境保护政策以及地方性法规；
（4）熟悉环境保护的基本方针与对策；
（5）掌握中国环境保护的综合措施；
（6）了解有关的环保法规与标准以及煤化工相关的法律法规；
（7）掌握我国的环保制度和标准。
2. 能力目标
（1）熟练掌握中国的环境保护政策以及地方性法规；
（2）能够根据环境问题确定其分类；
（3）能够分辨出煤化工生产的相关污染物质；
（4）能够初步制订煤化工环境污染的防治对策。

第一节　环境与环境问题

一、环境

　　环境是以人为中心的周围的事物。《中华人民共和国环境保护法》明确指出环境"是指影响人类生存和发展的各种天然的和经过人工改造的自然因素的总和，包括大气、水、海洋、土地、矿藏、森林、草原、湿地、野生生物、自然遗迹、人文遗迹、自然保护区、风景名胜区、城市和乡村等"。

　　环境又分为自然环境和社会环境。自然环境包括天然形成的、未受或很少受人为因素影响的原生环境，也包括在人类活动影响下，其中的物质交换、迁移和转化以及能量、信息的传递等都发生了重大变化的次生环境。人工环境属于次生环境的范畴，它是由于人类活动而形成的各种事物，包括人工形成的物质能量和精神产品，以及人类活动中所形成的人与人之间的关系，如动植物的培育、驯化、人工森林、草地、绿化、住房、城市、交通工具、工厂、娱乐场所等。社会环境是指人类在长期的生活和生产活动中所形成的生产关系、阶级关系和社会关系。

二、环境问题

环境问题是指由于自然和人类活动使环境发生的不利于人类的变化。环境问题可分为两类：一是因工农业生产和人类生活向环境排放过量污染物而造成的环境污染；二是人们不合理地开发利用自然资源、破坏自然生态而产生的生态效应。这两种原因往往是同时存在，但在局部地区表现上可能以某一类原因为主。

改革开放以来，我国的经济得到了飞速迅猛的发展，用40多年的时间走过了西方发达国家200多年的工业化进程，我国成为了"世界加工厂"。随之而来的环境问题已经成为了制约我国经济和社会可持续发展的关键问题。综合分析可知，人们最为关注的和对人类生产、生活影响较大的几个环境问题有：水体污染、大气污染、海洋污染、土壤污染和生态破坏等。

1. 水体污染

水是人类和一切生物赖以生存的物质基础，与人类的关系最为密切，并且还具有经济利用价值。随着世界人口的高速增长以及工农业生产的发展，水资源的消耗量越来越大，世界用水量以3%～5%的速率递增。

21世纪将是水的世纪。20世纪初，国际上就有"19世纪争煤、20世纪争石油、21世纪争水"的说法。第47届联合国大会更是将每年的3月22日定为"世界水日"，号召世界各国对全球普遍存在的淡水资源紧缺问题引起高度警觉。从全球范围来看，根据联合国统计，全球淡水消耗量比20世纪初以来增加了约6～7倍，比人口增长速度高2倍，全球目前有14亿人缺乏安全清洁的饮用水，即平均每5人中便有1人缺水。中国被联合国认定为世界上13个最贫淡水的国家之一。除了自然条件影响以外，水体污染导致的水资源破坏，是造成水资源危机的重要原因之一。

水体污染是指进入水体的有害物质超过了水体的自净能力，破坏了水体的生态平衡。工业废水、生活污水和其他废弃物进入水体所造成的污染会导致水体的物理、化学、生物等方面特征改变，从而影响到水的利用价值，危害人体健康或破坏生态环境，造成水质恶化的现象。全世界每年有4200多亿立方米的污水排入江河湖海，污染了50亿立方米的淡水，约占全球径流量的14%以上。估计今后30年内，全世界污水量将增加14倍。特别是第三世界国家，污水、废水基本不经处理即排入水体更为严重，造成世界的一些地区有水但严重缺乏可用水的现象。当前世界正面临着水资源短缺和用水量持续增长的双重矛盾。正如联合国早在1977年所发出的警告"水不久将成为一项严重的社会危机，石油危机之后下个危机是水"。

2. 大气污染

大气污染是指某些组分进入大气中，使得原有成分发生变化，当有害物质达到一定浓度并持续一定时间，会对人类的生产、生活、精神状态、设备财产以及生态环境产生恶劣的影响和破坏，这种现象称为大气污染。有害物质来源于自然界的火山爆发、森林火灾、海啸、地震等暂时性灾害所产生的尘埃、硫、硫化氢、硫氧化物、碳氧化物及恶臭气体等，而人类社会的活动、交通、工农业生产排放的废气引起的大气污染已成为严重的环境问题。据不完全统计全球大气每年都会遭受到 7 亿多吨多种有害物质的污染，在主要的 7 种有害物的污染中，颗粒物约占 15%，SO_2 约占 22%，CO 约占 40%，NO 约占 8%，碳氧化物约占 14%，H_2S 和 NH_3 约占 1%。

我国大气污染已经非常严重，近年来在我国大部分地区出现的雾霾天气是大气污染严重的真实写照。目前大气污染所造成的全球性环境问题已经引起了人们的高度重视，如酸雨、温室效应、臭氧层破坏等，正成为了大气污染国际合作的热点领域。

酸雨是指由人类活动向大气中排放的 SO_x 和 NO_x 等酸性物质，使得雨水 pH 降低到 5.6 以下，以雨、雪、雾、露、雹等方式形成的大气降水。大气中不同酸性物质所形成酸对酸雨的形成贡献不同，据统计，硫酸占 60%～70%，硝酸占 30%，盐酸占 5%，有机酸占 2%。可见，人类活动排放的 SO_2 和 NO_2 是形成酸雨的两种主要物质。酸雨的危害主要是破坏森林生态系统，改变土壤性质与结构，破坏水生生态系统，腐蚀建筑物以及损害人体的呼吸系统和皮肤。所以，化工生产企业脱硫脱硝措施是目前防治空气污染的重点。

温室效应（greenhouse effect），又称"花房效应"，是大气保温效应的俗称。大气能使太阳短波辐射到达地面，但地表受热后向外放出的大量长波热辐射却被大气吸收，使地表与低层大气温度增高，因其作用类似于栽培农作物的温室，故名温室效应。自工业革命以来，人类向大气中排放的二氧化碳等吸热性强的温室气体逐年增加，大气的温室效应也随之增强，造成全球气候变暖等一系列极其严重的问题，引起了全世界各国的关注。1824 年，法国学者让·巴普蒂斯·约瑟夫·傅里叶第一个提出温室效应。温室效应分为"自然温室效应"和"人为温室效应"。由自然因素导致的温室效应称为"自然温室效应"；由于人类在生产过程中大量消耗煤炭和使用相关的化工燃料、大量砍伐森林等，大自然的热平衡被破坏，从而打破了地球的自我调节能力，加重了温室效应，称为"人为温室效应"。通常"温室效应"是指后者，又称"地球变暖"。导致温室效应的气体称为温室气体，经研究发现，目前大气中能产生温室效应的气体约有 30 种，包括 CO_2、N_2O、CH_4、氢氟氮化物、全氟碳化物、六氟化硫等物质，其中 CO_2 对温室效应的贡献最大，大约为 66%，CH_4 为 16%，CFCs（碳氟化合物）为 12%，由此可见 CO_2 是造成温室效应的最重要的气体。

大气中的二氧化碳就像一层厚厚的玻璃，使地球变成了一个大暖房。据估计，如果没有大气，地表平均温度就会下降到 $-23℃$，而实际地表平均温度为 15℃，也就是说温室效应使地表温度提高了 38℃。而且大气中的二氧化碳逐年增加。一方面，随着科技的发展，天然气石油等化石燃料燃烧产生的二氧化碳，远远超过了过去的水平。而另一方面，对森林乱砍滥伐，大量农田建成城市和工厂，破坏了植被，减少了将二氧化碳转化为有机物的条件。再加上地表水域逐渐缩小，降水量大大降低，减少了吸收溶解二氧化碳的条件，破坏了二氧化碳生成与转化的动态平衡，使得大气中的二氧化碳含量逐年增加。空气中二氧化碳含量的增长，使地球气温发生了改变。如果二氧化碳含量增加一倍，全球气温将升高 3℃～5℃，两极地区可能升高 10℃，气候将明显变暖。而气温升高，将导致某些地区雨量增加，某些地区出现干旱；飓风力量增强，出现频率也将提高，自然灾害加剧。更令人担忧的是，气温升高将使两极地区冰川融化，海平面升高，许多沿海城市、岛屿或低洼地区将面临海水上涨的威胁，甚至被海水吞没。20 世纪 60 年代末，非洲撒哈拉牧区曾发生持续 6 年的干旱。由于缺少粮食和牧草，牲畜被宰杀，饥饿致死者超过 150 万人。这是"温室效应"给人类带来灾害的典型事例。因此，必须有效地控制二氧化碳含量增加，控制人口增长，科学使用燃料，加强植树造林，绿化大地，防止温室效应给全球带来巨大灾难。温室效应和全球气候变暖已经引起了世界各国的普遍关注，减少二氧化碳的排放已经成为大势所趋。

为控制日益严重的气候变暖，于 1997 年 12 月在日本京都召开了《联合国气候变化框架公约》第三次缔约方会议，并制定了《京都议定书》，其目标是将大气中的温室气体含量稳定在一个适当的水平，进而防止剧烈的气候改变对人类造成伤害。随后，缔约国相继在丹麦的哥本哈根、墨西哥的坎昆、印度尼西亚的巴厘岛、南非的德班、卡塔尔的多哈等召开多次会议，但各方承诺的落实非常艰难。

2020 年的 9 月 22 日，我国在第七十五届联合国大会一般性辩论上宣布："中国将提高国家自主贡献力度，采取更加有力的政策和措施，二氧化碳排放力争于 2030 年前达到峰值，努力争取 2060 年前实现碳中和"，这是中国基于推动构建人类命运共同体的责任担当和实现可持续发展的内在要求作出的重大战略决策。作为世界第一大能源生产国和消费国，我国的能源需求总量和碳排放在未来一段时期将继续保持增长，这是我国当前所处的发展阶段决定的。然而，目前中国距离实现碳达峰目标已不足 10 年，从"碳达峰"到实现"碳中和"的目标也仅有 30 年。要在远远短于发达国家所用的时间内实现从"碳达峰"到"碳中和"的目标，需要付出艰苦努力，必须坚定不移把发展建立在资源高效利用和绿色低碳的基础之上，建立健全绿色低碳循环发展经济体系，促进经济社会发展全面绿色转型。实现"碳达峰碳中和"目标，根本上要依靠经济社会发展全面绿色转型，推动经济走上绿色低碳循环发展的道路，这是解决我国资源环境生态问题的基础之策，也是实现"碳达峰碳中和"目标的首要途径。2021 年 2 月，国务院印发《关于加快建立健全绿色低碳循环发展经济体系的指导意见》，要求全方位全过程推行绿色生产、绿色流通、绿色生活、绿色消费等，统筹推进高质量发展和高水平保护，确保实现碳达峰、碳中和目标，推动我国绿色发展迈上新台阶。建设生态文明、推动绿色低碳循环发展，不仅可以满足人民日益增长的优美生态环境需求，而且可以推动实现更高质量、更有效率、更加公平、更可持续、更为安全的发展，走出一条生产发展、生活富裕、生态良好的文明发展道路。实现"双碳"目标是一场硬仗，也是一场大考。把握好"十四五"碳达峰关键期、窗口期，落实党中央、国务院关于"碳达峰碳中和"的决策部署，切实增强责任感、使命感、紧迫感，拿出"抓铁有痕、踏石留印"的劲头，大力推进绿色低碳转型发展，我们就一定能推动减污降碳协同增效，为如期实现"碳达峰碳中和"目标做出新贡献，促进高质量发展和生态文明建设实现新进步。

3. 土壤污染

土壤污染是指人们在生产和生活中产生的废弃物进入土壤，使土壤成分发生变化，当其数量超过土壤的自净能力时，土壤即受到了污染，甚至造成生产功能下降，从而影响植物的正常生长和发育，以致有害物质在植物体内积累，使作物的产量和质量下降，最终影响人体健康。由于人口急剧增长、工业迅猛发展，固体废物不断向土壤表面堆放和倾倒，有害废水不断向土壤中渗透，大气中的有害气体及飘尘也不断随雨水降落在土壤中，导致了土壤污染。凡是妨碍土壤正常功能，降低作物产量和质量，通过粮食、蔬菜、水果等间接影响人体健康的物质，都叫作土壤污染物。重金属污染是非常严重的污染，在我国部分地区相当严重。堆积在我国各地的大量毒渣已经严重威胁人类安全。如河南 20 多个城市周围有 600 多万吨铬渣，雨水冲淋、渗透进入地下水和农田，已经成为"城市毒瘤"；2011 年云南省陆良化工公司非法倾倒铬渣，造成附近农村 77 头牲畜死亡；云南曲靖 5000 吨铬渣倒入水库，致使六价铬超标 2000 倍；贵州、云南、湖南等多处出现儿童血铅事件。土壤污染将成为未来一段时期污染控制的热点。

　　污染物进入土壤的途径是多样的，废气中含有的污染物质，特别是颗粒物，在重力作用下沉降到地面进入土壤；废水中携带大量污染物进入土壤；固体废物中的污染物直接进入土壤或其渗出液进入土壤。其中最主要的是污水灌溉带来的土壤污染。农药、化肥的大量使用，造成土壤有机质含量下降，土壤板结，也是土壤污染的来源之一。土壤污染除导致土壤质量下降、农作物产量和品质下降外，更为严重的是土壤对污染物具有富集作用，一些毒性大的污染物，如汞、镉等富集到作物果实中，人或牲畜食用后就会发生中毒。如我国辽宁沈阳张士灌区长期引用工业废水灌溉，导致土壤和稻米中重金属镉含量超标，人畜不能食用，土壤也不能再作为耕地，只能改作他用。由于具有生理毒性的物质或过量的植物营养元素进入土壤而导致土壤性质恶化和植物生理功能失调的现象，被称为土壤污染。土壤处于陆地生态系统中的无机界和生物界的中心，不仅在本系统内进行着能量和物质的循环，而且与水域、大气和生物之间也在不断进行物质交换，一旦发生污染，三者之间就会有污染物质的相互传递。作物从土壤中吸收和积累的污染物常通过食物链传递而影响人体健康。

　　对土壤污染的治理，首先要减少农药使用，同时还要采取防治措施。如针对土壤污染物的种类，种植有较强吸收力的植物，降低有毒物质的含量；通过生物降解净化土壤；施加抑制剂改变污染物质在土壤中的迁移转化方向，减少作物的吸收；提高土壤的 pH，促使镉、汞、铜、锌等形成氢氧化物沉淀。此外，还可以通过增施有机肥、改变耕作制度、换土、深翻等手段治理土壤污染。

4. 海洋污染

　　海洋污染是指有害物质进入海洋环境，造成海水质量和环境质量恶化，影响生物生存、妨碍捕鱼和海上活动，进而影响人体健康。其主要原因是现代人口和工业密集，大量的废水和固体废物倾入海水，加上海岸曲折造成水流交换不畅，使得海水的温度、pH、含盐量、透明度、生物种类和数量等性状发生改变，对海洋的生态平衡构成危害。目前，全球污染最严重的海域有波罗的海、地中海、北部湾、纽约湾、墨西哥湾等。我国四大海域的污染状况大不相同，渤海湾污染最严重，其次是东海，黄海和南海水质较好。海洋污染突出表现为石油污染、赤潮、有毒物质累积、塑料污染和核污染等几个方面。其中石油污染是海洋污染的一大污染源，通常发生在石油勘探、开发、炼制及运储过程中，由于意外事故或操作失误，造成原油或油品从作业现场或储器里外泄，流向地面、水面、海滩或海面，石油漂浮在海面上，迅速扩散形成油膜，可通过扩散、蒸发、溶解、乳化、光降解以及生物降解和吸收等进行迁移、转化，降低水产品质量。

　　海洋污染的特点是污染源多、持续性强、扩散范围广、难以控制。海洋污染造成的海水浑浊会严重影响海洋植物（浮游植物和海藻）的光合作用，从而影响海域的生产力；对鱼类也有危害，可以黏附在鱼鳃上使鱼窒息。重金属和有毒有机化合物等有毒物质在海域中累积，并通过海洋生物的富集作用，对海洋动物和以此为食的其他动物造成毒害。石油污染在海洋表面形成的大面积油膜会阻止空气中的氧气向海水中溶解，同时石油的分解也消耗水中的溶解氧，造成海水缺氧，对海洋生物产生危害，并抑制海鸟产卵和孵化，破坏其羽毛的不透水性。好氧有机物污染引起的赤潮（海水富营养化的结果）也会造成海水缺氧，导致海洋生物死亡。海洋污染还会破坏海滨旅游资源。因此，海洋污染已经引起国际社会越来越多的重视。

5. 生态环境破坏

生态环境是生态和环境两个名词的组合。"生态"一词源于古希腊字，原来是指一切生物的状态，以及不同生物个体之间、生物与环境之间的关系。德国生物学家 E. 海克尔 1869年提出生态学的概念，认为生态是研究动植物之间、动植物及环境之间相互影响的一门学科。但是提及生态术语时所涉及的范畴越来越广，特别在国内常用生态表征一种理想状态，出现了生态城市、生态乡村、生态食品、生态旅游等提法。环境总是相对于某一中心事物而言的。人类社会以自身为中心，认为环境可以理解为人类生活的外在载体或围绕着人类的外部世界，用科学术语表述，就是指人类赖以生存和发展的物质条件的综合体，实际上是人类的环境。

生态环境最早组合成为一个词需要追溯到 1982 年第五届全国人民代表大会第五次会议。会议在讨论中华人民共和国第四部宪法（草案）和当年的政府工作报告（讨论稿）时均使用了当时比较流行的保护生态平衡的提法。时任全国人民代表大会常务委员会（以下简称全国人大常委会）委员、中国科学院地理研究所所长黄秉维院士在讨论过程中指出平衡是动态的，自然界总是不断打破旧的平衡，建立新的平衡，所以用保护生态平衡不妥，应以保护生态环境替代保护生态平衡。最后形成了宪法第二十六条，内容是国家保护和改善生活环境和生态环境，防治污染和其他公害。

全球性生态环境恶化问题，从广义讲，包括人口、粮食、资源的矛盾；从环境角度看，主要包括森林减少、土地退化、水土流失、沙漠化、物种消失等多个方面。土地退化是当代最为严重的生态环境问题之一，它正在削弱人类赖以生存和发展的基础。土地退化的根本原因在于人口增长、农业生产规模扩大和强度增加、过度放牧以及人为破坏植被，从而导致水土流失、沙漠化、土地贫瘠化和土地盐碱化。

水土流失是当今世界上一个普遍存在的生态环境问题。我国是水土流失非常严重的国家，水土流失面积广且量大。严重的水土流失是我国生态恶化的集中反映，威胁国家生态安全、饮水安全、防洪安全和粮食安全，制约山丘区经济社会发展，影响全面小康社会建设进程。党中央、国务院历来高度重视水土保持工作。1991 年《中华人民共和国水土保持法》颁布实施以来，全国累计有 38 万个生产建设项目制定并实施了水土保持方案。2021 年度我国水土流失面积强度"双下降"、水蚀风蚀"双减少"态势进一步巩固，水土流失状况持续向好，生态环境继续改善。2021 年，我国共有水土流失面积 267.42 万平方公里。其中，水力侵蚀面积为 110.58 万平方公里，占中国水土流失面积的 41.35%；风力侵蚀面积为156.84 万平方公里，占中国水土流失面积的 58.65%。2021 年，我国全年新增水土流失治理面积 6.2 万平方公里，2022 年新增 6.3 万平方公里。不过，水土保持作为我国生态文明建设的重要组成部分，其发展水平与全面建成小康社会，以及城镇化、信息化、农业现代化和绿色化等一系列新要求还不能完全适应，与广大人民群众对提高生态环境质量的新期待还有一定差距，水土流失依然是我国当前面临的重大生态环境问题。

6. 生物多样性破坏

生物多样性是指地球上的生物所有形式、层次和联合体中生命的多样化。简单地说，生物多样性是生物和它们组成的系统的总体多样性和变异性。生物多样性包括三个层次：基因多样性、物种多样性和生态系统多样性。

生物多样性是地球生命经过几十亿年发展进化的结果，是人类赖以生存和持续发展的物质基础。它提供人类所有的食物和木材、纤维、油料、橡胶等重要的工业原料。中医药绝大部分来自生物，如今，直接和间接用于医药的生物已超过 3 万种。可以说，保护生物多样性就等于保护了人类生存和社会发展的基石，保护了人类文化多样性基础，就是保护人类自身。但是，随着环境的污染与破坏，比如森林砍伐、植被破坏、滥捕乱猎、滥采乱伐等，如今世界上的生物物种正在以每小时一种的速度消失。而物种一旦消失，就不会再生。

生物物种消失是全球普遍关注的重大生态环境问题。物种的濒危和灭绝一直呈发展趋势，物种灭绝速度在加快，其主要原因是森林砍伐、土壤变迁使多种生物不能适应环境变化。

7. 新型污染

传统的烟尘、二氧化硫、氮氧化物、COD、氨氮等污染得到有效控制的同时，新型污染还在涌现并不断加剧，我们必须面对更多的环境污染因素和特定污染物。金属污染在我国非常普遍，有些地区已经影响到土壤、地下水，甚至转移到农产品中。PBT（持久性、生物聚集性和毒性化学物质）、vBvP（高持久性、高生物聚集性物质）、CMRs（致癌、致突变、生殖危害性物质）等物质对人类健康和环境的影响也值得我们重视，应加以控制。

三、环境科学

随着环境问题的出现，人们开始关注环境科学。环境科学是以"人类和环境"这对矛盾体为研究对象的科学，是一个多学科到跨学科的庞大体系组成的一门边缘学科。它的主要任务是：揭示人类活动同自然生态之间的对立统一关系；探索全球范围内环境演化的规律；探索环境变化对人类生存的影响；研究区域环境污染综合防治的技术措施和管理措施。

在现阶段，环境科学主要是运用自然科学和社会科学有关学科的理论、技术和方法来研究环境问题，形成与其有关的学科相互渗透、交叉的许多分支学科。属于自然科学方面的有：环境工程学、环境地学、环境生物学、环境化学、环境物理、环境数学、环境水利学、环境系统工程、环境医学。属于社会科学方面的有：环境社会学、环境经济学、环境法学及环境管理学等。环境工程学指运用工程技术的原理和方法，防治环境污染，改善环境质量。主要研究内容有大气污染防治工程、水污染防治工程、固体废物的处理和资源化、噪声控制等，同时研究环境污染综合防治，运用系统分析和系统工程的方法，从区域环境的整体上寻求解决环境问题的最佳方案。煤化工环境工程属于环境工程的一个分支。

第二节　我国环境保护的政策

一、环境保护的基本方针与对策

《中华人民共和国宪法》（以下简称《宪法》）规定："国家保护和改善生活环境和生态环境，防治污染和其他公害"，"国家保障自然资源的合理利用，保护珍贵的动物和植物。禁止任何组织或者个人用任何手段侵占或者破坏自然资源"。

中国环境保护工作方针：全面规划，合理布局，综合利用，化害为利，依靠群众，大家动手，保护环境，造福人民。

随着环境保护工作和环境政策的发展，至今已形成以下基本原则：经济建设、城乡建设和环境建设同步发展，经济效益、社会效益和环境效益统一实现；兼顾国家、集体和个人三者利益，依靠群众保护环境，谁污染谁治理，谁开发谁保护；预防为主、防治结合，全面规划、合理布局，综合利用，奖励和惩罚相结合等。

中国环境与发展的十大对策：①实行持续发展战略；②采取有效措施，防治工业污染；③深入开展城市环境综合整治，认真治理城市"四害"；④提高能源利用效率、改善能源结构；⑤推广生态农业，坚持不懈地植树造林，切实加强生物多样性保护；⑥大力推行科技进步，加强环境科学研究，积极发展环保产业；⑦运用经济手段保护环境；⑧加强环境教育，不断提高全民族的环境意识；⑨健全环境法制，强化环境管理；⑩参照环发大会精神，制定中国行动计划。

二、有关的环保法规与标准

一些西方发达国家在 20 世纪 60 年代后期就制定了有关环境保护的各种法律法规。如 1967 年日本制定的《公害对策基本法》；1969 年美国国会通过的《国家环境政策法》。我国的有关环保法律法规起步较晚，1982 年第五届全国人民代表大会第五次会议通过的《中华人民共和国宪法》，1979 年第五届全国人大常委会第十一次会议原则通过《中华人民共和国环境保护法（试行）》，1989 年第七届全国人大常委会第十一次会议通过《中华人民共和国环境保护法》，1989 年召开的第三次全国环境保护会议上，又提出了新五项制度，即环境保护目标责任制、城市环境综合整治定量考核、排放污染物许可证制度、污染集中控制和污染限期治理，与之前推行的三同时制度、环境影响评价制度和排污收费制度三项制度总称八项管理制度。1989 年国家首次颁布《中华人民共和国环境保护法》，2014 年进行修订。《中华人民共和国环境保护法》是中国环境保护的基本法。该法确立了经济建设、社会发展与环境保护协调发展的基本方针，规定了各级政府、一切单位和个人保护环境的权利和义务。目前我国已经形成了以《中华人民共和国宪法》为基础，以《中华人民共和国环境保护法》为主体的环境法律体系。

国家还颁布了多项环境保护专门法以及与环境保护相关的资源保护法，包括：《中华人民共和国水污染防治法》《中华人民共和国大气污染防治法》《中华人民共和国固体废物污染环境防治法》《中华人民共和国噪声污染防治法》《中华人民共和国海洋环境保护法》《中华人民共和国环境影响评价法》《中华人民共和国清洁生产促进法》《中华人民共和国循环经济促进法》《中华人民共和国森林法》《中华人民共和国草原法》《中华人民共和国渔业法》《中华人民共和国矿产资源法》《中华人民共和国土地管理法》《中华人民共和国水法》《中华人民共和国野生动物保护法》《中华人民共和国水土保持法》《中华人民共和国农业法》等。国务院还颁布了系列化的行政法规，如《中华人民共和国自然保护区条例》《放射性同位素与射线装置放射防护条例》《化学危险品安全管理条例》《淮河流域水污染防治暂行条例》《中华人民共和国海洋石油勘探开发环境保护管理条例》《中华人民共和国海洋倾废管理条例》《中华人民共和国风景名胜区管理暂行条例》《中华人民共和国基本农田保护条例》《城市绿化条例》等。

与煤化工有关的环保法规包括：1982 年的《国务院关于发展煤炭洗选加工合理利用资源的指令》、1984 年通过的《国务院环境保护委员会关于防治煤烟型污染技术政策的规定》、1984 年颁布的《中华人民共和国水污染防治法》、1986 年颁布的《关于防治水污染技术政策的规定》、1987 年颁布的《中华人民共和国大气污染防治法》、1995 年颁布的《中华人民共和国固体废物污染环境防治法》、1996 年颁布的《国务院关于环境保护若干问题的决定》、2002 年颁布的《中华人民共和国清洁生产促进法》。

　　2008 年下发了《国家发展改革委办公厅关于加强煤制油项目管理有关问题的通知》，规定除已开工建设的神华集团煤直接液化项目外，一律停止实施其他煤制油项目。2010 年 6 月发布了《国家发展改革委关于规范煤制天然气产业发展有关事项的通知》，对我国的煤制天然气产业进行了规范。2011 年发布了《国家发展改革委关于规范煤化工产业有序发展的通知》，大型煤炭加工转化项目须报经国家发展改革委核准。2012 年 5 月发布了《国家发展改革委关于支持新疆产业健康发展的若干意见》。2012 年，国家发展改革委、国家能源局组织编制了《煤炭深加工示范项目规划》和《煤化工产业政策》。2013 年国务院发布了《大气污染防治行动计划》，2014 年 1 月，国家能源局发布了《2014 年能源工作指导意见》。2014 年 3 月，国家发展改革委、国家能源局、国家环境保护部发布《关于能源行业加强大气污染防治工作方案的通知》。2014 年 7 月，国家能源局发布了《关于规范煤制油、煤制天然气产业科学有序发展的通知》。2014 年 12 月 19 日，发布了《工业和信息化部　科技部　环境保护部关于发布〈国家鼓励发展的重大环保技术装备目录（2014 版）〉的通告》。2014 年 12 月，国家能源局、环境保护部、工业和信息化部发布了《关于促进煤炭安全绿色开发和清洁高效利用的意见》。2015 年 2 月，工业和信息化部、财政部印发《工业领域煤炭清洁高效利用行动计划》。2015 年 3 月，国家能源局印发《煤炭深加工示范工程标定管理办法（试行）》。2015 年 4 月，国家能源局印发《煤炭清洁高效利用行动计划（2015—2020 年）》。2015 年 5 月，发布了《国家发展改革委关于做好〈石化产业规划布局方案〉贯彻落实工作的通知》。2015 年 12 月，环境保护部发布了《现代煤化工建设项目环境准入条件（试行）》。2015 年 12 月，环境保护部发布《建设项目环境影响后评价管理办法（试行）》，自 2016 年 1 月 1 日起施行。2016 年 7 月 2 日，《中华人民共和国环境影响评价法》第一次修正。2016 年 8 月 3 日，国务院办公厅发布了《关于石化产业调结构促转型增效益的指导意见》。2016 年 11 月 10 日，国务院办公厅发布了《控制污染物排放许可制实施方案》。2016 年 12 月 25 日，《中华人民共和国环境保护税法》由全国人民代表大会常务委员会通过。2016 年 12 月 26 日，国家发展改革委、国家能源局印发《能源发展"十三五"规划》。2017 年 2 月，国家能源局印发了《煤炭深加工产业示范"十三五"规划》。2017 年 3 月，国家发展改革委联合工业和信息化部印发了《现代煤化工产业创新发展布局方案》。2020 年 3 月，国务院办公厅发布关于生态环境保护综合行政执法有关事项的通知（国办函〔2020〕18 号）。2022 年 3 月，工业和信息化部等六部委发布《关于"十四五"推动石化化工行业高质量发展的指导意见》。2023 年 6 月，国家发展改革委等部门发布的《关于推动现代煤化工产业健康发展的通知》。2024 年 7 月，国家发展改革委和国家能源局关于印发《煤电低碳化改造建设行动方案（2024—2027 年）》，《生态环境行政处罚办法》于 2023 年 7 月 1 日起施行。

三、环保标准

　　环保标准是保证环境质量、控制污染源排放和进行环境管理的依据，在环境管理中处于基础地位。截至 2023 年 11 月 12 日，我国累计发布环境保护标准 2827 项，其中现行标准 2351 项；累计依法备案地方标准 352 项，现行 249 项。标准覆盖各类环境要素和管理领域，控制项目种类和水平达到与发达国家相当的水平，基本建成支撑污染防治攻坚战的标准体系。

国家环境保护标准体系的主要内容已经基本健全。生态环境标准是落实环境保护法律法规的重要手段，是推进精准治污、科学治污、依法治污的重要基础，在生态环境保护和生态文明建设中起着引领、规范和保障作用。特别是党的十八大以来发布国家生态环境标准1293项，占50年内累计总数的45％；依法备案地方标准265项，占累计总数的77％，是我国生态环境标准发展最迅速、成效最显著的阶段。过去50年生态环境标准的发展，整体适应生态环境保护形势发展和需求变化，有力助推了生态文明建设发展进程和重大转变。

与煤化工有关的环保标准有《焦化行业准入条件（2008年修订）》、《清洁生产标准炼焦行业》（HJ/T 126—2003）、《炼焦化学工业污染物排放标准》（GB 16171—2012）、《大气污染物综合排放标准》（DB 32/4041—2021）、《大气有害物质无组织排放卫生防护距离推导技术导则》（GB/T 39499—2020）、《炼焦化学工业废气治理工程技术规范》（HJ 1280—2023）等。

第三节　环境保护的综合措施

要把环境保护工作做好，必须采取综合性防治措施。包括：转变经济增长方式，积极实施预防措施，使环境保护成为国际性战略；采取行政、法律、技术、标准等手段，强化环境管理，提高生态效益；加强环境保护宣传教育，提高全民的环境意识；增加资金投入，采取工程措施，加大污染治理力度；加大科研创新，大力发展环保产业等。

一、转变经济增长方式

经济增长方式是指一个国家（或地区）经济增长的实现模式，分为粗放型和集约型两种型式。粗放型经济增长方式依靠生产要素的大量投入和扩张。集约型经济增长方式依靠生产要素的优化组合，通过提高生产要素的质量和使用效率，提高劳动者素质，以及提高资金、设备和原材料利用率来实现经济增长。当前我国经济增长方式正处于从粗放型向集约型转变的关键阶段，尚未完全摆脱粗放型特征，但已取得显著进步。考虑到我国国情和世界经济形势发展要求，我国转变经济增长方式主要从以下三个方面进行：一是调产业结构，稳定一产、限制二产、鼓励三产，限制高污染高消耗行业发展；二是加快技术进步，采用先进的工艺、技术、操作与管理，提高生产效率，减少资源消耗，降低污染物排放；三是鼓励技术创新，寻求新的经济增长点，促进新兴产业发展。

二、实施系统化工程措施

我国控制环境污染最早、最系统的规划是《中国跨世纪绿色工程规划》，它是《国家环境保护"九五"计划和2010年远景目标》的重要组成部分，其中"33211工程"就是控制污染的重点工程措施。

"33211工程"以污染防治为主，重点抓"三河"（淮河、辽河、海河）、"三湖"（太湖、滇池、巢湖）、"两控区"（二氧化硫控制区和酸雨控制区）、一市（北京）和一海（渤海）。其中淮河流域是我国流域污染治理的第一次大战役，1995年国务院颁布了《淮河流域水污染防治暂行条例》，采取大量污水治理的工程措施，1997年，全流域基本实现工业污染源达标排放，有机污染（COD）负荷削减40％。太湖流域在1998年底前基本实现工业污染源达标排放，实施了控制农业面源、养殖和旅游污染的措施。滇池流域在 1999 年 5 月按期实现了工业污染源达标排放，建成 4 座城市污水处理厂，滇池水质和旅游景观有所改善。巢湖、海河、辽河流域工业污染源治理逐步推进。"两控区"编制了二氧化硫污染防治规划，关停了一批小火电机组和高硫煤矿井，增加了脱硫脱硝设施。北京市积极控制燃煤污染和汽车尾气、扬尘污染，分阶段采取了多项有效措施，实现了环境质量有所改善的目标。环渤海增加实施区域联动，控制面源污染，渤海水质得到改善。到目前为止，各种项目逐步展开，逐渐向更高的环境标准要求迈进。

2020 年"两会"期间，生态环境部提出"注重精准治污、科学治污、依法治污，因时因地因事采取适宜策略和方法，有针对性地解决生态环境问题"。"十四五"以来，大气污染治理面临新的形势和挑战，实现空气质量改善的难度较以往明显上升。2023 年 11 月，国务院印发《空气质量持续改善行动计划》（以下简称《行动计划》），下一步仍需坚持以精准、科学、依法治污为引领，将结构调整、末端治理、强化监管等措施落到实处，持续深入打好蓝天保卫战。

三、大力发展环保产业

环保产业是为防治污染、改善生态环境、保护资源提供产品和服务的产业。包括环保技术开发、产品生产、商业流通、资源利用、信息服务、工程承包、自然保护开发等活动。涉及领域包括："三废"治理工程技术（城镇污水处理、垃圾处理设施、重点污染源治理、废气治理）、清洁生产和节能设备、循环经济和资源利用、环保产品、绿色产品、生态保护等方面。

我国环保产业得到迅速发展，2022 年我国生态环保产业营业收入约 2.22 万亿元，比 10 年前增长约 372.3%，年均复合增长率达 15.1%，基本形成了领域齐全、链条延伸、结构优化、分工精细的产业体系。截至 2022 年底，我国城市污水日处理能力为 2.15 亿 m^3/d，较 2012 年增长 83.2%；生活垃圾无害化处理能力达 109.2 万 t/d，比 10 年前增长 144.8%。这些环境治理能力变化的背后，都离不开生态环保产业的支撑和保障。

大力发展先进环保产业。要以解决危害人民群众身体健康的突出环境问题为重点，加大技术创新和集成应用力度，推动水污染防治、大气污染防治、土壤污染防治、重金属污染防治、有毒有害污染物防控、垃圾和危险废物处理处置、减振降噪设备、环境监测仪器设备的开发和产业化；推进高效膜材料及组件、生物环保技术工艺、控制温室气体排放技术及相关新材料和药剂的创新发展，提高环保产业整体技术装备水平和成套能力，提升污染防治水平；大力推进环保服务业发展，促进环境保护设施建设运营专业化、市场化、社会化，探索新型环保服务模式。

我国环保产业正在向高质量发展新阶段迈进，迫切需要依靠创新培育发展新动力，化解环保产业发展面临的困境。要加强环保产业发展机制创新，推进新技术新模式示范推广，建立成果转化服务平台，提升产业整体能力。要以需求为导向，推进生态环境治理的关键技术创新。要加快探索环保产业模式创新，发展高水平环境咨询服务，引领环保产业新发展。

四、发展环境科学

随着环境问题的出现，在研究环境污染与控制的实践中形成了一门边缘学科——环境科学。它以解决环境问题为目标，结合了自然科学、社会科学、工程科学的研究成果，是多门学科的综合，具有交叉性、复杂性、前沿性等特点。环境科学的任务是揭示人类活动同自然生态之间的对立统一关系，探索全球范围内环境演化的规律，探究环境变化对人类生存的影响，研究区域环境污染综合防治的技术措施和管理措施。

环境科学为跨学科领域专业，既包含物理、化学、生物、地质学、地理、资源技术和工程等的自然科学，也包含资源管理和保护、人口统计学、经济学、政治和伦理学等社会科学。由于大多数环境问题涉及人类活动，所以经济、法律和社会科学知识往往也可用于环境科学的研究。可将其定义为一门研究人类社会发展活动与环境演化规律之间相互作用关系，寻求人类社会与环境协同演化、持续发展途径与方法的科学。该学科年代较短，直到 20 世纪 60 年代才成为正式学科开始广泛地活跃于科学研究领域。

五、完善环境管理体系

我国《宪法》规定："国家保护和改善生活环境和生态环境，防治污染和其他公害""国家保障自然资源的合理利用，保护珍贵的动物和植物。禁止任何组织或者个人用任何手段侵占或者破坏自然资源"。为此，实现宪法赋予环境保护管理的职责，需要建立系统化较完善的环境管理体系和法律法规体系。

① 我国的环境管理体系。我国实行环境保护国家管理制度，管理部门自上而下分为五级，包括环保部、省自治区、直辖市环保厅（局）、地（市）环保局、县（区）环保局和乡镇（街道）环保所。同时军队、海洋、林业和各级政府相关部门有针对性设置环保管理机构。按照《中华人民共和国环境保护法》要求，地方政府对管辖区域内的环境保护负全面责任，因此，环境管理部门采取双重领导方式，行政上归地方政府领导，业务上受上级环保部门指导。

② 我国环境保护工作方针。我国在 1973 年第一次环保会议上确定的环保方针是"全面规划，合理布局，综合利用，化害为利，依靠群众，大家动手，保护环境，造福人民"的 32 字环境保护工作方针。1983 年第二次全国环保会议确定的环保方针是"三同步、三统一"，即经济建设、城乡建设和环境建设同步规划、同步实施、同步发展，实现经济效益、社会效益、环境效益的统一。这也是迄今为止一直指导着我国环境保护实践的基本方针。

③ 环境保护工作的基本原则。环境保护工作是一项系统工程，需要全社会的参与，需要采取预防性战略，需要政府的大力投入，需要加强管理和采取一定的经济处罚与奖励手段。因此环境保护遵循的基本原则概括为：依靠群众保护环境的原则；谁污染谁治理，谁开发谁保护，谁排污谁付费原则；预防为主、防治结合原则；在发展中保护，在保护中发展原则；政府对环境质量全面负责原则等。

第四节   煤化工环境污染与防治对策

一、煤化工环境污染

煤化工是指以煤为原料，经化学加工使煤转化为气体、液体和固体燃料以及化学品的过程，包括炼焦、煤气净化、焦油深加工、合成氨、甲醇生产等过程。由于煤本身的特殊性，其加工过程、原料和产品的贮存运输过程都会对环境造成污染。炼焦化学工业是煤炭化学工业的一个重要部分，我国炼焦化学工业已利用焦炉煤气、焦油和粗苯制取了 100 多种化学产品，这对我国的国民经济发展具有十分重要的意义。但是，焦化生产有害物排放源多，排放物种类多、毒性大，对大气污染相当严重。据不完全统计，2005年在炼焦生产过程中，外排粉尘约60万吨，占全国工业粉尘排放总量的6%；COD排放量约12.5万吨，占全国工业废水COD排放总量的2.5%左右；氨氮排放量约1.9万吨，占全国工业废水氨氮排放总量的4.6%左右；外排石油类污染物约2065.5t，占全国工业石油类污染物排放总量的8.5%左右。同时还排放了大量毒性很强的苯、蒽、萘、苯并[a]芘（BaP）、酚类、氰化物等剧毒物质。这些剧毒物质用常规处理方法很难达到理想效果，累积下去会对生态环境造成不可挽回的影响，尤其是向大气排放的苯并芘是强致癌物，严重影响当地居民的身体健康。

2021年1月，中国炼焦行业协会发布《焦化行业"十四五"发展规划纲要》（以下简称《纲要》），《纲要》要求焦化行业在"十四五"期间，要以全局观念、全球视野、开放的胸怀，扎扎实实推动高质量发展。到2025年焦化废水产生量减少30%，氮氧化物和二氧化硫产生量分别减少20%；优化固体废弃物处理工艺，固体废弃物资源化利用率提高10%以上。

炼焦工业排入大气的污染物主要来自装煤、推焦和熄焦等工序，在回收和焦油精制车间有少量含芳香烃、吡啶和硫化氢的废气产生。焦化废水主要为含酚废水，来自蒸氨工段和洗苯终冷水。焦化生产中的废渣不多，但种类不少，主要有焦油渣、酸焦油（酸渣）和洗油再生残渣等。生化废水处理工段还会产生过剩的活性污泥。在气化生产过程中，煤气的泄漏及放散会造成空气污染；煤场仓储、煤破碎、筛分加工过程会产生大量的粉尘。气化形成的氨、氰化物、氧硫化碳、氯化氢和金属化合物等有害物质会溶解在洗涤水、洗气水、蒸汽分馏后的分离水和储罐排水中而成废水。在煤中的有机物与汽化剂反应后，煤中的矿物质会形成灰渣。

从以上分析看，焦化生产的各个工序都会产生不同种类的污染物质，造成污染严重的原因主要表现在以下几个方面：

① 产业结构不合理。我国产业结构偏重，造成华北地区焦炉污染较重。

② 生产链短。许多生产没有进行后续深加工，不仅浪费资源，同时造成环境污染。

③ 技术装备水平低。造成生产过程能耗高、物耗高、排放污染物多。

④ 污染防治能力差。许多生产企业没有配备必要的除尘、废水处理等设施，污染源直接排放。

⑤ 清洁生产开展不力。没有把全过程控制理念应用于焦化生产，虽然增设了一些末端治理设施，但生产过程的无组织排放不加控制，同样造成严重污染。

二、煤化工污染防治对策

针对以上焦化环境污染的原因分析，必须采取综合的防治对策，主要包括严格执行产业政策，依法淘汰落后生产能力；大力推行清洁生产，完善技术标准，采用先进技术，实现生产过程的节能减排；加强污染防治能力建设，实现污染的综合防治；加强监督管理，实现污染物排放浓度和总量达标排放。

1. 落实焦化产业政策

《焦化行业规范条件（2020年本）》，焦化建设项目应严格执行环境影响评价制度和"三同时"制度，并按期完成竣工环境保护验收。焦化生产企业污染物排放应严格执行国家和地方相关排放标准，做到达标排放。京津冀及周边地区、长三角地区、汾渭平原等重点区域的焦化生产企业，二氧化硫、氮氧化物、颗粒物、挥发性有机物全面执行污染物特别排放限值。两年内未发生重大环境污染事故或重大生态破坏事件。按照"减量化、资源化、无害化"原则对固体废物进行处理处置。各类固体废物的贮存、转运、处置应符合国家和地方有关标准规范要求；加强对土壤和地下水环境的保护，有效防控土壤和地下水环境风险。

2. 积极推广清洁生产新技术

我国炼焦行业的清洁生产标准《清洁生产标准　炼焦行业》(HJ/T 126—2003) 于 2003年 6 月 1 日实施，为达到清洁生产标准，在炼焦生产中，要采用配型煤与风选调湿技术、干熄焦技术、装煤和出焦消烟除尘技术，脱硫、脱氰、脱氨等一系列先进技术，使装煤、出焦、熄焦时产生的污染降到最低程度。

3. 发展立体化工

21 世纪可持续发展的新能源技术是以煤气化为核心的多联产模式，要消除现有煤开采、加工所带来的污染，特别是高硫煤的污染，只有靠洁净煤、水煤浆、油煤浆、地下气化、坑口煤气化、硫回收等，以洁净煤气进行化工生产和发电、废渣生产建材等多联产的新能源模式才可以实现可持续发展。

目前单纯炼焦生产效率低，经济效益差，有的甚至不能维持生产。延长生产链、提高经济效益、减轻环境污染已成为炼焦企业不断探索的道路。一般采取炼焦-煤气联合发电、炼焦-化产-煤气深加工、炼焦-化产-焦油深加工等模式，通过煤气深加工，可以合成氨、生产甲醇、甲醛、聚甲醛、己二酸等化学产品，化产回收的粗苯加氢生产精苯，焦油加工生产蒽油，蒽油加氢生产燃料油等，通过化学深加工可以获得多种高效益的化工产品。

4. 炼焦生产中的污染防治

炼焦过程会产生大量的废水、废气、废渣、废热和噪声等，应采取高效净化技术和工艺，控制炼焦中产生的污染。采取的措施包括：煤场喷水减少扬尘，装炉煤调湿减少粉尘，干熄焦回收余热并减轻大气污染，地面除尘设施治理炼焦废气，高效废水处理工艺处理酚氰废水。同时，通过炼焦过程自动控制与能源管理，减少能源消耗，回收硫黄、吡啶、粗苯、煤气、硫胺等副产品；通过苯加氢、煤气制甲醇、煤气合成氨、煤气制天然气、聚甲醛、己二酸等延长生产链，提高污染综合处理效果，提高生产效率。

总量控制与单位排放浓度控制是中国环保管理部门两种并行的环境管理办法，目前都是排污收费计算的依据，已经在国内部分地区进行了污染物排放总量指标交易试点。排污权交易有利于促进产业结构调整，推动技术进步，因为排污权总量是有限的，以某种形式初始分配给企业之后，老企业会进行环保技改投入，从而提高行业准入门槛，普及先进环保技术，最终调动企业治理污染的积极性。

5. 增设环保装置

为防治污染，在生产的各个工序需要安装配套的大气和水污染控制与治理设施。

① 配套密闭储煤设施以及煤转运、煤粉碎、装煤、推焦、熄焦、筛焦、硫胺干燥等抑尘、除尘设施，煤、焦装卸的扬尘点以及配煤、混合、运输、装煤、焦炉推焦等扬尘点要设置集气罩，收集的含尘气体用地面除尘站集中净化。

② 配套建设生产废水处理设施，严禁生产废水外排。常规焦炉和煤焦油加工企业应按照《焦化废水治理工程技术规范》(HJ 2022—2012)，配套建设含酚氰生产废水处理设施和事故储槽（池）；半焦企业氨水循环水池、焦油分离池应建在地面以上，生产废水应配套建

设废水焚烧处理设施或其他有效废水处理装置，并按照设计规范配套建设事故储槽（池）；炼焦企业熄焦水必须闭路循环。

③ 焦化企业生产装置区、储存罐区和生产废水槽（池）等应做规范的防渗漏处理，油库区四周设置围堰，杜绝外溢和渗漏。

④ 炼焦企业应规范排污口建设，焦炉烟囱、地面除尘站排气烟囱和废水总排口应按照环境保护主管部门相关规定设置污染物排放在线监测、监控装置，并与环境保护主管部门联网。纳入国家重点监控名单的焦化企业，应按要求建立企业自行监测制度，向属地环境保护主管部门备案自行监测方案。

⑤ 焦化企业生产装置及储罐应同步建设尾气净化处理设施，其中煤焦油加工企业应同步建设沥青烟气净化设施。焦炉煤气脱硫中以空气（氧气）再生脱硫循环液的再生装置应同步建设尾气净化处理设施。

⑥ 热回收焦炉企业应配套建设烟气脱硫、除尘设施，并同步建设脱硫废渣处置设施，使脱硫废渣得到无害化处理。焦炉煤气湿式氧化法脱硫需配套建设提盐设施或其他有效废液处理设施，使脱硫废液得到无害化处理。

⑦ 焦化企业应同步配套建设焦油渣、粗苯再生残渣、剩余污泥、重金属催化剂等固体废弃物处置设施或委托有资质的单位进行处理，使固体废弃物得到无害化处理。

⑧ 炼焦企业煤气鼓风机、循环氨水水泵等应有保安电路。焦炉煤气事故放散应设有自动点火装置。

⑨ 按照环保系统"加强危险化学品管理"要求应对焦化企业进行重点环境管理危险化学品风险评估，制定危险化学品应急救援预案，采取综合防范措施，防止高污染、高毒性、高风险化学品对环境和人类健康产生影响。

📝 课后习题

1.环境污染源于 18 世纪的工业革命，重大环境污染事件不断出现于 20 世纪 30 年代以后，源于_____的使用。

2.我国二氧化碳、二氧化硫排放量位于世界_____。

3.地球日是每年的_____，世界环境日是每年的_____。

4.人类面临的全球性环境问题有_____、臭氧层破坏和损耗、生物多样性减少、土地荒漠化、森林植被被破坏、水资源危机、海洋资源破坏和酸雨污染等。

5.我国环境污染的主要原因有人口增长、资源开发、_____、城市化进程加快、粗放型经济模式和管理落后等。

6.环境问题是指_____作用于周围的环境所引起的环境质量变化，以及这种变化反过来对人类生产、生活、健康的影响。

7.我国的环保方针是指经济建设、城乡建设、_____同步实施，同步发展，实现经济效益、社会效益和环境效益的统一。

8.我国环保的三个主要原则是谁污染谁治理、谁开发谁保护、_____强化管理。

9.焦化行业污染严重的原因是_____、生产链短、清洁生产开展不力、技术装备水平低、污染防治能力差。

10.焦化行业的环保策略包括严格执行_____、依法淘汰落后生产能力、大力推行清洁生产、加强污染防治能力建设、完善技术标准、加强监督管理等。

11.大气污染是指某些组分进入大气中，使其原有成分发生变化，当有害物质达到一定的浓度，

_____，对人体生产、生活、精神状态产生影响，或危害环境的现象。

12. 海洋污染来自陆源污染，包括向海洋倾倒垃圾和废物；也来自_____。

13. "土地三化"指的是土地的荒漠化、沙漠化、_____。

14. 可持续发展理论最早在联合国_____报告中提出。

15. "33211 工程"以污染防治为主，重点是_____。

16. 目前我国定义的新兴产业是_____。

17. 我国实行环境保护国家管理制度，管理部门自上而下分为_____。

18. "三同时制度"是指防治环境污染和生态破坏的设施，必须与主体工程同时设计、同时施工、同时_____。

第八章

煤化工烟尘污染和治理

 本章学习目标

1. 知识目标
（1）了解煤化工烟尘的来源、排放种类以及排放量；
（2）熟悉烟尘控制技术；
（3）了解目前常用的除尘技术和治理技术；
（4）熟悉炼焦生产的烟尘控制；
（5）熟悉化产回收与精制的烟尘控制；
（6）熟悉气体污染控制与气化过程烟尘控制。
2. 能力目标
（1）初步掌握常用的除尘技术；
（2）初步掌握常见的煤化工烟尘处理；
（3）能够根据烟尘的种类及数量确定控制方法；
（4）通过学习烟尘污染与治理，培养创新发展的思维；
（5）提高化工领域的环境友好意识。

第一节　煤化工烟尘的来源

一、焦化生产烟尘的产生

焦化生产排放的有害物主要来自备煤、炼焦、化产回收与精制车间，气体污染物的排放量是由煤质、工艺装备水平和操作管理等因素决定的。下面分述各车间排放污染物的种类及数量。

1. 备煤车间

备煤车间产生的污染物主要为煤尘。煤料在运输、卸料过程中，不可避免地散发出粉尘颗粒，在倒运、堆取作业中也会飞扬出许多煤尘，在粉碎机、煤转运站、运煤胶带输送机等部位也会向大气散放出大量煤尘。

备煤过程向大气排放煤尘的数量取决于煤的水分和细度。表 8-1 为某焦化厂煤预热工艺的气体排放量。

表 8-1 煤预热工艺的气体排放量

干燥预热方式	排放到大气中的气体量 /cm³	气体中有害物浓度/(g/cm³)			单位排放量/(g/t 焦)			
		CO	CO_2	NO_2	CO	SO_2	NO_2	粉尘
干燥至水分为 2%，预热到 210℃	1300	0.1	0.29	0.02	130	380	26	60
	2500	0.1	0.29	0.02	250	750	50	90

2. 炼焦车间

炼焦车间的烟尘来源于焦炉加热、装煤、出焦、熄焦、筛焦过程，其主要污染物有固体悬浮物（TSP）、苯可溶物（BSO）、苯并[a]芘（BaP）、SO_2、NO_x、H_2S、CO 和 NH_3 等。在无控制情况下，其排入总量在 2.37kg/t 煤左右，其中 BSO、BaP 是严重致癌物质，导致焦炉工人肺癌的发病率较高。表 8-2 为日产 1000~1200t 焦炭的焦化厂各工序污染物排放量。

表 8-2 日产 1000~1200t 焦炭的焦化厂各工序污染物排放量

工序	卸煤	皮带运输	焦炉加热	装煤	出焦	熄焦	合计
污染物排放量/(kg/h)	20	25	5	70	20	10	150
所占比例/%	13	17	3	47	13	7	100

（1）装煤过程 装煤开始时，空气中的氧与入炉的细煤粒燃烧生成炭黑，形成黑烟。装炉煤与灼热的炉墙接触，升温产生大量的荒煤气并伴有水汽和烟尘，还有炉顶空间中由于瞬时堵塞而喷出的煤气。其中一部分烟尘进入集气管，另一部分通过装煤孔和炉门缝等不严密处逸出，其量约占焦炉烟尘总排放量的 60%，表 8-3 为装煤过程烟气的组成。

表 8-3 装煤过程烟气组成

项目		装煤后时间/s			
		30	60	90	300
烟气成分（容积）/%	O_2	4.4	0.6	无	无
	CO_2	10.2	9.6	5.8	1.4
	C_nH_m	无	无	2.0	3.8
	CO	无	2.0	5.6	6.4
	CH_4	0.4	1.2	12.2	32.6
	H_2	1.1	3.7	16.0	50.4
烟气热值/(kJ/cm³)		298	1079	9421	23680

装煤操作中会排出很多 C_nH_m 化合物，其中 BSO 排放总量为 0.499kg/t 煤，BaP 排放总量为 0.908×10^{-3}kg/t 煤，分别是推焦过程中 BSO 及 BaP 吨煤排放量的 13.7 倍和 50 倍。其中很多 C_nH_m 化合物是严重影响人类健康的多环芳香烃，因此一定要控制好装煤烟尘的

排出。

（2）推焦过程

在推焦过程中空气受热发生强烈的对流运动，形成热气流。热气流携带大量的焦粉散入空气中，同时促使生焦和残余焦油着火冒烟。在熄焦车开往熄焦塔的途中，焦炭遇到空气又会燃烧冒烟。经过统计，推焦过程产生的烟尘占焦炉烟尘排放量的10%。

（3）熄焦过程

熄焦水喷洒在赤热的焦炭上会产生大量的水蒸气，一年产 45×10^4 t 焦炭的焦化厂，每天约有 $700 m^3$ 水在熄焦中蒸发。水蒸气中所含的酚、硫化物、氰化物、一氧化碳和几十种有机化合物，与熄焦塔两端敞口吸入的大量空气形成混合气流，这种混合气流夹带大量的水滴和焦粉从塔顶逸出，对大气造成污染。

（4）筛焦工段

筛焦工段主要排放焦尘，排放源有筛焦楼、焦仓、焦转运站以及运焦胶带输送机等。

3. 化产回收车间

化产回收车间排放的有害物主要来自化学反应和分离操作的尾气、燃烧装置的烟囱等，主要有原料中的挥发性气体、燃烧废气等。在冷凝电捕工段，设置了很多焦油、氨水贮槽，槽内温度 $75 \sim 80 ℃$，从放散管处排出的废气中主要含 NH_3、H_2S 及 $C_n H_m$ 等有害物。硫铵工段的饱和器满流槽、回流槽、结晶槽和离心机的放散管、硫铵仓库和母液贮槽都是污染源。蒸氨-脱酚和吡啶工段的各种贮槽也是污染源。在粗苯蒸馏工段，粗苯蒸气在冷凝冷却过程中有一部分气体属于不凝气体，如 H_2S 和轻苯，积存在油水分离器和设备管道中，最后经放散管排出，造成污染。表 8-4 为化学产品回收车间有害物的排放种类及排放量。

表 8-4　化学产品回收车间有害物的排放种类及排放量

排放源	气体排放量 /(cm³/t 焦)	各有害物的排放量/(g/t 焦)及平均浓度/(g/cm³)					
		H_2S	NH_3	HCN	$C_6 H_5 OH$	$C_5 H_5 N$	苯族烃
冷凝工段							
初冷器水封槽	0.7	0.5/0.7	1.0/1.4	0.2/0.2	0.07/0.1	0.04/0.06	2.8/4.0
氨水澄清槽	19.8	2.15/0.13	7.4/1.4	1.84/0.12	1.2/0.06	0.85/0.04	78.0/3.8
循环氨水中间槽	4.0	10.6/3.7	2.8/0.8	0.53/0.15	0.85/0.25	0.26/0.08	48.5/14.8
氨水贮槽	4.7	10.3/2.1	26.8/5.5	0.42/0.09	0.50/0.1	0.32/0.07	21.5/4.6
焦油贮槽	8.5	65/7.5	36/4.2	0.9/0.1	2.1/0.25	0.13/0.015	45/5.2
冷凝液中间槽	2.5	2.0/0.9	7.4/6.6	1.7/0.75		0.06/0.04	28.0/12.5
焦油中间槽	0.2	0.3/1.4	0.9/4.2	0.03/0.15	0.006/0.03	0.08/0.15	2.0/10.8
硫铵工段							
满流槽	38.0	1.3/0.15	0.15/0.02	0.4/0.05		0.17/0.02	
回流槽	3.0	0.9/0.3	0.2/0.06	0.2/0.06		0.09/0.03	
母液中间槽	21.0		1.7/0.08	2.0/0.01		0.3/0.015	
结晶槽和离心机	1.7	0.15/0.09	0.1/0.06	0.025/0.015		0.03/0.02	
硫铵仓库	27.0		0.3/0.01	0.013/0.0005		0.24/0.009	

排放源	气体排放量 /(cm³/t焦)	各有害物的排放量/(g/t焦)及平均浓度/(g/cm³)					
		H_2S	NH_3	HCN	C_6H_5OH	C_5H_5N	苯族烃
蒸氨、脱酚、吡啶工段							
吡啶盐基贮槽	0.06		0.06/1.1		0.0001/0.002	0.004/0.07	
脱吡啶母液贮槽	26.0		10.0/0.4		0.008/0.0003	0.16/0.006	
酚盐贮槽	0.7		1.3/1.8		0.2/0.3	0.0006/0.0008	
蒸氨部分石灰沉淀池	70.0	12.4/0.2	9.0/0.1		0.09/0.001	7.4/0.1	
粗苯工段							
终冷器焦油中间槽	4.6	8.0/1.7	1.29		0.0184		11.0/2.4
分离水槽	0.5	0.3/0.6		0.001/0.002			1.6/3.2
贫油槽	1.0	0.9/0.9		0.0005/0.0005			1.4/1.4
富油槽	1.0	0.9/0.9		0.0005/0.0005			5.0/5.0
粗苯计量槽	1.2			0.0042/0.0035			49.3/41.0
重苯槽	0.603			0.0001/0.002			0.321/5.0
轻苯槽	0.106						
洗油槽	0.063			0.0082			0.693/11.0
终冷凉水架		45	14	130	18		200

4. 精制车间

精制车间的气体排放量约为 4900m³/t 焦，其中 H_2S 为 2100g/t 焦，HCN 为 6.9g/t 焦，烃类为 8400g/t 焦，焦油车间排放萘为 1900g/t 焦。管式炉燃烧煤气后其烟囱会排放出 SO_2、NO_x、CO 等有害物。

二、气化生产烟尘的产生

在煤气化生产中，粉尘污染主要是煤场仓储、煤堆表面粉尘颗粒的飘散和气化原料准备工艺煤破碎、筛分加工现场飞扬的粉尘。

在煤气生产过程中，有害气体的污染是煤气的泄漏及放散。煤气炉加煤装置的煤气泄漏造成的污染较为突出。其次是煤气炉开炉启动、热备鼓风、设备检修、放空以及事故时的放散操作都直接向大气放散大量煤气，如固定床气化炉生产水煤气或半水煤气时，在吹风阶段有大量废气和烟尘排入大气。目前国内尚未对其进行治理，主要是由于放散流量大小的多变性和不连续性。

在冷却净化处理过程中，有害物质飘逸在循环冷却水沉淀池和凉水塔周围，随着水分蒸发而逸出到大气。酚、氰化物是造成污染的重要成分。

第二节　烟尘控制技术简介

一、除尘技术简介

从污染源排放的空气往往带有微小颗粒物，是造成大气污染的主要污染物之一，因此在烟气排放前必须采取除尘措施除去颗粒物。根据在除尘过程中是否用水，除尘装置分为湿式和干式。目前常用的除尘技术有重力除尘、旋风除尘、惯性除尘、多管除尘、湿式除尘、布袋除尘、电除尘和电袋除尘。除湿式除尘外，一般除尘器为干式，为提高除尘效率，有时也可以把旋风、电除尘做成湿式。各种除尘装置的适用条件、净化效率和经济性能见表 8-5。

表 8-5　各种除尘装置的性能

名称	压损/Pa	除尘效率/%	最小处理粒径/μm	设备费用	运行费用
重力除尘器	100～150	40～60	50	低	低
惯性除尘器	300～700	50～70	10	低	低
旋风除尘器	500～1500	85～95	3	中	中
洗涤式除尘器	300～15000	80～95	0.1	中	高
布袋除尘器	1000～2000	99～99.9	0.01	中高	中上
电除尘器	300～500	99～99.9	0.01	高	低
电袋除尘器	1200～1500	大于99.9	0.001	高	高

1. 重力沉降室

重力沉降室是借助尘粒本身的重力作用自然沉降下来，并将其分离捕集的装置。重力沉降室是一个截面较大的空室，含尘气体以很小的气流速度（一般为 0.2～0.5m/s）进入除尘器后做层流运动，粉尘在重力作用下沉降到灰斗中。

重力沉降室适用于捕集密度大、粒径大（大于 50μm）的粉尘，除尘效率为 40%～60%。由此可见，重力沉降室不能单独使用，但可以作为预处理使用。

2. 惯性除尘器

惯性除尘器是使含尘气流冲击在挡板上或使气流方向急剧转变，借助尘粒本身的惯性作用，使其与气流分离的装置。

惯性除尘器从构造上来分有两种形式：一是冲击式惯性除尘装置，靠含尘气流中的粒子冲击挡板来收集较粗粒子；二是反转式惯性除尘装置，靠改变含尘气流的流动方向来收集较细粒子。

惯性除尘器能除去较粗的尘粒，一般多作为高性能除尘装置的前级。适用于捕集粒径为 20～50μm 的粗粉尘，除尘效率为 50%～70%。

3. 旋风除尘器

旋风除尘器是利用气流旋转使尘粒产生离心力作用，而从烟气中分离出来的设备。

旋转气流中的粒子受到的离心力比重力大得多，因此旋风除尘器可以除去粒径更小的颗粒物。

旋风除尘器按结构类型可分为切线进入式旋风除尘器和轴向进入式旋风除尘器两种。单独的旋风除尘器常采用切线进入式，当含尘气体从进气口沿切线方向进入后，气流沿外壁由上向下做旋转运动，称为外旋涡。外旋涡到达锥体底部后，转而向上，沿轴心向上旋转，最后从排出管排出，称为内旋涡。气流做旋转运动时，尘粒在离心力的作用下向外壁移动。到达外壁的粉尘在下旋气流和重力的共同作用下沿壁面落入灰斗。切线进入式旋风除尘器的进口气流速度一般为 $7\sim15m/s$，适用于处理小烟气量的除尘。

当需要处理的烟气量较大时，为不影响除尘效率，应采用多个小口径旋风除尘器并联的多管除尘器。多管除尘器气流采取轴向进入式，进口气流速度一般为 $10m/s$ 左右，通过导流叶片，把轴向进入的气流转换成旋转气流。多管除尘器的旋风子的直径可以设计得很小而使其产生更大的离心力，因此处理效率比单体旋风除尘器效率高得多。

旋风除尘器结构简单，设备费用低，维护也方便，可作为一级除尘装置，也可与其他除尘装置串联使用，适用于捕集粒径大于 $20\mu m$ 的尘粒，效率可达 $80\%\sim95\%$。

4. 洗涤式除尘器

洗涤式除尘器（湿式除尘器）是通过含尘气体与液滴或液膜接触，使尘粒从气流中分离出来的设备。其捕集尘粒的机理包括惯性碰撞、截留、扩散、凝聚等。洗涤式除尘器有重力喷雾洗涤器、旋风洗涤器、冲激洗涤器和文丘里洗涤器等多种类型。

湿式除尘器既能净化废气中的固体颗粒污染物，也能脱除气态污染物（气体吸收），同时还能起到气体降温的作用。湿式除尘器具有设备投资少、构造简单、净化效率高的特点，尤其适宜净化高温、易燃、易爆及有害气体。缺点是容易受酸碱性气体腐蚀，管道设备必须防腐；要消耗一定量的水，粉尘回收困难，污水和污泥须进行处理；使烟气抬升高度减小，冬季烟囱会产生冷凝水；在寒冷地区要考虑设备的防冻等。

（1）重力喷雾洗涤器

重力喷雾洗涤器又称喷雾塔或洗涤塔，是湿式洗涤器中最简单的一种。在洗涤器内，含尘气体通过喷淋液体形成液滴空间时，由于尘粒和液滴之间的碰撞、拦截和凝聚等作用，较大较重的尘粒靠重力作用沉降下来，与洗涤液一起从塔底排出。为了防止气体出口夹带液滴，常在塔顶安装除雾器。被净化的气体排入大气，从而实现除尘的目的。重力喷雾洗涤器的结构如图 8-1 所示。

（2）旋风洗涤器

旋风洗涤器与干式旋风除尘器相比，由于附加了水滴的捕集作用，除尘效率明显提高。在旋风洗涤器中，含尘气体做螺旋运动而产生的离心力将水滴甩向外壁形成壁流，减少了气流带水，增加了气流间的相对速度，不仅可以提高惯性碰撞效率，而且采用更细的喷雾；壁液还可以将由离心力甩向外壁的粉尘立刻冲下，有效地防止了二次扬尘。

常用的旋风洗涤器有旋风水膜除尘器、卧式旋风除尘器和中心喷雾旋风除尘器。旋风洗涤器适用于净化粒径大于 $5\mu m$ 的粉尘。麻石水膜除尘器是目前在小型锅炉上经常采用的一种旋风洗涤器，其结构如图 8-2 所示。

（3）冲激洗涤器

冲激洗涤器的净化机理是借助气体的动能冲击液体表面，从而产生液滴形成泡沫层，靠液滴的作用达到除尘目的。一般分为冲击式和自激式两种。图 8-3 是 CCJA 型自激式除尘器，

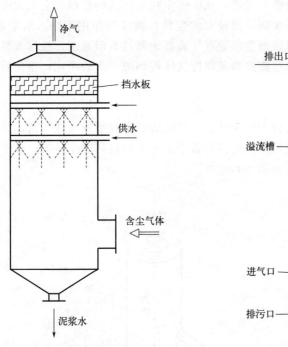

图 8-1 重力喷雾洗涤器

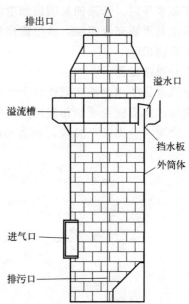

图 8-2 麻石水膜除尘器

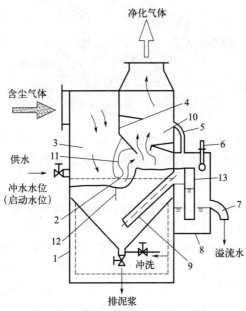

图 8-3 自激式除尘器

1—壳体；2—S形弯道；3—进气室；4—挡板；5—连通管；6—液位体；7—排水口；

8—水箱；9—水连接管；10—脱水室；11—S形弯道上叶片；

12—S形弯道下叶片；13—溢流管

由洗涤除尘室、排泥装置和水位控制系统组合而成。在洗涤除尘器内设置有 S 形通道，使气流冲击水面激起的泡沫和水花充满整个通道，从而使尘粒与液滴的接触机会大大增加。含尘气流进入除尘器后，转弯向下冲击水面，粒径大的尘粒在惯性的作用下冲入水中被水捕集，直接沉降在泥浆斗内。未被捕集的微细尘粒随着气流高速通过 S 形通道，激起大量的水花和水雾，使粉尘与水滴充分接触，通过碰撞和截留使气体得到进一步的净化，净化后的气体经挡水板脱水后排出。

（4）文丘里洗涤器

文丘里洗涤器的净化机理是使含尘气流经过文丘里管的喉径形成高速气流，并与在喉径处喷入的高压水所形成的液滴相碰撞，使尘粒附着于液滴上而达到除尘目的。整个过程可以分为雾化、凝聚、分离三个阶段，如图 8-4 所示。

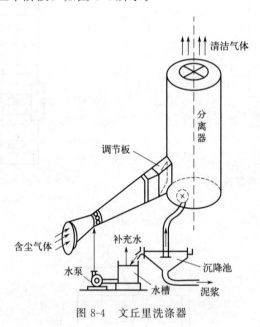

图 8-4   文丘里洗涤器

文丘里洗涤器具有净化效率高、用水量小、结构简单、操作维护方便的特点，还能脱除烟气中的气态污染物如硫氧化物和氮氧化物等。其缺点是阻力大、能耗高。

5. 过滤式除尘器

过滤除尘是使含尘烟气通过滤料，将尘粒捕集分离而达到除尘目的。它分为内部过滤和外部过滤两种方式。内部过滤是将松散多孔的滤料作为过滤层，尘粒在过滤材料内部被捕集而使烟气或空气净化。外部过滤是用滤布或滤纸作滤料，将最初形成的尘粒层作为过滤层进行微粒捕集。目前常采用表面过滤，因此布袋除尘器得到了广泛应用。

布袋除尘器的除尘原理最初依靠惯性碰撞、扩散、拦截、静电形成粉尘初层，然后靠粉尘初层的筛分作用过滤除尘，清灰时靠重力沉降作用使灰饼沉降到灰斗中，达到气体净化的目的。图 8-5 是脉冲喷吹布袋除尘器的过滤与清灰过程示意图。过滤时，含尘气体从下部进入，依靠滤袋的外表面过滤，净化气流进入滤袋内部后，汇聚到上部的净气室排出。当随着粉尘的沉积，滤袋压损不断增加，达到预定值时，脉冲阀工作，压缩空气喷入滤袋，并诱导大量的气体进入滤袋内部，使滤袋膨胀变形，抖落粉尘，粉尘靠重力作用沉入灰斗。

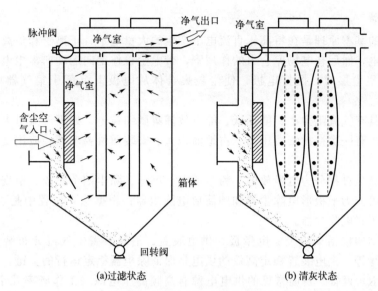

图 8-5　脉冲喷吹布袋除尘器除尘清灰过程

布袋除尘器按滤袋形状分为圆袋和扁袋，按过滤方式分为内滤式和外滤式，按进风方式分为上进风和下进风，按清灰方式分为机械清灰、脉冲喷吹清灰和逆气流清灰。

布袋除尘器的核心是滤料，滤料种类有天然纤维（棉布、毛织滤布、柞蚕丝布）、无机纤维（中碱玻璃纤维，可用芳香基有机硅、聚四氟乙烯、石墨等处理以提高耐磨性、疏水性、抗酸性和柔软性）、合成纤维（聚酰胺、聚酯、聚丙烯腈、聚氯乙烯、聚四氟乙烯）、混纺（合成纤维与棉、毛纤维混合）、毛毡等，常用的有机合成滤料性能见表 8-6。

表 8-6　常用的有机合成滤料性能

滤料名称	滤料特性
聚酰胺纤维(尼龙)	优点：耐磨性、耐碱性好，易清灰 缺点：耐酸性、耐温性差(85℃以下)
聚酯纤维(涤纶 729、208)	优点：耐酸性好，阻力小，过滤效率高，清灰容易，可在 130℃以下长期使用，是目前国内使用最普遍的一种滤料 缺点：耐磨性一般，耐碱性较差
聚丙烯腈纤维(奥纶)	优点：耐酸碱性好，过滤效率高，可在 120℃以下长期使用 缺点：耐磨性、抗有机溶剂性一般
聚乙烯醇纤维(维尼纶)	优点：耐酸碱性好，过滤效率高，可在 110℃以下长期使用 缺点：耐磨性一般，抗有机溶剂性差
芳香族聚酰胺纤维(诺梅克斯)	优点：耐磨性、耐碱性、耐温性好(可在 200℃以下长期使用) 缺点：耐磨性一般，价格较高
聚四氟乙烯纤维(氟纶)	优点：耐磨性、耐酸碱性、耐腐蚀性、耐温性好(可在 200℃以下长期使用)，机械强度高，可以在较高的过滤风速(2.4m/min)下工作，除尘效率高 缺点：价格昂贵

布袋除尘器适用于捕集粒径范围为 $0.5\sim1\mu m$ 的粉尘，除尘效率可达 95％～99％，其阻力损失为 1000～1500Pa。

6. 电除尘器

电除尘器的基本原理是在特高压直流电下产生的大量电子、正离子和负离子，使悬在气流中的尘粒带电，然后在电场库仑力的作用下，带电尘粒作定向运动向集尘电极沉积，当形成一定厚度的集尘层时，振打电极，使尘粒集合体从电极上沉落于集气器中，达到除尘目的。

电除尘器具有气流阻力小、能耗低、能有效捕集微细粒子、处理气流量大、可连续自动操作等优点，也有一次性投资费用高、占地面积大、安装质量要求高、应用受粉尘的比电阻限制等缺点。

电除尘器除尘过程分为电晕放电、粉尘荷电、沉降、除尘四个阶段。根据集尘电极的形式，电除尘器可分为平板形电除尘器和圆筒形电除尘器；根据除尘过程中是否采用水清灰，又分为湿式和干式电除尘器。

电除尘器结构包括集尘极、电晕极、供电装置、清灰装置、气流分布装置、支架、壳体、保温、绝缘等。供电装置稳定高效的供电是保证除尘器稳定运行的关键，供电多采用高压硅整流（T/R）设备。目前常见的供电电源有高频高压电源（工作频率几十千赫兹）、常规工频高压电源（单相 380V 输入）、中频高压电源（三相输入，工作频率几百赫兹）、三相工频高压电源（三相 380V，50Hz 输入）和脉冲高压电源（以窄脉冲 120μs 及以下）。供电参数：二次电压 $40\sim72$ kV，二次电流 $300\sim600$ mA，板电流密度 $0.2\sim0.5$ mA/m^2，线密度 $0.1\sim0.21$ mA/m，最佳火花频率 $30\sim150$ 次/min。

干式电除尘器除尘时，粉尘比电阻的大小对除尘效率影响很大。烟尘的比电阻在 $10^4\sim10^{11}$ Ω•cm 范围时可以获得较好的除尘效率。如果烟尘的比电阻高于 10^{11} Ω•cm，可能会出现反电晕，造成除尘效率降低。如果烟尘的比电阻低于 10^4 Ω•cm，会产生反荷电，发生尘粒二次飞扬。工业上通常向含尘气体中喷入水、水蒸气、三氧化硫或其他调阻剂进行调阻，从而降低烟尘的比电阻，或采用宽间距（$400\sim1100$ mm）来抵消反电晕的影响，提高除尘效率。目前在电除尘领域的新进展包括：

① 低温电除尘器。国家电投集团江西电力、福建大唐国际宁德电厂采用低温电除尘器，通过热烟气与汽机冷凝水的换热，烟气温度由 $120\sim170℃$ 降到 $85\sim110℃$，汽机冷凝水得到额外热量，可减少抽气量的消耗，降低发电煤耗 $1\sim3.5$ g/(kW•h)。

② 湿式电除尘器（喷淋清灰）。如华电淄博热电公司 300MW 机组采用湿式电除尘器，通过连续不断地向集尘极喷水而形成液膜，不仅克服了干式电除尘器受比电阻的影响，而且集尘极可获得较强的电场，防止二次扬尘。可处理高比电阻粉尘，可除去三氧化硫、PM$_{2.5}$，解决"石膏雨""蓝烟酸雾"问题。

③ 移动电极式除尘器。国能河北衡丰电厂 300MW 机组、华能北京热电厂 2000MW 机组和中煤靖远发电公司 300MW 机组采用移动电极式除尘器，通过加高电厂、加长电厂，并在最后一个电厂采用移动电厂，大大提高了除尘效率。

④ 机电多复式双区电除尘器。如华能重庆珞璜发电厂 360MW 机组采用，其中第 $1\sim2$ 电厂采用高频供电，第 $3\sim5$ 电厂采用三相供电，第 5 电厂采用机电多复式双区技术，可以处理微细粉尘，保持较高效率。

⑤ 加粉尘凝聚装置。通过凝聚装置使小颗粒粉尘凝聚为大颗粒，以提高沉降效率。

7. 电袋除尘器

目前许多污染源要求的烟尘排放浓度小于 15 mg/m^3，单独采用电除尘器很难达到这样高的要求，为此把电除尘器与布袋除尘器结合在一起，前端用电除尘器除去粗尘，降低负荷，然后通过布袋除尘提高效率，达到更高的排放要求。电袋除尘器的结构如图 8-6 所示。

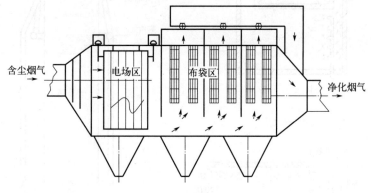

图 8-6　电袋除尘器

电袋复合除尘器产品技术要求参照《环境保护产品技术要求　电袋复合除尘器》（HJ 2529—2012）执行。在电袋复合除尘器内，烟气中 $80\%\sim90\%$ 的粉尘被电场收集，$10\%\sim20\%$ 的粉尘被滤袋除去，电除尘部分电极间距一般控制在 400mm，并采用新型高压供电；布袋除尘部分采用聚苯硫醚（PPS）或玻纤覆膜滤料。进口含尘气体温度应＜250℃，压降＜1200Pa，漏风率＜3％，滤袋寿命大于 2 年。

二、治理技术简介

气态污染物的净化常采用冷凝、燃烧、吸收、吸附、催化氧化还原等方法处理。

1. 冷凝法

冷凝法是利用冷凝的原理，通过采取降温或加压的方式，使呈蒸气状态的有机物或无机物从气体中分离的过程。冷凝法工艺流程如图 8-7 所示。

2. 燃烧法

燃烧法是指通过点火燃烧，分解掉混合气体中可以燃烧的有害成分。根据燃烧控制条件的不同，可以把燃烧划分为直接燃烧、热力燃烧和催化燃烧。如果废气中可燃成分含量高，足以满足燃烧所需的条件时，可以用燃烧器直接点火燃烧；当废气中可燃成分含量低，不能自己维持燃烧时，可以先通过燃烧其他燃料，获取维持燃烧所需的温度，再通入废气进行燃烧，此种方式称为热力燃烧或辅助燃烧；有时为了降低燃烧温度，使燃

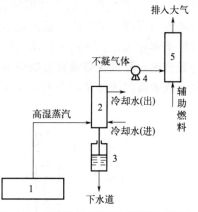

图 8-7　间接冷凝法处理有机蒸气流程
1—真空干燥炉；2—冷凝器；3—冷凝液贮槽；
4—风机；5—燃烧净化炉

烧能在低温条件下进行，可以加入催化剂促进燃烧，这种方式称为催化燃烧。燃烧法一般不能回收废气中的原有有用物质，但可回收燃烧产生的热量。常用于处理碳氢化合物、CO、恶臭气体、沥青烟、黑烟等，经常放在废气净化系统的最后作为最终的处理方法。如石油化工行业产生的 H_2S 废气，首先经过吸收装置回收处理，再经燃烧把尾气中 H_2S 转变为 SO_2，达标后排入大气。常见的集中废气燃烧器如图 8-8 所示。

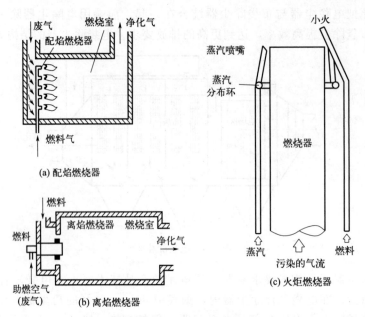

图 8-8　常见的集中废气燃烧器

3. 吸收法

　　吸收法是指气体混合物中的一种或多种组分溶解于吸收液中，或者与吸收液中的组分进行选择性化学反应，从而将物质从气相中分离出来的操作过程。吸收法应用非常广泛，如原料气的净化、有用组分的回收、产品的制备、气体的净化等。很多有害气体如 SO_2、NO_x、HCl、HF、碳氢化合物等常用吸收法加以净化。吸收塔是实现吸收操作的设备。常用的吸收塔有喷雾塔、填料塔、板式塔、鼓泡塔、喷射器、文氏管等，通常采用逆流操作，将气体自塔下部通入，自下而上流动，吸收剂则从塔顶以雾滴形式喷入，自上而下流动，通过气体与吸收剂充分接触完成有害物质从气体向液体的转移，净化后气体从塔顶部除雾后排放，吸收了吸收质的液体从塔底排出，进一步处理。氨吸收法烟气脱硫的简易工艺流程如图 8-9 所示。

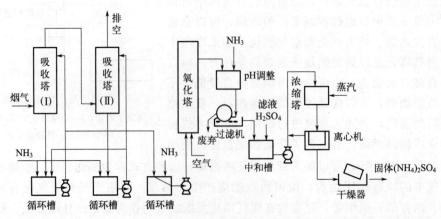

图 8-9　氨吸收法烟气脱硫工艺流程

4. 吸附法

吸附法是利用多孔性物质与气体接触，靠多孔性物质表面存在的剩余能量，使有害气体分子附着其上，而从气体中分离的方法。吸附的推动力主要靠分子间力、静电力和键结力。目前常用的吸附净化设备有三种：固定床吸附器、移动床吸附器和流化床吸附器。固定床吸附器如图 8-10 所示，流化床吸附器如图 8-11 所示。

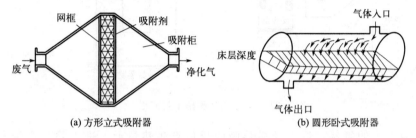

(a) 方形立式吸附器　　　　　(b) 圆形卧式吸附器

图 8-10　固定床吸附器

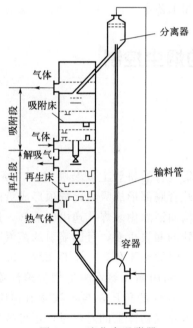

图 8-11　流化床吸附器

5. 催化氧化还原法

催化氧化还原法是利用催化剂的作用，将废气中的有害物质转变为无害物质或易于回收物质的操作方法。采用催化法能去除的气态污染物有 SO_2、NO_x、CO 等，目前脱硝最广泛的方法是选择性催化还原法（SCR）和选择性非催化还原法（SNCR），采用了催化还原的原理，使氮氧化物还原为氮气。SCR 脱硝工艺流程如图 8-12 所示。

脱硝系统一般由还原剂系统、催化反应系统、辅助系统和公用系统等组成。还原剂液氨由稀释空气稀释到一定浓度（氨气浓度低于 5%），送入反应器前端，与锅炉烟气充分混合后进入催化剂床层（一般为 3~4 层），控制床层温度在 200~480℃下完成氮氧化物的催化

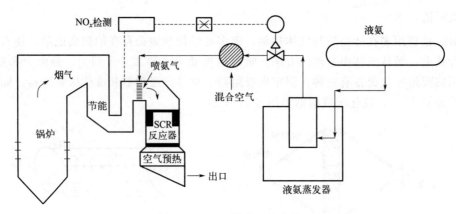

图 8-12　SCR 脱硝工艺流程

还原，转化为无害的氮气，烟气经换热吸收反应产生热量后，进入除尘系统和脱硫系统（FGD）进一步净化。为保证催化剂不失效和系统的正常运行，应及时进行催化剂床层的清灰，公用系统提供所需的蒸汽和工艺水。

第三节　炼焦生产的烟尘控制

一、装煤的烟尘控制

1. 喷射法

喷射法是在连接上升管和集气管的桥管上安装喷射口，喷射出的蒸汽（0.8MPa）或高压氨水（1.8～2.5MPa）使上升管底部形成吸力，炉顶形成负压，引导装煤时散发的荒煤气和烟尘顺利地进入集气管内，从而消除由装煤孔逸出的烟气，达到无烟装煤的目的。用水蒸气喷射时，蒸汽耗量大，阀门处的漏失也多；且因喷射的蒸汽冷凝增加了氨水量，还会使集气管温度升高；当蒸汽压力不足时效果不佳，一般用 0.7～0.9MPa 的蒸汽喷射后，上升管根部的负压仅可达 100～200Pa。而用高压氨水喷射代替蒸汽喷射可解决以上问题。高压氨水喷射可使上升管根部产生约 400Pa 的负压，与蒸汽喷射相比减少了粗煤气中的水蒸气量和冷凝液量，减少了粗煤气带入煤气初冷器的总热量，还可减少喷嘴清扫的工作量，因此得到广泛推广。采用高低压氨水喷射装置如图 8-13 所示。

装煤时，打开高压氨水阀 2，关闭低压氨水阀 3，利用高压氨水喷射造成的吸力使炭化室的荒煤气被吸入集气管，在装煤、平煤完成后，关闭高压氨水阀 2，打开低压氨水阀 3，使煤气恢复低压氨水冷却。操作中当关闭高压氨水阀后，高压氨水管道通往集气管的阀门自动泄压，高压氨水冲刷了集气管底部的焦油渣，使得集气管清洁畅通。

高压氨水喷射法的效率比蒸汽喷射法高，维护简单，生产费用和投资低。但要防止负压太大使煤粉进入集气管，引起管道堵塞、焦油和氨水分离不好，降低焦油质量。

2. 顺序装炉

顺序装炉法必须定出焦炉的每个煤孔的装煤量、装煤速度。顺序装煤适用于双集气管焦炉；对于单集气管焦炉，如果不增加一个吸源，则不能采用顺序装炉法。顺序装炉法的原理

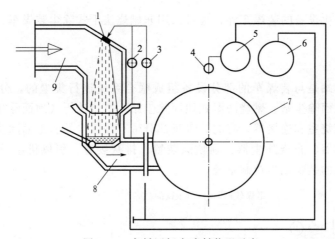

图 8-13　高低压氨水喷射装置示意

1—高低压氨水喷嘴；2—高压氨水三通阀；3—低压氨水三通阀；4—高压氨水泄压阀；

5—高压氨水管；6—低压氨水管；7—集气管；8—承插管；9—桥管

是在装炉时，任一吸源侧只允许开启一个装煤孔，只要吸力同产生的烟气量相平衡就无烟尘逸出。图 8-14 为双集气管 4 个装煤孔焦炉的顺序装炉法。此系统中 1 号斗和 4 号斗同时卸煤，共卸煤 16t，占总装煤量 20t 的 80%，然后 2 号斗卸下 2.5t 煤，最后 3 号斗卸下 1.5t 煤，每个装煤孔卸煤后要盖上炉盖。这种装炉方法的时间增加不多，由于任何时间的吸力一样，不需要下降装煤套筒便可达到消烟目的。该法简单易行，不需要增加额外能源。

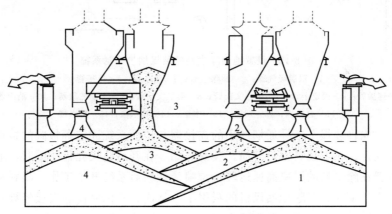

图 8-14　双集气管 4 个装煤孔焦炉顺序装炉法

（按 1→4→2→3 顺序装煤）

3. 带强制抽烟和净化设备的装煤车

装煤时产生的逸散物和粗煤气会被抽烟机经煤斗烟罩、烟气道全部抽出。为提高集尘效果，避免烟气中的焦油雾对洗涤系统的影响，烟罩上设有可调节的孔以抽入空气，并通过点火装置，将抽入的烟气焚燃，然后经洗涤器洗涤除尘、冷却、脱水，最后经抽烟机、排气筒排入大气。排出洗涤器的含尘水放入泥浆槽，当装煤车开至煤塔下取煤的同时，将泥浆水排入熄焦水池，并向洗涤器装入水箱中的净水。

洗涤器有压力降较大的文丘里管式、离心捕尘器式以及低压力降的筛板式等。吸气机受装煤车荷载的限制，容量和压头均不可能很大，因此烟尘控制的效果受到一定的制约。除采用带强制抽烟和净化设备的装煤车外，也可采用非燃烧法干式除尘装煤车、非燃烧法湿式除尘装煤车。

4. 地面除尘站

装煤地面除尘站是与装煤车的部分设备组成联合系统进行集尘的，分为干式地面除尘站、燃烧法干式地面除尘站、燃烧法湿式地面除尘站。燃烧法干式地面除尘站的装煤车部分带有抽烟装置、燃烧室和连接器，有的装煤车部分带有预除尘器。地面除尘站包括干管、烟气导管、烟气冷却器、布袋除尘器、预喷涂装置、排灰装置、引风机组及烟囱等。图8-15为设置地面除尘站的装煤烟尘控制系统。

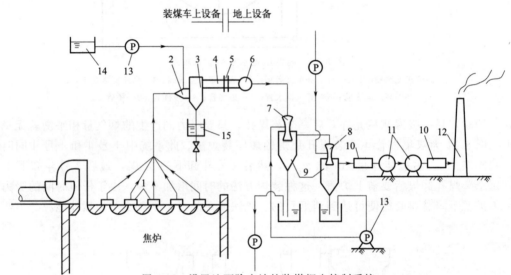

图 8-15　设置地面除尘站的装煤烟尘控制系统

1—双层吸气罩；2—预除尘器；3—脱水器；4—连接管；
5—连通管；6—固定干管；7—第一文氏管；8—第二文氏管；9—水滴捕集器；10—消声器；
11—通风机；12—烟囱；13—水泵；14—给水槽；15—排水槽

在装煤时，先将装煤车上导通烟气用的连接器与地面系统固定翻板阀的接口对接，然后自动打开装煤孔盖，放下装煤密封套筒，装煤开始。在开启装煤孔盖的同时，通过控制系统的信号，使设置在除尘站的风机高速运转，预喷活性粉后系统开始工作。煤料从装煤套筒装入炭化室内产生的烟气，在除尘站风机的吸引下，从内、外两套筒的夹层经导管进入装煤车上的燃烧室进行燃烧，可烧掉部分焦油和 CO、CH_4 等可燃物。

燃烧后的烟气通过连接器、导通阀进入固定在焦炉上的固定干管，经冷却后进入布袋除尘器进行净化。净化后的气体由风机送入消声器，经烟囱排入大气。

冷却器及除尘器收集的尘粒，通过排料落入刮板运输机，再经过斗式提升机运到贮料罐，最后将粉尘定期排出，经螺旋加湿器增湿后用垃圾车运到贮煤场，作为配煤原料。

该系统的装煤车上不设吸气机和排气筒，故装煤车负重大为减轻。但地面除尘站占地面积大、能耗高、投资多。

5. 消烟除尘车

消烟除尘车适用于捣固式焦炉，在捣固式焦炉装煤时，煤饼进入炭化室对内部气体产生一定的挤压作用，再加上煤饼与炉墙之间存有间隙，所以烟尘逸出面积大，使炉顶排出的烟气十分猛烈，并且剧烈燃烧。若没有高压氨水喷淋装置，则处理这种烟气的难度较大，可采用消烟除尘车消除捣固式焦炉装煤时的烟尘。

图 8-16 为消烟除尘车的工艺流程。首先将装煤时产生的煤尘吸入消烟除尘车，经燃烧室燃烧后的废气及粉尘通过文氏管水浴除尘，再经旋风除尘后，废气通过风机排入大气，粉尘随污水排入污水槽，进入熄焦池。

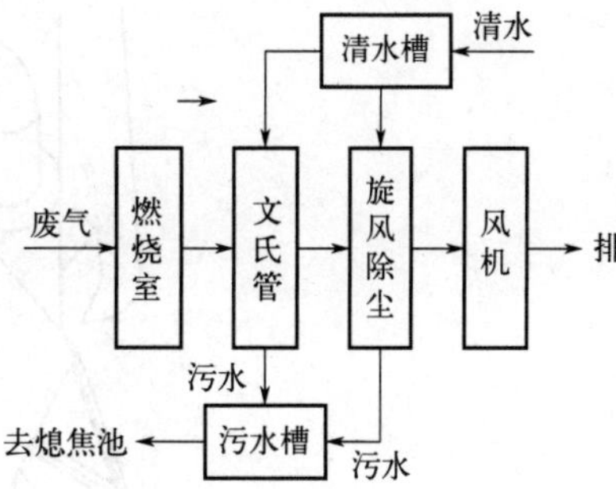

图 8-16　消烟除尘车的工艺流程

二、推焦的烟尘控制

1. 移动烟罩-地面除尘站气体净化系统

移动烟罩-地面除尘站气体净化系统由德国的明尼斯特-斯太因焦化厂开发应用。移动烟罩可行走至任意炭化室捕集推焦逸散物，烟气经水平烟气管道送至地面除尘站净化。国内宝钢、首钢、本钢、酒钢采用的地面站烟气净化系统，防尘效率在 95% 以上，出口烟气可减至 $50mg/m^3$。

图 8-17 是在拦焦车上配置了一个大型钢结构烟尘捕集罩，烟罩可把整个熄焦车盖住。焦炉出焦时，先将拦焦机上部设置的活动接口与固定翻板阀接口对接，使其与地面除尘站导通，然后通过控制系统的信号，使设置在除尘站内的风机高速运转，同时推焦机工作，出焦开始。出焦产生的大量烟尘在除尘站风机的吸引下，通过吸气罩、导通接口、连接管道先经过地面站的预除尘器，将大颗粒烟尘及带有明火的焦粉除去，然后再经冷却器使温度降至 110℃ 以下，进入反吸风布袋除尘器最终得到净化，净化后的气体经烟囱排入大气。系统中各设备收集的粉尘，用刮板输送机先送入装煤除尘系统的预喷活性粉料罐中，作为预喷的吸附剂，剩余部分运至粉尘罐，定期加湿处理后汽车外运。

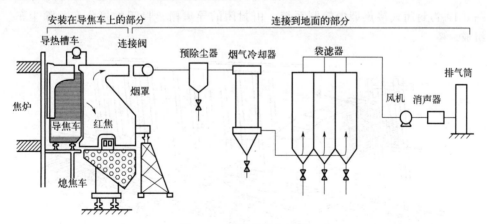

图 8-17　拦焦车集尘流程

2. 焦侧大棚

该法沿焦炉焦侧全长设置大棚，如图 8-18 所示。大棚顶部设有吸气主管，通向地面站的湿式除尘器。焦侧大棚用以收集焦侧炉门和推焦时排放的烟尘，防尘效率大于 95%，缺点是大棚环境较差，大棚内钢件结构易发生腐蚀，投资高，吸气机流量大，能耗比较高。

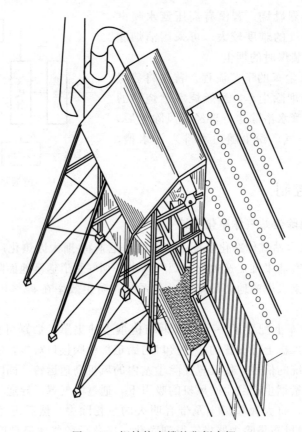

图 8-18 钢结构支撑的焦侧大棚

3. 封闭式接焦系统

图 8-19 为封闭式接焦烟尘控制系统，由封闭的导焦栅、封闭的接焦车、除尘车、熄焦塔等组成。

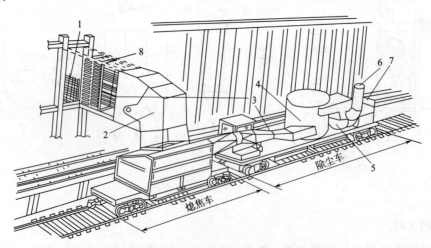

图 8-19 格莱尼特封闭式接焦烟尘控制系统

1—焦炉；2—导焦栅罩；3—文丘里除尘器；4—气水分离器；5—风机；6—排气筒；7—传动装置；8—导焦栅

导焦栅插入炉门支柱的部分用钢板封闭，并且固定着罩子的一端；罩子可伸缩的部分与封闭的导焦车连接，而且能够绕支点回转，目的是使罩子放下来时能够同接焦车吻合。

熄焦车为箱体结构，其顶部的进焦口不能封闭；接焦时，熄焦车不移动，一次装完焦炭。箱体的一端连接排烟管道，当接焦箱体倒焦炭时，脱开连接器，使管道与箱体分离。接焦箱体的下部外侧全长均是排焦门，当箱体倾斜时，即可开启排焦门，将焦炭卸倒在焦台上。

除尘车上设置有喷射冷却水的排风管道、洗涤器、脱水器、排风机、传动装置、水箱和水泵以及牵引设备。熄焦时，把导管插入接焦车的进焦口，喷嘴均匀喷水于焦炭表面。

4. HKC-EBV 热浮力罩

热浮力罩是根据推焦排出的烟气温度高、密度小、具有浮力的特点设计的。热浮力罩具有可移动性和捕尘、除尘双重作用。HKC-EBV 热浮力罩设备小，投资和操作费用低，但除尘效率不高，一般为 $80\%\sim93\%$，目前国内攀钢、武钢及包钢采用了这种热浮力罩。

这种烟罩一侧铰接在拦焦车上，另一侧支撑在一条位于焦台外侧的桥式轨道上，烟罩的行走装置也设在这一侧并与拦焦车同步运行，烟罩可盖住常规熄焦车的 2/3。从熄焦车上排出的烟尘进入罩内，依靠浮力上升至顶部的除尘装置，先脱除大颗粒物，然后进入水洗涤室进一步除尘，再经罩顶排入大气。

5. 装煤推焦二合一除尘

该方法主要原理是装煤与出焦除尘交替运行。当出焦除尘系统运行时，出焦除尘管道上的气动蝶阀开启，装煤除尘管道上的气动蝶阀关闭，地面除尘站风机由低速转入高速运行，系统进行出焦除尘操作；操作结束后，地面除尘站风机由高速转入低速运行，同时出焦除尘管道上的气动蝶阀关闭，装煤除尘管道上的气动蝶阀开启，系统等待装煤除尘操作；当装煤除尘结束后，系统可根据除尘器的阻力及集尘情况进行除尘器的清灰工作，然后系统等待下一个出焦—装煤—清灰循环。图 8-20 为装煤推焦二合一除尘工艺流程图。

三、熄焦的烟尘控制

1. 熄焦塔除雾器

国内一些焦化厂在熄焦塔里安装除雾器以控制烟尘排放。图 8-21 所示的除雾器采用木隔板或百叶板，百叶板式除尘率高达 90%。熄焦塔除雾器也可采用耐热塑料挡板，有利于炼焦初期产生的蒸汽与塑料板产生摩擦静电效应，从而将焦粉吸附在塑料板上。熄焦后期蒸汽中含水滴较多，塑料板可以起到挡水作用，塑料板应定期冲洗。

2. 两段熄焦

以焦罐车代替普通熄焦车，当焦罐车进入熄焦塔下部时，因为焦罐中焦炭层较厚，为 4m 左右，熄焦水从上部喷洒的同时，还会从焦罐车侧面引水至底部，再从底部往上喷入焦炭内。熄焦后，焦炭水分为 $3\%\sim4\%$，因焦炭层厚，上层焦炭可以阻止底层粉尘向大气逸出。因此，这是一项有效而又经济的防止粉尘散发的方法。

3. 干法熄焦

图 8-22 为干法熄焦的原理图。从炭化室推出的焦炭，其温度为 $950\sim1050℃$，进入干熄焦室后，用鼓风机鼓入惰性气体（作为换热介质）以带走熄焦室内红焦的热量，产生的

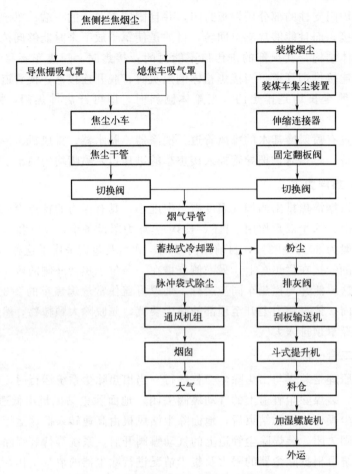

图 8-20　装煤推焦二合一除尘工艺流程

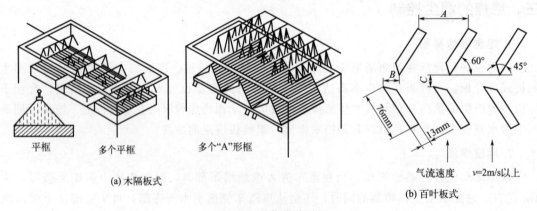

图 8-21　熄焦塔除雾器

800℃一次载热体进入废热锅炉，再经废热锅炉回收热量产生二次载热体，同时惰性气体被冷却，再由风机送至熄焦室，如此反复，将经干熄后的焦炭送往用户。干法熄焦具有节能和提高焦炭质量的优越性，还可以有效地减少在熄焦过程中造成的大气污染，减少湿法熄焦造成的水污染。湿法、干法熄焦的比较见表 8-7。

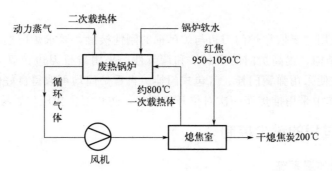

图 8-22　干法熄焦原理

表 8-7　湿法、干法熄焦的比较

熄焦方法	污染物/(kg/h)					
	酚	氰化物	硫化物	氨	焦尘	一氧化碳
湿法熄焦	33	4.2	7.0	14.0	13.4	21.0
干法熄焦	无	无	无	无	无	22.3

四、焦炉连续性的烟尘控制

1. 球面密封型装煤孔盖

密封装煤孔盖与装煤孔之间的缝隙多采用的办法是在装煤车上设置灰浆槽，用定量活塞将水溶液灰浆经注入管注入装煤孔盖密封沟。

球面密封型装煤孔盖选用空心铸铁孔盖，并填以隔热耐火材料。盖边和孔盖为球面状接触，图 8-23 为炉盖及炉座剖面图。即使盖子倾斜，炉盖与盖边的密封性也很好。

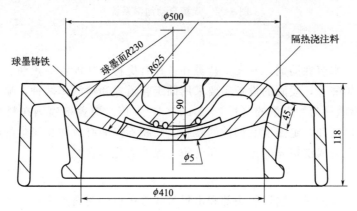

图 8-23　炉盖及炉座剖面（单位：mm）

2. 水封式上升管

水封式上升管由内盖、外盖及水封槽三部分组成。内盖可以挡住赤热的荒煤气，从而避免外盖的变形及水封槽积焦油；水封高度取决于上升管的最大压力。目前水封式上升管已得到普遍应用。

3. 密封炉门

炉门的密封作用主要依靠炉门刀边与炉门框的刚性接触，要求炉门框必须平整。

① 改进炉门结构，提高炉门的密封性和调节性，采用敲打刀边、双刀边及气封式炉门等方法。为操作方便采用弹簧门栓、气包式门栓、自重炉门均可取得良好的效果。

② 在推焦操作中采用推焦车一次对位开关炉门，防止刀边扣压位置移动。

五、煤焦贮运过程的粉尘控制

1. 煤场的自动加湿系统

煤场自动加湿系统如图 8-24 所示，在煤堆表面喷水，当煤堆湿润到一定程度时，其表面会形成一层硬壳，可以起到防尘作用。喷水措施如下：沿煤堆长度方向的两侧设置水管，在水管上每隔 30~40m 安装一个带有竖管的喷头；也可沿煤堆长度方向设置钢制水槽，在堆取料机上安装喷头和泵，可以随机移动喷洒。

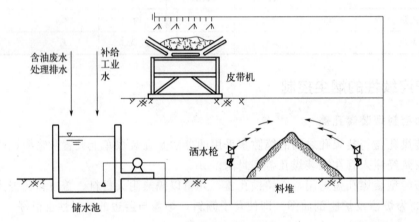

图 8-24   煤场自动加湿系统

2. 喷覆盖剂

覆盖剂是一种水溶性助剂，有无机盐类和各种有机物，如沥青、焦油、石油树脂、醋酸乙烯树脂、聚乙烯醇等，喷洒的设备主要采用固定管道式和喷洒车两种，喷洒剂浓度一般为 3% 的覆盖剂，喷洒量为贮煤量的 $(1.5 \sim 2.0) \times 10^{-5}$ 倍。覆盖剂喷洒在料堆表面能与粉煤凝固成具有一定厚度和一定强度及韧性的硬膜。硬膜不仅能有效防止煤尘的逸出，还可防止雨水的冲刷，避免造成洗精煤的流失，还能防止煤的氧化和自燃。

3. 除尘系统

在煤粉碎机上部的带式输送机头部和出料带式输送机的落料点附近安装吸尘罩，将集气后的含尘气体送往布袋除尘器中进行除尘，净化后经风机、消声器、排气筒排入大气，回收下来的煤尘返回粉碎机后的运输带上与配合煤一起进入煤塔。转运站除尘系统如图 8-25 所示。

4. 配煤槽顶部密封防尘

① 采用自动开启的密封盖板。在槽顶部料口全长方向安装两排铁盖板，一端相互搭接密封，另一端用铰链与土建基础固定成"人"字形。使用时铁盖板借助卸料车或移动式带式输送溜槽的犁头自动开启，犁头移过后，两块盖板自动复位闭合密封。

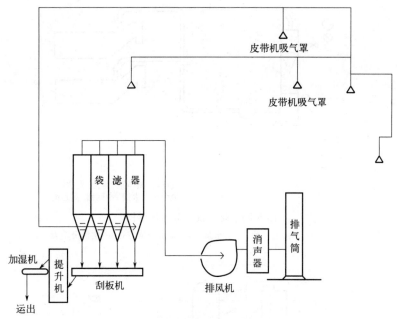

图 8-25 转运站除尘系统

② 采用胶带密封。将配煤槽开口大部分用可移动的宽胶带覆盖，仅留出卸料口，胶带随着可逆皮带的移动改变卸料口位置。

第四节 化产回收与精制的气体污染控制

一、回收车间气体污染控制

1. 冷凝鼓风工段放散气体的处理

在冷凝鼓风工段，有氨水分离器、焦油分离器以及各种贮槽的放散气体，气体中含有 NH_3、H_2S、HCN 和 CO_2 等有害气体。放散气体被风机送入排气洗涤塔底部，与塔上部喷洒的清水逆流接触，放散气体中能溶于水的有害气体被水吸收进入生化处理装置。洗净后的气体从塔顶排入大气。图 8-26 为排气洗净处理装置。

2. 硫铵粉尘的处理

在硫铵生产过程中，结晶出的硫铵晶体经螺旋输送机送入干燥冷却器，用热空气使硫铵晶体干燥，并经管式间冷装置冷却，然后用皮带输送机运往仓库。硫铵干燥、输送过程产生的粉尘应进行处理，图 8-27 是硫铵粉尘的处理工艺。含粉尘的废气进入文丘里洗涤器，与塔顶喷洒的清水并流接触。废气穿过洗涤器底部的水封，粉尘被水吸收。废气再通过雾沫分离器经引风机排至大气，污水送至硫铵母液中。

3. 粗苯蒸馏工序放散气体处理

粗苯蒸馏工序放散气体的焚烧处理流程如图 8-28 所示。从粗苯产品管道上放散管以及油水分离器顶部放散管排出的废气（主要成分是 H_2S、HCN、NH_3 及残留的苯），利用本

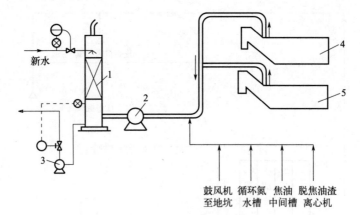

图 8-26　排气洗净装置流程图

1—洗净塔；2—通风机；3—水泵；4—氨水分离器；5—焦油分离器

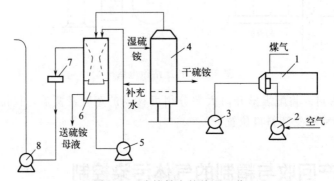

图 8-27　硫铵粉尘的处理工艺

1—热风炉；2—燃烧风机；3—热风风机；4—干燥冷却器；5—洗涤泵；

6—文丘里洗涤塔；7—雾沫分离器；8—引风机

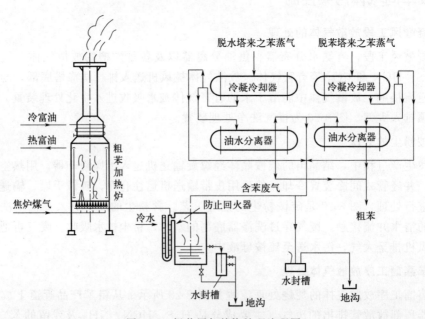

图 8-28　粗苯尾气焚烧处理流程图

身塔底压力，使废气被压入防止回火器，通过压力为980Pa的水封装置进入粗苯管式加热炉进行焚烧，产生的废气与加热炉的大量废气混合排放。

4. 蒸氨工序废气的处理

图8-29是氨气完全焚烧的流程图。在蒸氨工序中，由蒸氨塔顶排出的废气，主要是含有 H_2S、HCN、NH_3 及少量烃类的水蒸气，经分缩器浓缩至含氨为18%～20%后进入焚烧炉上部。在焚烧炉中，送入的煤气与低于理论量的一次空气混合，促进煤气在炉顶燃烧产生温度高达1000～1200℃的还原性烟气。进入焚烧炉上部的氨在高温还原气氛中，通过催化剂层分解为 N_2 和 H_2，HCN和烃类与水蒸气反应生成 N_2、CO和 H_2。

在催化剂层下通入二次空气，使CO、H_2 完全燃烧，经焚烧炉排出的烟气温度约800℃，再经废热锅炉回收热量，最后排入大气。

氨气也可采用不完全燃烧法处理，得到热值为2520～2940kJ/m³ 的烟气，可配入其他燃料气中使用。

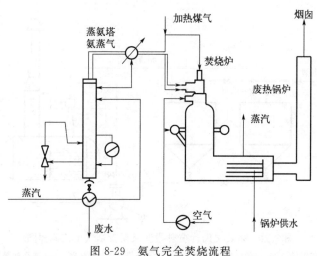

图 8-29　氨气完全焚烧流程

5. 吡啶工序废气的处理

吡啶工段放散气体排入负压系统处理。具体方法是将吡啶工段的贮槽、吡啶中和器放散管与鼓风机前负压煤气管连接。

二、精制车间污染气体控制

1. 吸收法处理废气

（1）洗油吸收法

此法是用洗油在专门的吸收塔中回收苯族烃，将吸收了苯族烃的洗油送至脱苯蒸馏装置中提取粗苯，脱苯后的洗油冷却后重新回到吸收塔以吸收粗苯。图8-30为精萘排气洗净装置，就是采用洗油吸收法处理废气。

采用洗油吸收法处理沥青烟气时，吸收液仍是焦油洗油，同时采用高效文氏管喷射器洗涤沥青烟气，如图8-31所示。文氏管、洗涤净化塔、贮槽三位一体，占地面积小。另外，高效文氏管喷射器具有足够的吸力和压头，维护方便；洗涤剂喷洒喷嘴采用具有特殊结构的喷心，喷洒断面实心。

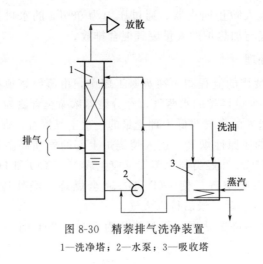

图 8-30　精萘排气洗净装置
1—洗净塔；2—水泵；3—吸收塔

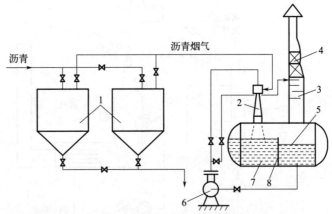

图 8-31　高效文氏管喷射器洗涤沥青烟气工艺流程图
1—沥青高置槽；2—高效文氏管喷射器；3—洗涤塔；4—捕雾器；5—洗涤油循环油槽；
6—循环油泵；7—洗涤油槽；8—油槽隔板

（2）酸碱液吸收法

酚生产工序采用 NaOH 作吸收液处理排放的污染气体，图 8-32 为含酚气体净化系统。吡啶生产工序采用 H_2SO_4 作吸收液处理排放的污染气体，图 8-33 为吡啶排气洗涤装置。

2. 吸附法处理废气

用多孔性固体物质处理流体混合物，使其中所含的一种或几种组分浓集在固体表面，而与其他组分分离的过程称为吸附。吸附的固体物质称为吸附剂，被吸附的物质称为吸附质。常用的吸附剂有活性炭、硅胶及活性氧化铝等。

（1）用吸附法处理苯类放散气体

图 8-34 为活性炭吸附回收苯的流程，该流程分为吸附、脱附（解吸）和再生三步。

含苯的废气进入吸附器（Ⅰ）进行吸附。此时在吸附器（Ⅱ）系统中，用作解吸剂的水蒸气进入吸附器（Ⅱ）进行脱附，脱附后的苯蒸气与水蒸气进入间接冷凝器 1，大部分水蒸气被冷凝后经分离器 2 排出。在间接冷凝器 3 中继续将苯及剩余的水蒸气冷凝，冷凝的苯入贮槽，未冷凝的气体送去燃烧。解吸后，对活性炭进行再生。在吸附器（Ⅰ）失效后，用吸

附器（Ⅱ）吸附，吸附器（Ⅰ）按照上述流程进行再生，完成吸附器（Ⅰ）和吸附器（Ⅱ）
轮换操作。

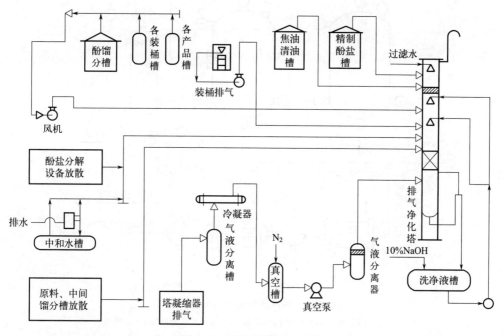

图 8-32　含酚气体净化系统

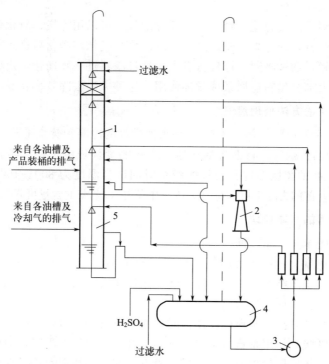

图 8-33　吡啶排气洗涤装置

1—洗净塔上段；2—喷射混合器；3—稀硫酸循环泵；4—稀硫酸循环槽；5—洗净塔下段

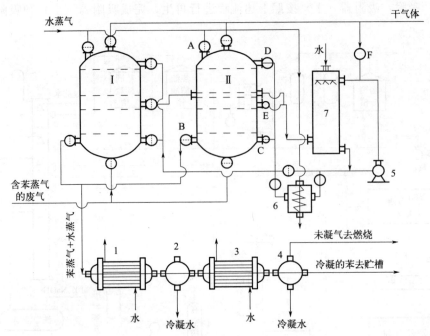

图 8-34   活性炭吸附回收苯的流程

Ⅰ，Ⅱ—吸附器；1，3—间接冷凝器；2，4—气水分离器；5—风机；

6—预热器；7—直接冷凝器；A，B，C，D，E，F—阀门

（2）吸附法处理沥青烟气

在沸腾床、流动床或气力输送管中吸收沥青烟雾，可以用焦炭、氧化铝和活性白土等为吸附剂。现以焦炭为例，沥青烟气先经过喷雾冷却管，经初步净化后进入文氏管反应器，在反应器中与焦粉接触，而被吸附。尾气再进入布袋过滤器进一步净化，定期排出一部分吸附沥青后的焦粉，而大部分焦粉返回系统循环使用。这种方法去除效率在 95% 以上。

3. 用冷凝和燃烧的方法处理废气

① 处理焦油工序的放散气体。图 8-35 是焦油排气的冷凝和焚烧工艺。

② 焚烧法处理沥青烟气。将沥青烟气通入专用的焚烧炉中焚烧、热裂解。为破坏苯并 [a] 芘，通常需要较高的焚烧温度和较长的滞留时间，当温度为 800~1000℃、滞留时间为 3~13s 时，苯并 [a] 芘的去除率可达 99%，废气中苯并 [a] 芘的含量可降至 $20mg/m^3$ 以下。

4. 苯类产品贮槽的气体处理

（1）用氮气封闭苯类产品贮槽

氮封是将一定数量、一定压力的氮气充满贮槽上部空间，使氮气覆盖在苯类产品的表面，这种方法既能防止苯类产品挥发损失又能防止环境污染。

（2）浮顶贮槽代替拱顶式贮槽

苯类贮槽在进行"呼吸"和向槽内注油时，槽中的气层会排入大气，造成产品损失和环境污染。油槽的"呼吸"作用是指由于白天气温上升或夜间气温下降，油槽内部分空间膨胀或收缩，引起内部气体进出的现象。浮顶槽内没有空间，即槽盖直接浮在槽内的油面上，随着油面一起上升或下降，防止轻质油蒸发，不存在因"呼吸"和注油引起的产品损失和环境污染。

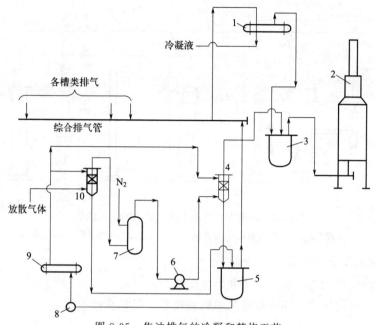

图 8-35 焦油排气的冷凝和焚烧工艺

1—综合排气冷却器；2—焦油加热炉；3—排气密封槽；4—排气洗净塔；5—热洗油槽；

6—真空泵；7—真空槽；8—洗油泵；9—洗油冷却器；10—大气冷却器

第五节 气化过程的烟尘控制

1. 控制气化过程煤气的泄漏

为控制煤气炉加煤装置的煤气泄漏，常采用蒸汽封堵设备活动部分，局部负压排风。平时，通过加强对设备的保养来控制气体泄漏污染。对于煤气炉开炉启动、热备鼓风、设备检修放空以及事故的放散操作造成的大气污染，由于放散气流量的大小多变和不连续性，目前国内基本上尚未进行治理。

2. 煤气站循环冷却的废气治理

煤气站循环冷却水中的有害物质主要是酚、氰化物，会随着水分蒸发而逸出，飘逸在循环冷却水沉淀池、凉水塔周围。治理方法主要是降低循环水中有害物质的含量，其次是改进凉水塔设计。例如凉水塔塔顶设置更为有效的捕滴层来控制飘散的水雾及携带的有害物质。

3. 吹风阶段排出吹风气时废气的治理

水煤气一般采用间歇生产，运行过程中吹风阶段会吹出大量的烟尘和废气，还含有化学热和大量显热。在大型水煤气站均设置了必要的热量回收装置，即燃烧蓄热室、废热锅炉，也设置了离心式旋风除尘器来控制烟尘。图 8-36 是回收吹风气和水煤气显热的工艺流程。

水煤气生产循环过程的吹风阶段，吹风气气流在旋风除尘器或冲击法集尘器分离出气流中的颗粒粉尘后，进入废热锅炉回收显热，再经旋风除尘器排入大气。制气阶段上吹制气时水煤气也经除尘器除尘，废热锅炉回收显热，再进入洗气箱，洗涤塔净化冷却，最后去中间气柜。水煤气站采用离心式除尘器收集吹风气的废气、烟尘是成功的。

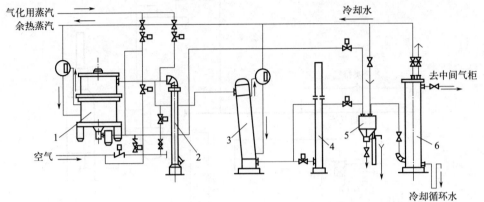

图 8-36　回收吹风气和水煤气显热的工艺流程

1—水煤气炉；2—集尘器；3—废热锅炉；4—烟囱；5—洗气箱；6—洗涤塔

4. 改革气化的工艺和设备

① 采用高温气化工艺，如气流床和熔融床等。

② 提高煤气净化技术，如高温除尘和脱硫技术、甲醇洗技术等。

课后习题

1. 焦化生产排放的有害物主要来自_____、_____、_____与_____，气体污染物的排放量是由_____、_____和_____等因素决定的。

2. 炼焦车间的烟尘来源于_____、_____、_____、_____、_____，其主要污染物有_____、_____、_____、_____、_____、_____和_____等。

3. 目前常用的除尘技术有_____、_____、_____、_____、_____、_____、_____和_____。

4. 筛焦工段主要排放焦尘，排放源有_____、_____、_____以及_____等。

5. 文丘里洗涤器的除尘过程分为雾化、凝聚、_____三个阶段。

6. 布袋除尘器的主要除尘原理是_____。

7. 装煤过程中产生的烟气含有煤粉、炭黑、水汽、煤气和_____。

8. 湿式洗涤器是通过含尘气体与液滴或液膜的接触，使尘粒从气流中分离的设备。其捕集尘粒的机理包括_____、_____、_____、_____等。

9. 在蒸氨工序中，由蒸氨塔顶排出的废气，主要是含有_____、_____、_____及少量烃类的水蒸气，经分缩器浓缩至含氨为_____，进入焚烧炉上部。

10. 氮封是将_____、_____的氮气充满贮槽上部空间，使氮气覆盖在苯类产品的表面，这种方法既能防止苯类产品挥发损失又能防止环境污染。

第九章

煤化工废水污染和治理

 本章学习目标

1. 知识目标
（1）熟悉煤化工废水的来源与影响；
（2）了解废水处理的基本方法；
（3）了解废水处理的原理、原则；
（4）了解清洁生产技术在废水治理中的应用；
（5）熟悉焦化废水污染防治的方法。

2. 能力目标
（1）能初步分析煤化工废水处理的实例；
（2）初步掌握焦化废水污染防治的对策和措施；
（3）能按规程制定污染防治规划；
（4）能设计化工生产过程的废水处理方案。

第一节　煤化工废水来源与危害

一、煤化工废水来源及特性

1. 焦化废水的来源及特性

焦化生产工艺中需要消耗大量的洗涤水和冷却水，因此会产生大量的废水。各焦化厂的废水量及性质，随采用的生产工艺和化学产品精制加工的深度不同而存在差异，但其所含主要污染物相似。焦化废水的水质见表 9-1～表 9-3。焦化废水所含主要污染物是酚、氨、氰、硫化氢和油等，废水 COD 相当高，如不加处理或不认真处理，造成的后果将是十分严重的。

表 9-1   焦化厂废水的水质   单位：mg/L

项目	pH	挥发酚	氰化物	油	挥发氨	COD[①]
蒸氨塔后（未脱酚）	8～9	500～1500	5～10	50～100	100～250	3000～5000
蒸氨塔后（已脱酚）	8	300～500	5～15	2500～3500	100～250	1500～4500
粗苯分离水	7～8	300～500	100～350	150～300	50～300	1500～2500
终冷排废水	6～8	100～300	200～400	200～300	50～100	1000～1500
精苯分离水	5～6	50～200	50～100	100	50～250	2000～3000
焦油加工分离水	7～11	5000～8000	100～200	200～500	1500～2500	15000～20000
硫酸钠废水	4～7	7000～20000	5～15	1000～2000	50	30000～50000
煤气水封槽排水		50～100	10～20	10	60	1000～2000
沥青池排水		100～200	5	50～100		100～150
泵房地坪排水		1500～2500	10	500		1000～2000
化验室排水		100～300	10	400		1000～2000
洗罐站排水		100～150	10	200～300		500～1000
古马隆洗涤废水	3～10	100～600		1000～5000		2000～13000
古马隆蒸馏分离水	6～8	1000～1500		1000～5000		3000～10000

① COD（化学耗氧量）是指用强氧化剂（如重铬酸钾）在酸性条件下将有机物氧化为 H_2O 和 CO_2，此时测出的耗氧量，单位为 mg/L。

表 9-2   焦化厂混合氨水中酚类的组成

成分		含量/（mg/L）	成分		含量/（mg/L）
挥发酚	苯酚	760	难挥发与不挥发酚	邻苯二酚	40
	邻甲酚	150		3-甲基邻苯二酚	50
	间甲酚	210		4-甲基邻苯二酚	40
	对甲酚	130		间苯二酚及其同系物	230
	二甲酚	100			

表 9-3   焦化废水中苯并[a]芘含量

废水名称	含量/（μg/L）	废水名称	含量/（μg/L）
蒸氨废水（经溶剂脱酚后）	72.0～243.8	粗苯分离水	0.43～4.60
洗氨水	61.4～95.8	终冷外排水	1.74～9.10

2. 气化废水的来源及特性

在煤的气化过程中，煤或焦炭中含有的一些氮、硫、氯和金属，会部分转化为氨、氰化物、氯化氢和金属化合物，一氧化碳和水蒸气反应会生成少量的甲酸，甲酸和氨反应又会生成甲酸铵。这些有害物质大部分溶解在气化过程的洗涤水、洗气水、蒸汽分馏后的分离水、贮罐排水及设备管道清扫放空等。

（1）煤气发生站废水

煤气发生站废水主要来自发生炉煤气的洗涤和冷却过程，其废水量和组成会随原料煤、操作条件和废水系统的不同而发生变化，见表 9-4。

表 9-4　冷煤气发生站废水水质

污染物种类	污染物浓度/(mg/L)				
	无烟煤		烟煤		褐煤
	水不循环	水循环	水不循环	水循环	
悬浮物①	—	1200	<100	200～3000	400～1500
总固体	150～500	5000～10000	700～1000	1700～15000	1500～11000
酚类	10～100	250～1800	90～3500	1300～6300	500～6000
焦油	—	痕迹	70～300	200～3200	多
氨	20～40	50～1000	10～480	500～2600	700～10000
硫化物	5～250	<200	—	—	少量
氰化物和硫	5～10	50～500	<10	<25	<10
COD	20～150	500～3500	400～700	2800～20000	1200～23000

① 悬浮物为过滤后滤膜上截留下的物质。

可见，使用烟煤和褐煤作原料时，废水的水质相当恶劣，含有大量的酚、焦油和氨等。

（2）三种气化工艺的废水

固定床、流化床和气流床三种气化工艺的废水情况可见表 9-5。由表 9-5 可见，气化工艺不同，废水中杂质的浓度大不相同。与固定床相比，流化床和气流床工艺的废水水质较好。

表 9-5　三种气化工艺的废水水质

废水中杂质种类	杂质浓度/(mg/L)		
	固定床(鲁奇床)	流化床(温克勒炉)	气流床(德士古炉)
焦油	<500	10～20	无
苯酚	1500～5500	20	<10
甲酸化合物	无	无	100～1200
氨	3500～9000	9000	1300～2700
氰化物	1～40	5	10～30
COD	3500～23000	200～300	200～760

二、煤化工废水的危害

煤化工废水是一种污染范围广、危害性大的工业污水，其危害性主要表现在以下几方面。

1. 对人体的毒害作用

煤化工废水中含有的酚类化合物是原型质毒物，可通过皮肤、黏膜的接触吸入或经口而侵入人体内部。酚类化合物与细胞原浆中蛋白质接触时可发生化学反应，形成不溶性蛋白质，而使细胞失去活力。酚还能向深部渗透，引起深部组织损伤或坏死。低级酚能引起皮肤过敏，长期饮用含酚污水会引起头晕、贫血以及各种神经系统病症。

有的多环芳烃被证实具有致癌、致突变和致畸特性，已经引起人们的关注。

2. 对水体和水生生物的危害

焦化废水主要含有有机物，气化废水也含大量的有机物。绝大多数有机物具有生物可降解性，因此能消耗水中溶解氧。当氧浓度低于某一限值时，水生生物就会受到影响。例如，鱼类要求氧的限值是 4mg/L，如果低于此值，会导致鱼群大量死亡。当氧消耗殆尽时，会使水质严重恶化。

水中含酚量为 0.1～0.2mg/L 时，鱼肉有酚味；浓度过高时会引起鱼类大量死亡，甚至绝迹。酚类物质对鱼的最低致死浓度见表 9-6。酚的毒性还可以大大抑制水中其他生物（如细菌、海藻、软体动物等）的自然生长速度，甚至停止生长。酚类对水生生物的极限有害浓度见表 9-7。废水中的其他物质如油、悬浮物、氰化物等对水体和鱼类也都有危害，含氮化合物会导致水体富营养化。

表 9-6　酚类物质对鱼的最低致死浓度　　　　单位：mg/L

酚类名称	致死浓度	酚类名称	致死浓度
苯　酚	6～7	邻苯二酚	5～15
对甲酚	4～5	间苯二酚	35
二甲酚	5～10	对苯二酚	0.2

表 9-7　酚类化合物对水生生物的极限有害浓度　　　　单位：mg/L

酚类化合物	极限有害浓度			酚类化合物	极限有害浓度		
	大肠杆菌	栅藻	大型水蚤		大肠杆菌	栅藻	大型水蚤
苯酚	>1000	40	12	对苯二酚	50	4	0.6
间甲酚	600	40	28	邻苯二酚	90	6	4
邻甲酚	60	40	16	间苯二酚	>1000	60	0.8
间二甲酚	>100	40	16	间苯三酚	>1000	200	0.6
邻二甲酚	500	40	26	对甲酚	>1000	6	12
对二甲酚	>100	40	16				

3. 对农业的危害

用未经处理的焦化废水直接灌溉农田，会使农作物减产甚至枯死，特别是在播种期和幼苗发育期，幼苗因抵抗力弱，含酚的水会使其霉烂；而用未达到排放标准的污水灌溉，会导致收获的粮食和果菜有异味。而且污水中的油类物质容易堵塞土壤孔隙，含盐量高会使土壤盐碱化。

第二节　废水处理基本方法

一、物理处理方法

物理法处理煤化工废水主要是为了减轻生化处理工序的负荷，保证生化处理等顺利进行，主要是除去废水中的焦油、胶状物及悬浮物等。物理法处理后的废水中，含油浓度通常不能大于 $30\sim50mg/L$，否则将直接影响生化处理。

物理法处理废水是利用废水中污染物的物理特性（如密度、质量、尺寸、表面张力等），将废水中呈悬浮状态的物质分离出来，在处理过程中不改变其化学性质。物理法处理废水可分为重力分离法、离心分离法和过滤法。

重力分离法是利用废水中的悬浮物和水的密度不同，借助重力沉降或上浮作用，使密度大于水的悬浮物沉降，密度小于水的悬浮物上浮，从而达到分离除去的目的。

离心分离法是利用悬浮物与水的质量不同而离心力不同的原理，借助离心设备，使悬浮物与水分离。

过滤法是利用过滤介质截留废水中残留的悬浮物质（如胶体、絮凝物、藻类等），使水澄清。

目前，国内外焦化废水的物理处理多采用均和调节池调节水量和水质，采用沉淀与上浮法（重力分离法）除油和悬浮物。

1. 水质水量调节

（1）水量调节

废水处理中单纯的水量调节有两种方式：一种为线内调节，如图 9-1 所示。一般采用重力流进水，用泵出水。另一种为线外调节，如图 9-2 所示。调节池设在旁路上，当废水流量过高时，多余废水用泵打入调节池；当流量低于设计流量时，再从调节池回流至集水井，并送去后续处理。

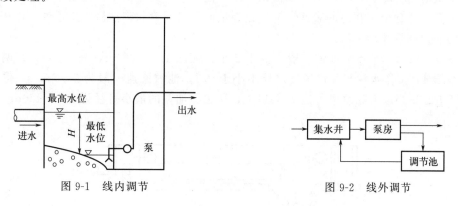

图 9-1　线内调节　　　　图 9-2　线外调节

与线内调节相比，线外调节的调节池不受进水管高度限制，但被调节水量需要进行两次提升，动力消耗较大。

（2）水质调节

水质调节的任务是对不同时间和不同来源的废水进行混合，使流出的废水水质比较均匀。水质调节池也称均和池或匀质池。

水质调节的基本方法有以下两种：

① 利用外加动力（如叶轮搅拌、空气搅拌、水泵循环等）进行强制调节，设备较简单，效果较好，但运行费用高。

② 利用差流方式使不同时间和不同浓度的废水进行自身水力混合，基本没有运行费用，但设备结构复杂。

图 9-3 为曝气均和池，是一种外加力的水质调节池，采用压缩空气搅拌，可以在搅拌作

用下使不同时间进入池内的废水得以混合。在池底设有曝气管。这种调节池构造简单，效果较好，并且可防止悬浮物沉淀于池内。

采用差流方式的调节池类型很多，图9-4为一种折流调节池。配水槽设在调节池上部，池内设有许多折流板，废水通过配水槽溢流至调节池的不同折流板间，从而使某一时刻的出水中包含不同时刻流入的废水，也使水质达到了某种程度的调节。

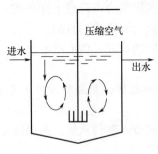

图9-3　曝气均和池

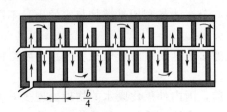

图9-4　折流调节池

2. 沉淀与隔油

煤化工废水中含有较多的油类污染物质，一般采用的方法是用隔油池除油。隔油池的种类很多，目前较为普遍采用的是平流隔油池和斜板隔油池。

(1) 平流隔油池

废水从池的一端进入，从另一端流出；由于池内水平流速很小，进水中的轻油滴在浮力作用下上浮，并且聚集在池的表面，通过设在池面的集油管和刮油机收集浮油。而相对密度大于1的油粒随悬浮物下沉。

如图9-5所示，平流隔油池一般不少于2个，池深1.5～2.0m，高0.4m；每两单格长度比不小于4，工作水深与每格宽度之比不小于0.4；池内流速一般为2～5m/s，停留时间一般为1.5～2.2h；去除效率可达70%以上，所去除油粒的最小直径为100～150μm。

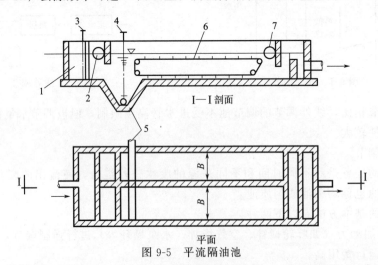

图9-5　平流隔油池

1—布水间；2—进水孔；3—进水阀；4—排水阀；5—排渣阀；6—刮油刮泥机；7—集油管

刮油机由链条牵引或钢索牵引。在用链条牵引时，刮油机在池面上刮油，将浮油推向池末端，而在池底部可起到刮泥的作用，将下沉的油泥刮向池进口端的泥斗。池底部的坡度应

保持在 $0.01\sim0.02$ 之间，贮泥斗深度一般为 0.5m，底宽不小于 0.4m，侧面倾角为 $45°\sim60°$。

一般隔油池水面的油层厚度不应大于 0.25m。为了收集和排除浮油，在水面处应设集油管。集油管一般由直径为 $200\sim300\text{mm}$ 的钢管制成，沿管轴方向在管壁上开有 60° 的切口；集油管可用螺杠控制，使集油管能绕管轴转动。平时切口处于水面以上，集油时将切口旋转到油面以下，浮油溢入集油管并沿集油管流向池外。集油管通常设在池出口及进水间，管轴线安装高度与水面相平或低于水面 5cm。

隔油池的进水端一般采用穿孔墙进水，在出水端采用溢流堰。为了保证隔油池正常工作，池表面应加盖，以防水、防雨、保温及防止油气散发，污染大气。在寒冷地区或季节，为了增大油的流动性，隔油池内应采取加温措施，在池内每隔一定距离，加设水蒸气管，提高废水温度。

平流隔油池构造简单，工作稳定性好，但池容较大，占地面积也大。

（2）斜板隔油池

图 9-6 为斜板隔油池。池内斜板大多数采用聚酯玻璃钢波纹板，板间距为 $20\sim50\text{mm}$，倾角不小于 45°；斜板采用异向流形式，废水自上而下流入斜板组，油粒沿斜板上浮。实践表明，斜板隔油池需停留的时间仅为平流隔油池的 $1/4\sim1/2$，约 30min。斜板隔油池所去除油滴的最小直径为 $60\mu\text{m}$。

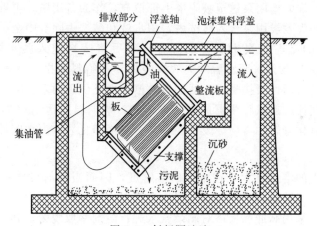

图 9-6　斜板隔油池

二、物理化学处理方法

废水经过物理方法处理后，仍会含有某些细小的悬浮物以及溶解的有机物、无机物。为了去除残存在水中的污染物，可以进一步采用物理化学方法处理。物理化学方法有吸附、萃取、气浮、离子交换、膜分离技术（包括电渗析、反渗透、超滤）等。煤化工废水处理常采用吸附、萃取和气浮法。

1. 吸附剂吸附

固体吸附剂与废水接触后，分子态污染物会吸附于吸附剂上，然后将废水与吸附剂分离，污染物便被分离出来，吸附剂经再生后重新使用。工业上常用活性炭作吸附剂处理煤化工废水。

活性炭吸附工艺包括经活性污泥处理后的污水的预处理、活性炭吸附和活性炭再生三部分，如图 9-7 所示。经活性污泥处理后的污水首先进入混合槽，再加入硫酸亚铁溶液，使悬浮物凝聚。然后加三氯化铁混凝剂，用石灰乳调整 pH 值。同时用压缩空气搅拌，促使水中亚铁离子生成三价铁的沉淀物。在混合槽出口加助凝剂后流入凝聚沉淀槽，用刮泥机将沉降污泥刮至池中部，再用泵送至污泥浓缩装置。用泵将澄清水送入砂滤塔，过滤后进入下一步骤。

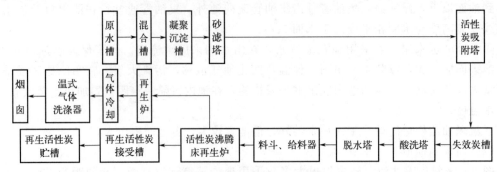

图 9-7   活性炭吸附工艺流程

活性炭吸附塔运转一段时间后吸附能力下降，当出水 COD 值大于 40mg/L 时，即停用第一塔，串联备用塔。第一塔内的失效炭用循环水泵升压的水喷射，从塔底排入失效炭槽。然后将再生炭从再生炭贮槽用泵送至吸附塔上部填充，作为备用塔，再重复操作。

排至失效炭槽的失效炭用泵送入酸洗塔，用水洗和酸洗去除炭中金属盐类，防止废炭再生时造成再生炉床的结垢及炭中灰分的降低。然后将废炭送入脱水塔中，使含水量由 70%～90%脱至 40%～50%。脱水后的失效炭经料斗和给料器投入沸腾床再生炉内，使再生后的活性炭依次进入活性炭接受槽、活性炭贮槽，由此供吸附塔更换失效炭时使用。

再生炉排出的气体经旋风除尘器后进入再燃炉，炉内温度达 1200℃，以保证再生炉废气在燃烧室内充分氧化分解。再燃炉废气经冷却、洗涤净化后，由烟囱排入大气。

2. 萃取脱酚

酚在某些溶剂中的溶解度大于在水中的溶解度，因而当溶剂与含酚废水充分混合接触时，废水中的酚就会转移到溶剂中，该过程称为萃取，所用的溶剂称为萃取剂。

国内焦化厂广泛采用脉冲筛板塔对剩余氨水进行溶剂萃取脱酚，其工艺流程如图 9-8 所示。经脱除焦油的酚水流入吸水池，用泵送到焦炭过滤器中进一步除油与悬浮物，经加热器控制温度为 50～60℃，然后进入脉冲萃取塔的上部分布器中。脱酚后氨水从萃取塔下部流入氨水重苯分离槽，分离后的重苯被水带出，流入氨水池，由此送往氨回收工段。

重苯从重苯循环槽用泵送往重苯加热（冷却）器，在此控制温度为 45～55℃，然后送入萃取塔下部分布器。氨水与重苯由于密度相差较大，所以在塔内进行逆流萃取。在振动筛板的分散作用下，油被分散成细小的颗粒（d 为 0.5～3mm）而缓慢上升（称为分散相），氨水则连续缓慢下降（称为连续相）。在两相逆流接触中，酚转溶到重苯中。富集了酚的重苯从萃取塔的上部流出，进入碱洗塔底部的分布器，依次经过三个碱洗塔，使重苯再生，由最后一个碱洗塔上部流入重苯循环槽，重复使用。

从碱洗塔上部送入浓度为 20%的 NaOH 溶液，装入量为工作容积的一半，碱洗一定时间后，当塔内酚钠溶液中游离碱浓度下降到 2%～3%时即停塔，静置 2h 后，酚钠盐溶液由碱洗塔下部流入贮槽。

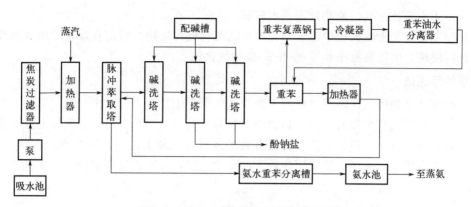

图 9-8　苯-碱法脉冲萃取脱酚工艺流程

为保证溶剂的质量，需除去溶于其中的焦油等高沸点物质，为此从循环油泵出口管连续引出约为循环量的 2%～3% 的重苯送入重苯复蒸锅进行蒸馏再生，再生的重苯返回循环油槽，釜底残渣定期送往鼓风冷凝工段，混入焦油中。

当原料氨水中 S^{2-}、CN^- 含量较多时，为防止其转入酚钠盐中对酚精制设备及管道的腐蚀，可将操作顺序中的第一碱洗塔作为净化塔。在净化塔内，利用酚钠盐的水解可逆反应所生成的氢氧化钠，将入塔循环油带入的 S^{2-}、CN^- 以钠盐形式除去，而水解后的酚钠又以酚或酚铵形式随循环油进入其后的碱洗塔。经过 25 天左右的净化后，排掉废液，重新装入新碱液，改作第三碱洗塔，而以原第二碱洗塔作净化塔。

3. 气浮（浮选）法

气浮技术是近年来兴起的一项环保技术，在工业废水及生活污水处理方面得到了广泛应用。气浮技术主要是针对不同成分、不同水质的污水，添加不同的药剂（氯化钙、聚合铝、聚丙烯酰胺、高分子絮凝剂等），使污水产生气泡，利用高度分散的微小气泡作为载体去除黏附在废水中的污染物，使其视密度小于水而上浮到水面，从而达到净化废水的目的。

气浮法的形式比较多，常用的气浮方法有加压气浮、曝气气浮、真空气浮以及电解气浮和生物气浮等。加压气浮法已在气化废水处理中得到了应用，其原理如下：

① 破乳。在废水中加入强电解质，可以使污染物离解成离子形式，并中和水中微粒的表面电荷，减弱微粒之间的静电作用，使微粒在非外力的作用下主要做布朗运动。

② 凝聚。是指利用高分子自身的大分子结构，在水中形成架桥，将水中的悬浮物及油粒通过架桥吸附作用聚集在一起的过程。

③ 气浮。加压溶气水在常压下释放时，由于压力骤然降低，溶解于水中的氮气将析出上浮，同时水中的悬浮物及油粒被吸附在气泡上一并托起，以达到清除油的目的。

三、生物化学处理方法

生物化学处理方法简称生化法，这种方法是利用自然界中大量存在的各种微生物，在微生物酶的催化作用下，依靠微生物的新陈代谢使废水中的有机物氧化分解，最终转化为稳定无毒的无机物而除去。生化法处理废水可分为好氧生物处理和厌氧生物处理两种方法。

好氧生物处理是在溶解氧的条件下，利用好氧微生物将有机物分解为 CO_2 和 H_2O，并释放出能量的过程。该法分解彻底，速度快，代谢产物稳定。通常对于浓度较高的废水，需进行稀释，并不断补充氧，因此处理成本较高。

生化法主要用于去除废水中溶解的和胶体状的有机污染物。目前在煤化工废水处理中常采用活性污泥法、生物脱氮法和低氧-好氧-接触氧化法等。

1. 活性污泥法

活性污泥法是利用活性污泥中的好氧菌及其他原生生物，对污水中的酚、氰等有机质进行吸附和分解以满足其生存的特点，最终把有机物变成 CO_2 和 H_2O。活性污泥法的发展与应用已有近百年的历史，形成了许多行之有效的运行方式和工艺，但其基本流程是一样的。目前，国内多数焦化厂和气化站采用这种方法净化废水，其工艺流程如图 9-9 所示。

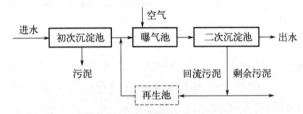

图 9-9　活性污泥法工艺流程

流程中的主体构筑物是曝气池，废水经过适当预处理后，进入曝气池与池内活性污泥混合成混合液，并在池内充分曝气，一方面可以使活性污泥处于悬浮状态，便于废水与活性污泥充分接触；另一方面，通过曝气向活性污泥供氧，保持好氧条件，以保证微生物的正常生长与繁殖。废水中的有机物在曝气池内被活性污泥吸附、吸收和氧化分解后，混合液进入二次沉淀池，进行固液分离，净化的废水排出。二次沉淀池的大部分沉淀污泥回流入曝气池，以保持足够数量的活性污泥。通常，参与分解废水中有机物的微生物的增殖速度，都慢于微生物在曝气池内的平均停留时间。因此，如果不将浓缩的活性污泥回流到曝气池内，则具有净化功能的微生物将会逐渐减少。污泥回流后，净增殖的细胞物质将作为剩余污泥排入污泥处理系统。

另外，为提高 COD 及 NH_3-N 的去除率，人们在活性污泥法的基础上研究开发了强化好氧生物处理法（强化活性污泥法），包括生物铁法、粉末活性炭活性污泥法、生长剂活性污泥法、二段曝气法等。

（1）生物铁法

该法是在活性污泥法曝气池中投加一定量的铁盐，并逐步形成生物铁絮凝体。与传统活性污泥法相比，生物铁法具有下列优点：①加强了曝气池内吸附、生物氧化及凝聚过程，提高了对有机物的去除效率；②改善了活性污泥性能和沉淀性能，增加了曝气池污泥浓度；③抗负荷、抗毒性能力较强。

（2）粉末活性炭活性污泥法

与普通活性污泥法相比，粉末活性炭活性污泥法具有以下优点：①改善了系统的稳定性；②提高了难降解有机物的去除效率；③缓和了有毒、有害物质对好氧微生物的生长抑制；④脱色效果好；⑤改善了污泥性能。

（3）生长剂活性污泥法

投加某些如葡萄糖、对氨基苯甲酸、尿素等生长剂，可以加快 CN^-、SCN^- 的生物降解速率，促进硝化反应。

（4）二段曝气法

该法具有硝化效果好、抗冲击负荷能力较强的特点，由于第二级处于延时曝气，可少排或不排污泥，减少污泥处置费用。

2. 低氧-好氧-接触氧化法

低氧-好氧-接触氧化法是经过充氧的废水以一定的流速流经装有填料的曝气池，使污水与填料上的生物接触而得到初步净化。最后流经接触氧化池，使废水与池中填料上的生物膜接触而得到净化。图 9-10 即为低氧-好氧-接触氧化法生化段工艺流程。

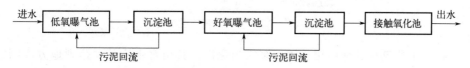

图 9-10　低氧-好氧-接触氧化法生化段工艺流程

经预处理后的废水首先进入低氧曝气池，在低氧浓度下，可改变部分难降解有机物的性质，使一些环链状高分子变成短链低分子物质。在低氧状态下降解一部分有机物，同时使其在好氧状态下易于被降解，从而提高对有机物的降解能力。

废水进入好氧曝气池后，在好氧段去除大部分易降解的有机物，则进入接触氧化池的废水中有机物浓度就会低，且留下的大部分是难降解有机物。

该法的关键部分是在接触氧化池中利用生物膜接触法处理废水，将废水连续通过固体填料（碎石、炉渣、圆盘或塑料蜂窝等），同时在填料上繁殖的大量微生物形成了生物膜。生物膜能吸附及分解废水中的有机物，使废水得以净化。常用的生物膜装置有池床式生物滤池、塔式生物滤池和生物转盘。

池床式生物滤池是在间隙砂滤池和接触滤池的基础上发展起来的人工生物处理法。在生物滤池中，废水通过布水器均匀地分布在滤池表面，滤池中装满了石子等填料（滤料），废水沿着滤料的空隙从上向下流动到池底，通过集水沟、排水渠流出池外。

塔式生物滤池是在床式生物滤池的基础上发展起来的，全塔用棚格分成数层，下设通风口，可以自然通风和强制通风；滤料采用空隙大的轻质塑料滤料，滤层厚度大，从而提高了塔式生物滤池的抽风能力和废水处理能力。

生物转盘又称浸没式生物滤池，是由固定在一根轴上的许多圆盘组成。在氧化槽中充满待处理的废水，使约一半的盘片浸没在废水水面之下。当废水在槽内缓慢流动时，盘片在转动横轴的带动下缓慢转动。

3. 生物脱氮工艺

生产中焦化废水处理系统目前多采用二级活性污染法，尽管曝气时间长，也不能取得满意的 COD 去除效果，废水达不到排放标准要求。如采用三级处理，不仅成本高，而且氨氮也难以去除。近年来中国将生物脱氮工艺用于煤化工废水处理，根据生物脱氮工艺中好氧、厌氧、缺氧等反应装置的不同配置，焦化污水的生物脱氮工艺可分为 A/O、A^2/O、A/O^2 及 $SBR-A/O^2$ 等方法，这些方法对去除焦化废水中的 COD 和 NH_3-N 具有较好的效果。

（1）缺氧-好氧生物脱氮工艺（A/O 工艺）

以 A/O 工艺的基本流程如图 9-11 所示，该工艺由两个串联反应器组成，第一个是以缺氧条件下微生物死亡所释放的能量作为脱氮能源进行的反硝化反应，第二个是好氧生物氧化的硝化作用。将好氧硝化反应器中的硝化液，以一定比例回流到反硝化反应器中，反硝化所需碳源就可直接从入流污水获得，同时减轻硝化段有机负荷，减少了停留时间，节省了曝气量和碱投加量。

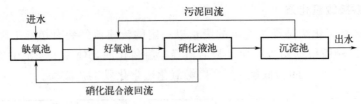

图 9-11　A/O 生物脱氮工艺流程

目前 A/O 工艺已成功地应用于国内多家焦化厂，其出水水质基本达到地方或国家的污水排放标准，操作费用比普通生化处理的增幅大。上海焦化厂有一套 A/O 法治理装置，总投资 1000 余万元，日处理废水量为 7200t，经 A/O 法处理后，废水中 NH_3-N 含量从 150～200mg/L 下降到 15mg/L 以下，COD 从 800mg/L 下降到 150mg/L 左右。

该工艺具有如下特点：①利用污水中的碳作为反硝化时的电子供体，无需外加碳源；②该工艺属于硝酸型反硝化脱氮，即污水中的氨氮在 O 段被直接氧化为硝酸盐后，回流到 A 段进行反硝化，故工艺流程短；③运行稳定，管理方便。

（2）厌氧-缺氧-好氧工艺（A^2/O 工艺）

A^2/O 工艺比 A/O 工艺在缺氧段前增加一个厌氧反应器，主要利用厌氧作用首先降解污水中的难降解有机物，提高其生物降解性，不仅可改善系统 COD 去除效果，还利于后续 A/O 系统的脱氮效果，是目前较为理想的处理工艺。

（3）短程硝化-反硝化工艺（A/O^2 工艺）

A/O 工艺在技术上是稳定可靠的，出水水质可达到地方或国家的污水排放标准。但仍存在处理构筑物较大、投资高、操作费用高等问题，尤其是处理焦化污水的费用高达 5～6元/m^3，其中碱耗约占 60%。分析其主要原因是污水的碳氮比（C/N）低，使反硝化的效果较差，反硝化段的产碱率偏低，迫使硝化段增加投碱量。所以在 A/O 工艺基础上开发了 A/O^2工艺，即短程硝化-反硝化工艺或亚硝酸型反硝化生物脱氮工艺，也称节能型生物脱氮工艺。宝钢化工公司将 A/O 工艺改为 A/O^2 工艺后，提高了污水的处理效果，而且降低了运行成本。工艺还具有如下特点：①将亚硝化过程与硝化过程分开进行，并用经亚硝化后的硝化液进行反硝化脱氮；②反硝化仍利用原污水中的碳，但和 A/O 工艺相比，反硝化时可节碳40%，在 C/N 比一定的情况下可提高总氮的去除率；③需氧量可减少 25% 左右，动力消耗低；④碱耗可降低 2% 左右，降低了处理成本；⑤可缩短水力停留时间，反应器容积也可相应减少；⑥污泥量可减少 50% 左右。

（4）连续流 A/O^2 工艺（SBR- A/O^2 工艺）

在稳态情况下硝酸菌和亚硝酸菌是同时存在的，对于连续流 A/O^2 生物脱氮工艺，由于亚硝化过程受诸多因素的影响，要使硝化过程只进行到亚硝酸盐阶段而不再进入硝酸盐阶段，并达到较高的亚硝化率，要求的控制条件极高，若控制不当，则难以实现亚硝化脱氮。试验结果表明，在间歇曝气反应器中，亚硝化反应和硝化反应过程是先后进行的，即只有当大部分氨氮被转化为亚硝酸后，硝化反应才开始进行。因此，为控制亚硝化率，通常将 A/O^2工艺中的亚硝化段在 SBR 操作方式下运行，故称为 SBR- A/O^2 工艺。试验结果表明，当亚硝化阶段以 SBR 方式运行时，可有效控制亚硝化率，并且可简化控制过程。

四、化学处理方法

一般化工废水的化学处理法有中和、混凝、氧化还原、化学沉淀和电解法等，混凝法一般用于煤化工废水的预处理，氧化法用于煤化工废水处理。

1. 混凝法

混凝法是向废水中投放混凝剂，因混凝剂为电解质，所以可在废水中形成胶团，并与废水中的胶体物质发生电中和，形成绒粒沉降。这一过程包括混合、反应、絮凝、凝聚等几种综合作用，总称为混凝。在用活性炭处理煤化工废水之前，通常采用混凝法进行预处理。

能够使水中的胶体微粒相互黏结和聚集的这类物质称为混凝剂。常用的混凝剂有聚合硫酸铁（PFS）、聚丙烯酰胺、硫酸铝 $[Al_2(SO_4)_3 \cdot 18H_2O]$、硫酸亚铁（$FeSO_4 \cdot 7H_2O$）、聚合氯化铝（PAC，即碱式氯化铝）等，目前国内焦化厂家一般采用聚合硫酸铁。上海焦化总厂选用厌氧-好氧生物脱氮结合聚铁絮凝机械，利用加速澄清法对焦化废水进行综合治理，使水中 COD<158mg/L。国内还开发了一种专用混凝剂 M180，该药剂可有效去除焦化废水中的 COD、色度和总氰等污染物，使废水出水指标达到国家排放标准。

在废水混凝处理中，有时需要投加辅助药剂以提高混凝效果，这种辅助药剂称为助凝剂。按助凝剂的作用可分为以下几种：

① pH 值调节剂。使混凝剂达到使用的最佳 pH，如 CaO。

② 活化剂。改善絮凝体结构的高分子助凝剂，如活性硅酸、活性炭以及各种黏土。

③ 氧化剂。消除有机物对混凝剂的干扰，如 Cl_2。

2. 氧化法

水中有些可溶性无机和有机物质，可以通过化学反应将其氧化，转化成无害物，或气体或固体从水中分离，从而达到处理的目的。常用的氧化法包括空气氧化、氯氧化、臭氧氧化、湿式氧化等。现主要介绍臭氧氧化法处理焦化废水的工艺流程。

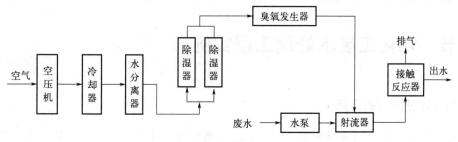

图 9-12 臭氧处理开路系统工艺流程

臭氧处理工艺流程有两种：一种是以空气或富氧空气为原料气的开路系统，如图 9-12 所示；另一种是以纯氧或富氧空气为原料气的闭路系统，如图 9-13 所示。

开路系统的特点是将用过的废气放掉，闭路系统的特点正好与开路系统相反，将废气返回到臭氧的制取设备中，这样可提高原料气的含氧率，降低成本。但在废气循环过程中，氮含量愈来愈高，可用压力转换氮分离器来降低含氮量。臭氧氧化法是瞬时反应，无永久性残留，氧化性强，处理效率高，能除去各种有害物质，一般氰的去除率可达 95% 以上。但臭氧需要边生产边使用，不能贮存，当废水量和水质发生变化时，调节臭氧投放量比较困难，

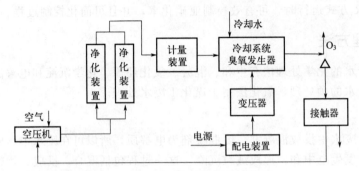

图 9-13　臭氧处理闭路系统工艺流程

且臭氧在水中不稳定，容易分解；工艺基础建设投资大，耗电量大，处理成本高，因而只在国外被普遍应用，在中国未得到推广。

3. 催化湿式氧化法

催化湿式氧化法是污水在高温、高压的液相状态和催化剂的作用下，通入空气使污染物进行较彻底的氧化分解，并转化为无害物质，使污水得到深度净化的过程；同时，又可使污水达到脱色、除臭、杀菌的目的。试验表明，剩余氨水及古马隆废水经一次催化湿式氧化后，出水各项指标均可达到排放标准，并符合回用水要求。

由于催化湿式氧化法处理的是高浓度污水，故与传统处理工艺相比，操作费用大致相当，但其处理效率比活性炭处理低 40% 左右。对于古马隆等工序产生的高 COD 值（10～15g/L）及高氨氮（4～6g/L）的污水和难降解污水，宜采用催化湿式氧化法，一步处理即可达到深度净化；同时可彻底氧化分解水中的苯并[a]芘等多环芳烃，但对其工艺设备要求较严，投资较高。

以上介绍的是废水处理的基本方法，在实际应用时，各方法往往综合使用，否则难以达到排放标准。针对某种废水，往往需要通过几种方法组合成一定的二级或三级处理系统，才能达到排放标准。

第三节　煤化工废水处理工程实例

一、废水处理一般工艺

煤化工废水的水质与原料种类、生产工艺及操作条件等有关，所以废水中各有害物质的浓度有一定差异，但水质组分大致相同。废水处理工艺基本上按有价物质的回收、预处理、生化法处理、深度处理等步骤进行。

（1）有价物质的回收

一般情况下，在确定工艺过程中首先应考虑废水中有价物质的回收。如采用鲁奇加压气化工艺时，废水中酚含量可高达 5500mg/L，远远超过了出水含酚浓度小于 0.5mg/L 的排放标准，所以废水中的酚就可先期回收并作为副产品。但如果废水中酚含量不高，可考虑采用其他方法，如稀释法等。另外，煤化工废水中的氨含量也很高，所以氨也作为有价物质进行回收。目前各企业酚的回收一般采用溶剂萃取脱酚，回收氨一般采用水蒸气提氨。

（2）预处理

经有价物质回收后，该类废水需要进行预处理。其目的主要是去除油类物质、胶状物、重焦油及悬浮物。为减轻后续生物处理工序的负荷创造条件，并保证后续处理工艺的高效率正常操作。通常采用的预处理方法有均和、吹脱、气浮和隔油等。

（3）生化法处理

废水经有价物质回收和预处理之后，必须采用生化处理法处理，才能达到要求。在物理、化学、生物法组成的处理工艺中，必须以生化法为主体，即使煤化工废水中绝大部分有机污染物在生化处理阶段去除，因为生化处理成本最少。目前国外对煤化工废水处理的研究重点在强化生化段处理，采用活性污泥法，延长曝气时间。

（4）深度处理

经过生化处理后的废水，由于某些指标还不能达到排放标准，所以还需进行深度处理。深度处理又称为三级处理，一般采用混凝沉淀、活性炭吸附和臭氧氧化等。

二、气化废水处理工程实例

气化废水经过有价物质回收、预处理、生化处理、深度处理等过程后才能达到排放要求，所以一般情况下该类废水的处理工艺流程都很复杂，但是目前在国内外都形成了比较成熟的典型的处理工艺流程。

1.德国鲁奇公司煤加压气化废水处理工艺流程

德国鲁奇公司煤加压气化废水处理工艺流程如图 9-14 所示。废水经沉降槽分离焦油，过滤去除细小颗粒，使悬浮总含量降至 10mg/L 以下；然后送至萃取塔，用溶剂脱酚，使废水中酚含量降到 100mg/L 以下；再进入汽提塔脱氨，以水蒸气为热源，使氨含量下降，同时可去除一部分硫、氰、酚和油；然后进入曝气池，进行生化处理，使挥发酚、脂肪酸、氰化物和硫化物等大部分污染物被去除；再进入二次沉淀池，除去大部分悬浮物；接着进入絮凝池，投药凝聚，进一步去除悬浮物；出水经砂滤，使悬浮物降到 1mg/L 以下；最后进入活性炭吸附罐，经活性炭吸附处理后，总酚含量可低于 1mg/L，COD 可降至 50mg/L。经处理后的废水无色无臭，可排放到河流中。

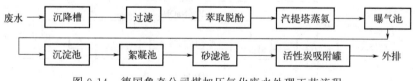

图 9-14　德国鲁奇公司煤加压气化废水处理工艺流程

2.国内某煤加压气化废水处理工艺流程

国内某煤加压气化废水处理工艺流程如图 9-15 所示。经脱酚蒸氨后的废水进入斜管隔油池，可去除废水中残余的大部分油类物质，经调节池进入生化段进行处理，然后由机械加速澄清池去除悬浮状和胶体状的污染物质。生化段采用低氧-好氧-接触氧化三级生物处理，经处理后，废水中难降解有机物、酚类、氰类等污染物明显除去。生化段出水中，可溶性有机污染物浓度大大降低，再经澄清池去除悬浮状和胶体状有机污染物，出水基本达到排放标准，可外排或作为循环用水。

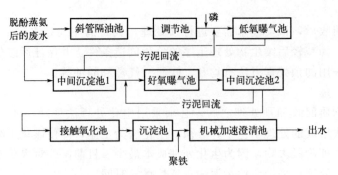

图 9-15　国内某煤加压气化废水处理工艺流程

三、焦化废水处理工程实例

焦化厂含酚废水中主要含挥发酚，煤气发生站含酚废水中含不挥发酚较多。因此焦化废水处理工艺与气化废水的处理工艺不完全相同，但是由于这两种废水所含主要污染物质相同，所以处理工艺上也有相似之处。正确、合理地选取工艺的方法与气化废水处理工艺相似（前一节已叙述），下面以国内某大型焦化总厂的废水处理的工程实例来介绍典型焦化废水处理工艺。

1. 废水的一级处理

该厂是一个以煤为原料的大型综合加工厂，主要产品除冶金焦外，还有城市煤气及一些焦化产品。该厂的含酚废水量约 1100t/d，废水含酚量为 2000～2500mg/L，属高浓度含酚废水，其回收处理工艺流程如图 9-16 所示。该厂于 1968～1985 年陆续建造了三座废水脱酚装置，采用溶剂萃取工艺，用本厂生产的重苯溶剂油在脉冲萃取塔中进行萃取脱酚处理。并且通过氢氧化钠碱液洗涤，回收粗酚钠盐。经萃取脱酚处理后，出水含酚量可降至 200mg/L 以下，再经汽提蒸氨后进入下一段净化处理。该工艺设备简单，操作方便，酚回收率可大于 90%。

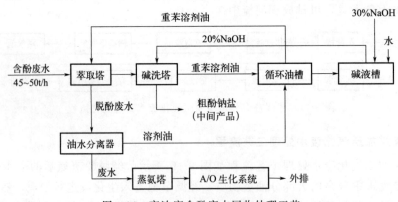

图 9-16　高浓度含酚废水回收处理工艺

2. 废水的二级处理

高浓度含酚废水经萃取脱酚后仍含酚约 200mg/L，而且 COD、氨、氮的含量也比排放标准高得多，因此必须进入下一步处理工段。该厂将脱酚蒸氨后的废水与经隔油、气浮除油系统处理后的管道冷凝水、精苯分离水、粗苯分离水及古马隆废水等的混合废水混合，采用 A/O 填料床（即反硝化-硝化处理工艺）脱氮和聚铁絮凝澄清工艺除 COD。工艺流程如图 9-17 所示。

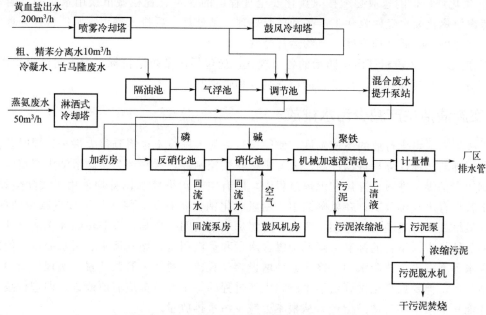

图 9-17　A/O 填料床-聚铁絮凝澄清工艺流程

在反硝化池、硝化池中安装软性填料，去除氨氮效果好，操作较为简便；在处理过程中，可以利用废水中的有机物作为反硝化池中脱氮需要的有机物源，同时在脱氮过程中产生的碱度也可以作为硝化反应所需要的碱剂。此工艺不仅可以还原废水中含氮化合物，而且还能使废水中部分难生化处理的有机物得到氧化分解。

经缺氧-好氧生物脱氮系统处理后的出水，流入机械加速澄清池，同时投加絮凝剂聚合硫酸铁，控制适宜的条件，利用澄清池中悬浮泥渣与废水中微小悬浮颗粒（COD 主要成分）之间的接触絮凝作用，从而有效地去除废水中 COD。机械加速澄清池处理效果好，运行管理较简便，动力、药剂消耗低。由澄清池排出的污泥，经浓缩池后进入带式压滤机进行脱水，获得的干污泥可焚烧。

从上述废水处理流程来看，该厂的废水处理是包括物理、化学、生物等方法的组合处理系统。

第四节　焦化废水污染防治的对策和措施

近年来各个国家投入大量人力和财力研究焦化废水处理技术，并取得了相当大的进展，各种处理方法日益成熟，尤其是一些企业开发的包括活性炭装置的三级废水处理系统，经处理后的水质，各项指标都可以稳定达标。但就目前来看，我国的多数焦化厂的废水还未得到根本治理，主要原因是整个废水处理系统的高昂运行费用，使得处理技术的推广存在很多的实际困难。所以目前国内外的多项研究和实践表明，焦化废水的治理必须采取污染防治和污水处理的综合性措施，把水污染的防、管、治、用作为一个整体，即从系统工程观点出发，统筹安排，制订出费用较低，环境效益和社会效益较大的综合防治方案。

一、制订污染防治规划

① 焦化厂厂址的选取必须按《焦化安全规程》的规定设置在城市饮用水源的下游，并且应考虑使焦化废水经回收化工产品和适当处理（预处理）后排入城市污水厂合并处理的可能性，这样可以降低处理难度，节约运行经费。

② 焦化厂内必须制订污染防治的各项规程，应包括污染防治目标、污染防治组织措施、污染防治技术路线及方案、污染防治检查制度和管理制度。

二、实施清洁生产减少污水排放

近些年来，焦化行业的飞速发展，使得该行业的各项技术也得到很大进步，同时各种机械设备正逐渐实现计算机自动控制、大型机械联锁控制等，这些都为实施清洁生产奠定了基础。例如在备煤、进料、推焦和熄焦过程中，所有空气污染控制设备均采用干式除尘设备，基本上就没有废水排放了；在氨蒸馏中，用氢氧化钠代替石灰，将污泥形成量减少到最低，污泥的最终处置问题随之也得到了解决；对焦炉气采用间接冷却，以避免除冲洗液以外的工艺水与焦炉气中污染物的接触；降低配煤含水量和蒸汽用量，做到清水、污水分流，使冷却水和雨水等不混入工艺废水中；终冷器前增设煤气脱硫、脱氰及脱萘装置，实现生产中一部分清洁生产。但要想真正做到清洁生产，生产过程的每个环节都应有所改进，即进行技术改造，才能从实质上实施清洁生产，从根本上减少污水排放量。

三、废水循环利用

在焦化行业，通常将含酚浓度为 1g/L 以上的废水称为高浓度含酚废水，需要进行回收利用；含酚浓度为 1g/L 以下的称为低浓度含酚废水，应尽可能循环使用。

针对上述两种不同浓度的焦化废水，行业中对废水的回收利用主要有下述两种方法。

① 蒸发浓缩是将碱投到高浓度酚水中，使之生成酚盐，再送入锅炉中作为锅炉用水，蒸出的不含酚蒸汽可作为热源，而含酚盐的水则在锅炉中得到浓缩。这种方法只限于少量高浓度含酚废水的回收利用。

② 酚水掺入循环供水系统，其中含酚废水的投加量占补充水量的 3%～10%，可以使循环水水质稳定，防止结垢，并能减缓对金属设备的腐蚀。但这种方法要求对酚水进行预处理，除去其中游离氨、焦油、悬浮物、溶解固体等杂质，才能对循环系统不产生有害影响。

焦化废水要重复利用，一水多用才是解决废水污染的重要措施。

四、加强管理，提高人员素质，减少排污

首先要通过培训来提高工人和技术人员的素质，强化管理，建立严格的规章制度，控制冷却、净化工艺的给水量，使废水排放量尽量低于计算值，这样才能从源头上减少排污量。

其次加强生产过程的设备维修，提高操作人员的责任感，防止发生溢料以及跑、冒、滴、漏等现象。加强维护管理是非常重要的，既能杜绝危险事故的发生，又能节约原料，减少排污。

最后，要加强各级人员的环保意识，做到环保规章制度、环保法律人人都懂，环保标准人人都知，提高全体员工的环境保护意识。

五、开发先进适用的环保技术，搞好末端治理

从整个环保效益和社会效益来看，防止污染的最终手段是建立厂内的末端处理，在这种情况下，治理的目标不再是废水达到排放标准，而是达到集中处理设施可接纳的程度。

为实现有效的末端处理，必须努力开发一些处理效果好、占地面积小、投资少、可回收利用物质的先进而实用的环保技术。

课后习题

一、填空题

1.水污染是指排入水体的污染物超过_____，从而导致水体的物理特征、化学特征和生物特征发生不良变化，破坏水体原有使用功能的现象。

2.按照联合国对占有水资源的定义，人均占有水资源小于_____为严重缺水国家。

3.水污染物大体分为四类，包括无机无毒物、_____、有机无毒物、有机有毒物。

4.煤化工污水中含有的苯、酚、萘、蒽等高分子污染物，属于油_____，毒性大，危害严重。

5.水质指标分为物理、化学和_____指标三类。

6.BOD 指_____，表示生物降解有机物需要的氧量。

7.粗过滤常利用格栅、筛网过滤、_____等设备去除颗粒较粗（毫米级颗粒物质）的固体物质。

8.用于分离分子量在 1000～10000、直径在 0.002～0.1 μm 颗粒的方法是_____。

9.混凝包括混合、_____、絮凝、凝聚等几种过程。

10.混凝常用的有机混凝剂是_____。

11.含酚废水萃取常用的萃取剂有煤油、洗涤油、重苯、_____、粗苯、乙酰苯、乙酸丁酯、磷酸三甲酯、异丙基醚等。

12.废水处理中微生物生长合理的元素比例是_____。

13.废水处理中控制过低的 pH（小于 4），会出现_____。

14.废水处理的第一道闸门（首先通过的处理设施）是_____。

15.膜分离技术中，超滤比微滤能去除更_____的颗粒物质。

16.气浮常用于去除_____性物质，如油类。

17.氧化还原法除汞的主要反应是_____。

18.可以用_____还原去除六价铬。

19.物理消毒是用_____进行的消毒。

20.化学消毒一般采用_____投入废水进行消毒。

21.如果废水中有游离氨、硫化氢存在，可以采取_____的办法除去。

22.生物法的原理是利用微生物的_____，通过合成与分解代谢处理有机污染物。

23.生物脱氮是通过细菌的硝化和反硝化，将污水中氮转化为_____。

24.焦化废水的深度处理的方法有混凝沉淀法、_____、铁炭微电解电化学处理技术、高级氧化技术及反渗透处理技术等。

二、简答题

1.导致水污染的来源有哪些？

2.简述煤化工废水的处理工艺。

3.简述焦化废水污染防治的对策和措施。

第十章

煤化工废液废渣的处理与利用

 本章学习目标

1. 知识目标
（1）熟悉煤化工废液废渣的来源；
（2）了解煤化工废液废渣的危害；
（3）熟悉煤化工废液废渣的污染特点；
（4）熟悉煤化工废液废渣的处理技术。
2. 能力目标
（1）初步掌握焦化废渣的利用技术；
（2）初步掌握气化废渣的利用技术；
（3）具有化工固体废物识别能力；
（4）具有化工固体废物危害和污染分析能力；
（5）具有良好的环境保护意识。

第一节　煤化工废液废渣的来源

一、焦化生产废液废渣的来源

焦化生产中的废渣主要来自回收与精制车间，有焦油渣、酸焦油（酸渣）和洗油再生残渣等。另外，生化脱酚工段有过剩的活性污泥，洗煤车间有矸石产生。炼焦车间基本不产生废渣，主要是熄焦池的焦粉。

1. 焦油渣

从焦炉逸出的荒煤气在集气管和初冷器冷却的条件下，高沸点的有机化合物被冷凝形成煤焦油，同时煤气中夹带的煤粉、半焦、石墨和灰分及清扫上升管和集气管带入的多孔性物质也混杂在煤焦油中，形成大小不等的团块，这些团块称为焦油渣。

焦油渣与焦油依靠重力的不同进行分离，并在机械化澄清槽沉淀下来，便于机械化澄清槽内的刮板机连续地排出焦油渣。因焦油渣与焦油的密度差较小，且焦油渣粒度小，易同焦油黏附在一起，所以难以完全分离，从机械化澄清槽排出的焦油尚含 2%～8% 的焦油渣，焦油再用离心分离法处理，可使焦油除渣率达 90% 左右。

焦油渣的数量与煤料的水分、粉碎程度、无烟装煤的方法和装煤时间有关。一般焦油渣占炼焦干煤的 0.05%～0.07%；采用蒸汽喷射无烟装煤时，可达 0.19%～0.21%；采用预热煤炼焦时，焦油渣的数量更大，约为无烟装煤时的 2～5 倍，所以应采用强化清除焦油渣的设备。

焦油渣内的固定碳含量约为 60%，挥发分含量约为 33%，灰分约为 4%，气孔率为 63%，密度为 1.27～1.3kg/L。

2. 酸焦油

（1）硫酸铵生产过程产生的酸焦油

当用硫酸吸收煤气中的氨以制取硫酸铵时，不饱和化合物的聚合物和产生的磺酸，以及来自蒸氨塔的酸性物质等各种杂质进入饱和器，在饱和器内产生酸焦油，酸焦油随同母液流到母液满流槽，再入母液贮槽，可在母液贮槽中将其分离出来。

硫酸铵生产过程中产生的酸焦油的数量变动范围很大，通常取决于饱和器的母液温度和酸度、煤气中不饱和化合物和焦油雾的含量、硫酸的纯度和氨水中的杂质含量等。而煤气中焦油雾的含量主要取决于煤气的冷却程度和电捕焦油器的工作效率。一般酸焦油的产率约占炼焦干煤质量的 0.013%。

硫酸铵生产过程中产生的未经处理的酸焦油约含 50% 的母液，其中硫酸铵为 46%，硫酸为 4%。另外酸焦油中还含有许多芳香族化合物（苯族烃、萘、蒽）、含氧化合物（酚、甲酚）、含硫化合物（噻吩）和含氮化合物（吡啶、氮杂萘、氮杂芴）等。

（2）粗苯酸洗过程产生的酸焦油使用硫酸洗涤粗苯时，其中所含的不饱和化合物，在硫酸作用下会发生聚合反应。以异丁烯为例

$$(CH_3)_2C = CH_2 + HOSO_3H \longrightarrow (CH_3)_3COSO_3H$$

（异丁烯）　　　　　　　　　　　　　（酸式酯）

$$(CH_3)_2C = CH_2 + (CH_3)_3COSO_3H \longrightarrow (CH_3)_2C = CHC(CH_3)_3 + H_2SO_4$$

（异丁烯）　　　　　（酸式酯）　　　　（异丁烯二聚物）

生成的二聚物还可与酸式酯反应生成三聚物，连续进行聚合反应，生成更高聚合度的产物——树脂。酸焦油主要含有硫酸、磺酸、巯基乙酸、苯、甲苯、二甲苯、萘、蒽、酚、苯乙烯、茚、噻吩等物质。其中硫酸占 15%～30%，苯族烃占 15%～30%，聚合物占 40%～60%。

聚合物所形成的酸焦油的生成量和黏稠度与酸洗馏分的性质和操作条件有关。当混合馏分中二硫化碳含量较多时，酸焦油的生成量和黏稠度均增加；反之，酸焦油的生成量较少，且会生成同酸和苯族烃易于分离的稀酸焦油。当粗苯中二甲苯含量较高或加入了重苯时，所生成的聚合物可溶解于苯族烃中，则不会生成或生成很少量的酸焦油，表 10-1 是不同原料洗涤时酸焦油的生成量。

由表 10-1 和酸焦油组成成分数据可看出，粗苯中的不饱和化合物应尽量通过初馏的方法分离出去，再对苯、甲苯、二甲苯混合分进行酸洗净化，这样酸焦油的生成量就会减少很多。

表 10-1　不同原料洗涤时酸焦油的生成量

原料	酸焦油生成量同原料之比/%
未提取 CS_2 的混合分	8
苯、甲苯混合分	3～6
苯、甲苯、二甲苯混合物	0.5～3

3. 再生酸

再生酸是在粗苯精制进行酸洗净化时产生的。在酸洗净化过程中所消耗的硫酸量不多，其中大部分可用加水洗涤产生再生酸的方法予以回收。回收过程是在酸洗反应进行完毕后，将一定量的水加入洗涤混合物中，进行混合，以终止酸洗反应。再生酸是由未反应的硫酸、磺酸类、有机聚合物等组成的复杂混合物，一般硫酸含量为 45％～50％，密度为（20℃）1.350～1.405g/cm³，其中有机物含量可高达 15％。

再生酸的回收量随原料组成和洗涤条件的不同而于 65％～80％之间波动，在酸洗过程中，酸焦油生成得越少，酸的回收量越高。

4. 洗油再生残渣

洗油在循环使用过程中质量会变差。为保证循环洗油的质量，将循环洗油量的 1％～2％由富油入塔前的管路或脱苯塔加料板下的一块塔板引入洗油再生器。用 0.98～1.176MPa 的中压蒸汽间接加热至 160～180℃，并用蒸汽直接蒸吹。然后使蒸出来的油气及水汽（155～175℃）从再生器顶部逸出后进入脱苯塔底部。再生器底部的黑色黏稠的油渣（残油）则排至残渣槽。

洗油残渣是洗油中高沸点组分和一些缩聚产物的混合物。高沸点组分如芴、苊、萘、二甲基萘、α-甲基萘、四氢化萘、甲基苯乙烯、联亚苯基氧化物等。洗油中的各种不饱和化合物和硫化物，如苯乙烯、茚、古马隆及其同系物、环戊二烯和噻吩等可缩聚形成聚合物。

缩聚物生成数量由洗油加热温度、粗苯组成、油循环状况等因素而定，且与送进洗苯塔的洗油量有关，一般占循环油的 0.12％～0.15％。聚合物的密度为（50℃）1.12～1.15g/cm³，灰分含量为 0.12％～2.40％，甲苯等可溶物含量为 3.6％～4.5％，固体树脂产率为 20％～60％。

5. 酚渣

酚渣是由粗酚在精制过程中产生的。在原料粗酚中，除酚类化合物外，还含有一定量的水分、中性油和酚钠等杂质。粗酚精馏前需进行脱水和脱渣，脱渣塔底排出的二甲酚残渣与间、对甲酚塔底排出的残液一起流入脱渣釜，由脱渣釜排出酚渣。

酚渣是一种类似于焦油的黏稠状黑色混合物，密度为 1.2g/cm³。酚渣主要含有中性油、树脂状物质、游离碳和酚类化合物。酚类化合物主要是二甲酚、3-甲基-5-乙基酚、2,3,5-三甲基酚及萘酚等高级酚。酚渣的平均组成是：酚含量为 65％，聚合物含量为 25％，含氮化合物＜2％，含盐量为 4％～5％，苯等不溶物含量为 14％。

6. 脱硫废液

用碳酸钠或氨作为碱源的各种湿法脱硫，如 ADA、塔卡哈克斯法等均会产生一定量废液。废液主要是由副反应生成的各种盐。

ADA 法脱硫过程中，发生的反应主要是碱液吸收反应、氧化析硫反应、焦钒酸钠的氧化反应以及 ADA 和碱液再生反应。但是由于焦炉煤气中含有一定量的二氧化碳和少量的氰化氢及氧，所以在脱硫过程中还会发生下列副反应：

煤气中二氧化碳与碱液反应

$$Na_2CO_3 + CO_2 + H_2O \Longrightarrow 2NaHCO_3$$

煤气中氰化氢和氧参与反应

$$Na_2CO_3 + 2HCN \Longrightarrow 2NaCN + H_2O + CO_2 \uparrow$$

$$NaCN + S \Longrightarrow NaCNS$$

$$2NaHS + 2O_2 \Longrightarrow Na_2S_2O_3 + H_2O$$

部分 $Na_2S_2O_3$ 被氧化为 Na_2SO_4

$$Na_2S_2O_3 + \frac{1}{2}O_2 \Longrightarrow Na_2SO_4 + 2S \downarrow$$

氨型塔卡哈克斯法是以煤气中的氨作为碱源，以 1,4-萘醌-2-磺酸铵作氧化催化剂。发生的反应主要有吸收反应、氧化反应和再生反应。生成的硫氢化铵和氰化铵在萘醌催化剂的作用下，会发生副反应生成 NH_4CNS、$(NH_4)_2S_2O_3$ 和 $(NH_4)_2SO_4$，影响吸收液。反应方程式如下：

$$NH_4HS + \frac{1}{2}O_2 \Longrightarrow NH_3 \cdot H_2O + S \downarrow$$

$$NH_4CN + S \Longrightarrow NH_4CNS$$

$$2NH_4HS + 2O_2 \Longrightarrow (NH_4)_2S_2O_3 + H_2O$$

$$NH_4HS + 2O_2 + NH_3 \cdot H_2O \Longrightarrow (NH_4)_2SO_4 + H_2O$$

7. 生化污泥

含酚污水的生化处理多用活性污泥法。主要流程为污水进入曝气池内并曝晒 24h 左右，在好氧细菌作用下，对污水进行净化；污水曝光后进入二次沉淀池形成更多的污泥，部分污泥回流到曝气池，其余的就是剩余污泥，送至污泥处理装置。

二、气化生产过程的废渣

煤的燃烧会产生大量的灰渣，全年煤灰渣量达几千万吨。其中仅有 20% 左右可以得到利用，大部分贮入堆灰场，不仅占用农田，还会污染水源和大气环境。同样，在气化炉中，煤在高温条件下与气化剂反应，煤中的有机物转化成气体燃料，而煤中的矿物质则会形成灰渣。灰渣是一种不均匀的金属氧化物的混合物，表 10-2 为某厂造气炉的灰渣组成。

表 10-2 灰渣组成

氧化物	SiO_2	Al_2O_3	Fe_2O_3	CaO	MgO	其他	总量
组成/%	51.28	30.85	5.20	7.65	1.23	3.79	100

由于煤的气化方法很多，所以反应器类型不同，排灰的方式也不同。图 10-1 为 3 种气化排渣方式。

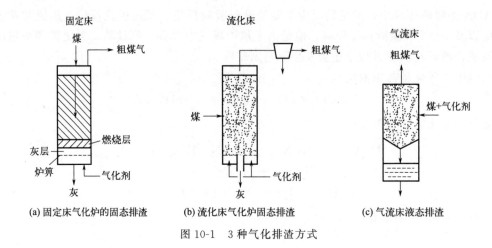

图 10-1　3 种气化排渣方式

1. 固定床气化排渣

（1）固态排渣

常压固定床气化炉一般使用块煤或煤焦为原料，筛分范围为 6～50mm。气化原料由上部加料装入炉膛，整个料层由炉膛下部的炉栅（炉算）支撑。气化剂自气化炉底部鼓入，煤或煤焦与气化剂在炉内进行逆向流动，经燃烧层后基本燃尽成为灰渣，灰渣与进入炉内的气化剂进行逆向热交换后自炉底排出。

（2）加压液态排渣

液态排渣气化炉为保证熔渣呈流动状态，使排渣口上部区域的温度高达 1500℃。从排渣口落下的液渣，经渣箱上部增设的液渣急冷箱淬冷而形成渣粒。当渣粒在急冷箱内积聚到一定高度后，卸入渣箱内，定期排出。

液态灰渣经淬冷后成为洁净的黑色玻璃状颗粒，由于它的玻璃特性，化学活性极小，不存在环境污染问题，只是占用土地。

2. 流化床气化排渣

以温克勒气化炉为例，氧气（空气）和水蒸气作为气化剂自炉算下部供入，或由不同高度的喷嘴环输入炉中，通过调整气化介质的流速和组成来控制流化床温度不超过灰熔点。在气化炉中存在两种灰，一种是密度大于煤粒的灰，沉积在流化床底部，由螺旋排灰机排出，在温克勒炉中，30％左右的灰分由床底排出；另一种是均匀分布并与煤的有机质聚生灰、有机质聚生的矿物质构成灰的骨架，随着气化过程的进行骨架崩溃，富灰部分成为飞灰。其中总是带有未气化的碳，并由气流从炉顶夹带而出。在气化炉中适当的高度引入二次气化剂，并在接近于灰熔点的温度下操作，此时气流夹带而出的碳会充分气化。产品气再经废热锅炉的冷却作用，使熔融灰粒在此重新固化。

3. 气流床气化排渣

气流床气化中，一般将气化剂夹带着煤粉或煤浆，通过特殊喷嘴送入炉膛内。气流床采用很高的炉温，气化后剩余的灰分被熔化成液态，即为液渣排出。液渣经过气化炉的开口淋在水浴中迅速冷却，然后成为粒状固体排出。

第二节　焦化废渣的利用

一、焦油渣的利用

大量的焦油渣堆放在焦化厂的厂区，占用土地；下雨时，大量的焦油渣随雨水到处流动，造成水污染；随着焦油渣中挥发分的逸出，焦油渣堆放处的空气受到严重污染。由于其成分中含有某些毒性物质，早在 1976 年，美国资源保护与回收管理条例就已确定焦油渣是工业有害废渣，因此应对焦油渣加以利用，变废为宝。

1. 回配到煤料中炼焦

焦油渣主要是由密度大的烃类组成，是一种很好的炼焦添加剂，可提高各单种煤胶质层指数。如山西焦化股份有限公司焦化二厂研制出将焦粉与焦油渣混配的炼焦方案，按焦粉与焦油渣 3∶1 的比例混合进行炼焦，不仅增大了焦炭块度，增加了装炉煤的黏结性，而且解决了焦油渣污染问题，提高了焦炭抗碎强度，耐磨强度也有所增加，达到了一级冶金焦炭质量。

马鞍山钢铁公司焦化公司，在煤粉碎机后的送煤系统皮带通廊顶部开了一个 0.5m×0.5m 的洞口，作为配焦油渣的输入口。利用焦油渣在 70℃ 时流动性较好的原理，用 12 只（1700mm×1500mm×900mm）带夹套一侧有排渣口的渣箱，采用低压蒸汽加热夹套中的水，间接加热渣箱内的焦油渣，使焦油渣在初始阶段能自流到粉碎机后的皮带上。后期采用台车式螺旋卸料机辅助卸料，使焦油渣均匀地输送到炼焦用煤的皮带机上，通过皮带送至煤塔回到焦炉炼焦。

2. 作为煤料成型的黏结剂

焦油渣可作为黏结剂，用于电池中电极的生产。

3. 作燃料使用

一些焦化厂无偿或以极低的价格将焦油渣运往郊区农村，作为土窑燃料使用，但热效率较低，可通过添加降黏剂以降低焦油渣黏度并溶解其中的沥青质来提高热效率；若采用研磨设备降低其中焦粉、煤粉等固体的粒度，可以添加稳定分散剂避免油水分离及油泥沉淀等，达到泵送应用要求，使之成为具有良好的燃烧性能的工业燃料油。

图 10-2 为焦油渣和焦油（降黏剂）制备燃料混合物的流程图。首先用提升机将焦油渣从料斗撒在接水槽的筛条上，接收槽用隔热层保温。闸板保证焦油渣从接收槽均匀地通过螺旋给料器供入球磨机内。从球磨机出来的已粉碎的焦油渣进入中间槽，然后用齿轮泵将焦油渣粉通过调节系统和过滤器送入管道，再将焦油渣粉与管道内的焦油混合，送入燃烧炉燃烧。

焦油渣燃料油应燃烧稳定、完全，燃烧温度高、雾化效果好、无断流及烧嘴堵塞现象。

二、酸焦油的利用

1. 硫铵生产过程产生的酸焦油的回收

图 10-3 是硫铵工段酸焦油回收装置。由满流槽溢流出的酸焦油和母液进入分离槽，将

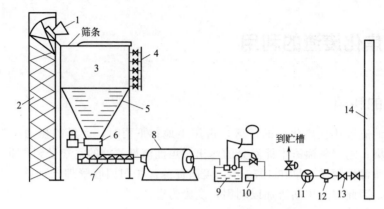

图 10-2　焦油渣和焦油制备燃料混合物的流程

1—料斗；2—提升机；3—接收槽；4—排氨水开闭器，5—隔热层；6—闸板；7—螺旋给料机；
8—球磨机；9—中间贮槽；10—齿轮泵；11，13—调节系统；12—过滤器；14—管道

母液与酸焦油分离。母液自流至母液贮槽，酸焦油则经溢流挡板流入酸焦油槽。用直接蒸汽将酸焦油压入洗涤器，用来自蒸氨塔前的剩余氨水进行洗涤，然后静置分层。将下层经中和的焦油放入焦油槽，送至机械化氨水澄清槽。上层氨水放至母液贮槽。

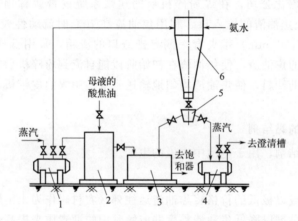

图 10-3　酸焦油洗涤回收装置

1—酸焦油槽；2—分离槽；3—母液贮槽；4—焦油槽；5—窥镜；6—洗涤器

此法的优点是：①该工艺对焦油质量影响不大；②洗涤器内温度保持在 90～100℃，不会发生乳化现象。③洗涤后的氨水中有 30～35g/L 的硫铵可得到回收。缺点是氨水带入母液系统的杂质会影响硫铵的质量。

2. 粗苯酸洗产生的酸焦油的利用

（1）回收苯

酸焦油回收苯的整个处理工艺包括三种装置，分别是萃取装置、中和装置和溶剂再生装置。萃取装置由混合槽、循环泵和分离器组成。工艺过程如图 10-4 所示。工艺采用杂酚油作萃取剂，将酸焦油、水和杂酚油送入混合槽内。用循环泵不断抽出混合物，一部分进入循环，一部分送到分离器。分离器中的混合物依靠密度差自然分层，上层是溶解了酸焦油中聚合物的溶剂层，将此层引入中和器，用浓氨水中和。下层是略带色度、不含有机物质的酸。

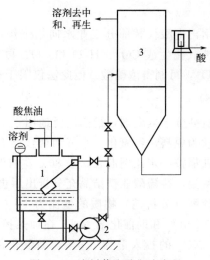

图 10-4　溶剂萃取酸焦油流程

1—混合槽；2—循环泵；3—分离器

采用杂酚油溶剂萃取法处理粗苯酸洗产生的酸焦油，不仅可以分离酸焦油中的硫酸与聚合物，同时由中和器放出的分离水为硫铵水溶液，可被送往硫铵工段。溶剂可送去再生回收苯和杂酚油。再生釜内残渣又可作燃料油使用或加到粗焦油中。

（2）制取减水剂

酸焦油中的磺化物具有表面活性，在残余硫酸的催化作用下，酸焦油与甲醛发生缩合反应，可合成混凝土高效减水剂。反应时间、加料方式和甲醛加入量是影响减水剂减水率的主要因素。

（3）制取石油树脂

将混合苯与粗苯精制釜残液、酸焦油混合，在催化剂的作用下聚合可得石油树脂。

3. 集中处理硫铵生产和粗苯酸洗过程产生的酸焦油

（1）直接混配法

即直接掺入配煤中炼焦，酸焦油配入量主要是根据精制车间酸焦油的产量来决定的，大约为 0.3%。在炼焦煤中添加酸焦油可使煤堆密度增大，焦炭产量增加，焦炭强度有不同程度的改善，尤其焦炭耐磨指标 M10、焦炭反应性及反应后强度的改善较明显。酸焦油对炼焦煤的结焦性和黏结性有一定的不利影响，同时高浓度酸焦油对炉墙硅砖有一定的侵蚀作用。

（2）中和混配法

先用剩余氨水中和，再与煤焦油和沥青等混配成燃料油或制取沥青漆的原料油。

三、再生酸的利用

国外大多是将再生酸送往硫铵工段生产硫铵，但再生酸中含有大量的杂质，可引起饱和器母液起泡和粥化，破坏饱和器的正常工作，同时也会使生产的硫铵质量下降、颗粒变细、颜色变黑。国内一些单位对精苯再生酸的净化与利用进行了大量的研究，但至今为止尚未研究出经济上合理、技术上可行的方法，仍停留在实验室和工业性试验阶段，主要有喷烧法、合成聚合硫酸铁法、萃取吸附法、热聚合法等。

1. 焙烧炉喷烧法

在生产硫酸的装置中，用再生酸代替部分工业水向焙烧炉内喷洒，在 $850\sim950℃$ 的高温下，再生酸中的有机物会被氧化生成 CO_2、H_2O 和 CO，再生酸中的硫酸则转化为 SO_3 和 H_2O，再用接触法吸收 SO_3，可制得浓硫酸。但此法仅限于有硫酸生产车间的焦化厂。

2. 合成聚合硫酸铁 （PFS）

聚合硫酸铁是优良的无机高分子絮凝剂，目前广泛地用于工业水和生活用水的处理。其合成方法是以硫酸和硫酸亚铁为原料，经氧化、水解和聚合反应制成。

首先将精苯再生酸与废铁屑按一定比例混合，于80℃左右温度下反应 $4\sim5h$。然后趁热减压过滤，滤液快速冷却至室温，待硫酸亚铁结晶充分析出后再一次进行减压过滤，得到硫酸亚铁。合成的硫酸亚铁与硫酸（分析纯）物质的量比为1∶0.4，将反应液酸度控制在一定范围内，分批加入催化剂 $NaNO_2$ 和助催化剂 NaI，在加热搅拌下通入氧气进行反应。当反应温度为50℃，催化剂 $NaNO_2$ 的投入量为 1.6%，助催化剂 NaI 的投入量为 0.4% 时，反应时间为4h。

3. 萃取-吸附法净化再生酸

首先采用合适的萃取剂将再生酸中的有机物萃取出来，通常使用的萃取剂多为焦化厂的副产品，一般有洗油、酚油、脱酚酚油、粗酚、二混酚、二甲苯残油、重苯溶剂油等。然后用活性炭对萃取后得到的再生酸进行脱色处理。

4. 外掺沉淀吸附法

将一种价格低廉的外掺剂加入再生酸中（体积比为1∶25），在20℃的温度下搅拌反应3h，外掺剂与再生酸中的有机物反应生成沉淀，过滤后滤液为红色透明液体，滤渣为褐色粒状物。然后再将滤液用活性炭吸附脱色，净化后的再生酸的 COD 值去除率可达 $80\%\sim86\%$ 以上。净化后再生酸的硫酸含量基本不变，仍为 $40\%\sim60\%$，可作为生产一些化工产品的原料，如聚合硫酸铁、硫酸亚铁、硫酚铜、硫酸锌、氧化铁黑、氧化铁红等；也可用于饱和器生产硫铵及钢材的清洗，如减压蒸馏浓缩至93%左右，可重新用于精苯的酸洗精制。

四、洗油再生残渣的利用

1. 掺入焦油中或配制混合油

洗油再生残渣通常掺入焦油中。洗油再生残渣也可与蒽油或焦油混合，生产混合油，作为生产炭黑的原料。

2. 生产苯乙烯-茚树脂

残油生产苯乙烯-茚树脂可以通过在间歇式釜或连续式管式炉中加热和蒸馏的途径实现，图 10-5 是苯乙烯-茚树脂生产工艺流程。

将来自贮槽1的残油和来自贮槽2的溶剂油稀释剂按1∶1的比例送入带有搅拌与加热的设备3中。残油用来自容槽4的硫酸铵水溶液进行处理脱灰。在 $60\sim80℃$ 下混合，经过处理的洗涤液在沉淀后收集在容器5中。从容器5或直接送至回收车间硫铵工段，析出硫铵，或送去再生硫酸。净化过的残油溶液经过中间槽6至蒸馏釜7用以蒸出溶剂，溶剂在冷凝冷却器8中冷却后回至净化循环系统。除去溶剂的残油收集于贮槽9，再送往用焦炉煤气加热的管式炉10，残油加热至所需温度，进入蒸发器11，通过相分离分成蒸气相和液相，

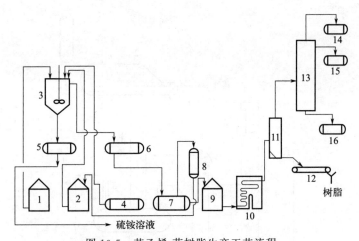

图 10-5　苯乙烯-茚树脂生产工艺流程

1，2，9—贮槽；3—脱灰设备；4—容槽；5，14，15，16—容器；6—中间槽；
7—蒸馏釜；8—冷凝冷却器；10—管式炉；11—蒸发器；12—运输带；13—精馏塔

液相为苯乙烯-茚树脂，从蒸发器底部送到运输带 12 上，在运输带上进行固化与冷却，再经过料斗装袋。馏出液蒸气从蒸发器 11 进入精馏塔 13，在冷凝冷却后分别收集于容器 14、15、16。

由粗苯工段聚合物制取苯乙烯-茚树脂的过程原则上与残油加工一样，可以在同样的设备中进行。在实际生产中，也可利用残油和聚合物的混合物生产苯乙烯-茚树脂。制得的苯乙烯-茚树脂可作为橡胶混合体软化剂，加入橡胶后可以改善其强度、塑性及相对延伸性，同时也减缓其老化。

五、酚渣的利用

酚渣由间歇釜排放时，温度高达 190℃左右，烟气扩散，污染非常严重，采用图 10-6 所示的工艺流程可使酚渣在密闭状态得到处理和利用。首先将酚渣放入沥青槽中，按 1∶1 的混合比，由管道配入约 130℃的软沥青，经循环泵搅拌均匀，再送回软沥青槽中，混合后的温度为 103～105℃，酚渣再送去焦油蒸馏工段。

酚渣可以用来生产黑色石炭酸，也可作溶剂净化再生酸。

六、脱硫废液处理

1. 希罗哈克斯（湿式氧化法）

该法的工艺流程如图 10-7 所示，来自塔卡哈克斯装置的吸收液被送入希罗哈克斯装置的废液原料槽 1，再往槽内加入过滤水、液氨和硝酸，经过调配使吸收液组成达到一定的要求。用原料泵将原料槽中的混合液升压到 9.0MPa，另混入 9.0MPa 的压缩空气，一起进入换热器并与来自反应塔顶的蒸汽换热，加热器采用高压蒸汽加热到 200℃以上，然后进入反应塔 5。反应塔内，温度控制在 273～275℃，当压力为 7.0～7.5MPa 时，吸收液中的含硫组分反应生成 H_2SO_4 和（NH_4）$_2SO_4$。

从反应塔顶部排出的废气，温度为 265～270℃，主要含有 N_2、O_2、NH_3、CO_2 和大量的水蒸气，利用废气作热源，给硫酸液加热，经换热器后成为气液混合物，被送入第一气

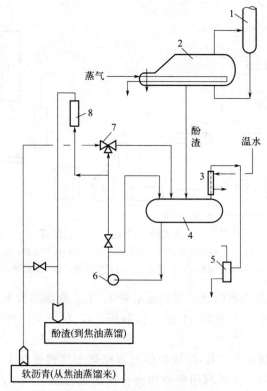

图 10-6 酚渣利用流程

1—酚间歇蒸馏塔；2—间歇釜；3—排气冷却器；4—沥青槽；5—排气凝液罐；6—循环泵；7—三通阀；8—流量计

液分离器。分离后的冷凝液经冷却器和第二气液分离器再送入塔卡哈克斯装置的脱硫塔，作补给水。废气进入洗净塔，经冷却水直接冷却洗净，除去废气中的酸雾等杂质，再送入塔卡哈克斯装置的第一、第二洗净塔，与再生塔废气混合处理。经氧化反应后的脱硫液即硫铵母液，从反应塔断塔板处抽出，氧化液经冷却器冷却后进入氧化液槽，然后再用泵送往硫铵母液循环槽。

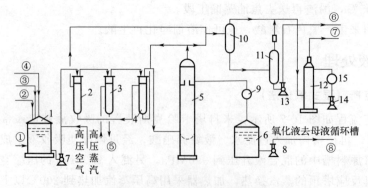

图 10-7 希罗哈克斯湿式氧化法处理废液工艺流程

1—废液原料槽；2，4—换热器；3—加热器；5—反应塔；6—氧化液槽；7—原料泵；8—氧化液；9—冷却器；
10—第一气液分离器；11—第二气液分离器；12—排气洗净塔；13—冷凝泵；14—排气洗净塔循环水泵；15—冷却器
①—来自塔卡哈克斯装置的吸收液；②—过滤水；③—硝酸；④—液氨或蒸氨所得浓氨水；⑤—冷凝水；
⑥—冷凝液去塔卡哈克斯装置；⑦—由洗净塔排出的废气送往塔卡哈克斯装置；⑧—氧化液去母液循环槽

采用湿式氧化法处理废液，主要是使废液中的硫氰化铵、硫代硫酸铵和硫黄氧化成硫铵和硫酸，无二次污染，转化分解率高达 99.5%～100%。

2. 还原热解法

脱硫废液还原分解流程包括两个装置，即脱硫装置和还原分解装置。该法的主要设备是还原分解装置中的还原热解焚烧炉。焚烧炉按机理分为两个区段，炉上部装有燃烧器，能在理论空气量以下实现无烟稳定燃烧，产生高温的还原气。在上部以下的区段，可以将废液蒸气雾化或机械雾化喷入炉膛火焰中，在还原条件下分解为惰性盐。燃烧产生的废气通过碱液回收槽的液封回收碱，余下的不凝气体经冷却后进入废气吸收器，H_2S 被回收。

还原热解法处理废液的反应原理如下：
$$Na_2SO_4 + 2H_2 + 2CO = Na_2CO_3 + H_2S + H_2O + CO_2$$
$$Na_2SO_4 + 4H_2 = Na_2S + 4H_2O$$
$$Na_2SO_4 + 4H_2 + CO_2 = Na_2CO_3 + H_2S + 3H_2O$$
$$Na_2S_2O_3 + H_2 + 3CO = Na_2S + H_2S + 3CO_2$$

3. 焚烧法

焚烧法是以碳酸钠为碱源、苦味酸作催化剂的脱硫脱氰方法，部分脱硫废液经浓缩后送入焚烧炉进行焚烧，使废液中的 $NaCNS$、$Na_2S_2O_3$ 重新生成碳酸钠，供脱硫脱氰循环使用，从而减少新碱源的添加量。

七、污泥的资源化

中国每年产生的污泥量约 420 万吨，折合含水 80% 的污泥为 2100 万吨。随着城市污水处理普及率逐年提高，污泥量也以每年 15% 以上的速度增长。近几年来，世界各国污泥处理技术，已从原来的单纯处理处置逐渐向污泥有效利用，实现资源化方向发展，下面介绍几种污泥的资源化。

1. 污泥的堆肥化

（1）污泥堆肥的一般工艺流程

主要分为前处理、次发酵、二次发酵和后处理四个过程。

（2）新堆肥技术

日本札幌市在实际使用污泥堆肥时，为了防止污泥粉末化而使部分污泥不能利用，目前采取在堆肥中加水使污泥有一定粒度，再使其干燥成为粒状肥料并在市场上销售。还利用富含 N 和 P 的剩余活性污泥的特点，把富含钾的稻壳灰加入污泥中混合得到成分均衡的优质堆肥。

2. 污泥的建材化

（1）生态水泥

近年来，日本利用污泥焚烧灰和下水道污泥为原料生产水泥获得成功，所生产的水泥叫"生态水泥"。一般情况下，污泥焚烧后的灰分成分与黏土成分接近，因此可替代黏土作原料，但污泥含量不得超过 5%。利用污泥作原料生产水泥时，必须确保生产出符合国家标准的水泥熟料。

目前，生态水泥主要用作地基的增强固化材料——素混凝土，也应用于水泥刨花板、水泥纤维板以及道路铺装混凝土、大坝混凝土、消波砌块、鱼礁等海洋混凝土制品。

（2）轻质陶粒

有研究报道，污泥与粉煤灰混合烧结制陶粒，每生产 $1m^3$ 陶粒可处理 0.24t 含水率为 80%的污泥（折成干泥为 0.048t），可以实现无污染地处理污泥和粉煤灰，处理成本也大大低于焚烧处理。轻质陶粒一般可作路基材料、混凝土骨料或花卉覆盖材料使用。

（3）其他用途

污泥可用来制熔融材料、微晶玻璃、砖和纤维板材等。

3. 污泥的能源化技术

污泥能源化技术是一种适合处理所有污泥，能利用污泥中有效成分，实现减量化、无害化、稳定化和资源化的污泥处理技术。一般将污泥干燥后作燃料，才可获得能量效益。现采用多效蒸发法制污泥燃料可回收能量。下面介绍两种方法。

（1）污泥能量回收系统

简称 HERS 法（hyperion energy recovery system），此法是将剩余活性污泥和初沉池污泥分别进行厌氧消化，产生的消化气经过脱硫后用作发电的燃料，一般消化气流可发电能为 $2kW \cdot h/m^3$。再将消化污泥混合并经离心脱水至含水率为 80%，加入轻溶剂油，使其变成流动性浆液，送入四效蒸发器蒸发。然后经过脱轻油，使消化污泥变成含水率为 2.6%、含油率为 0.15%的污泥燃料，污泥燃料燃烧产生的蒸汽一部分用来蒸发干燥污泥，多余的蒸汽用于发电。

（2）污泥燃料化法

简称 SF 法（sludge fuel），此法是将生化污泥经过机械脱水后，加入重油，调制成流动性浆液送入四效蒸发器蒸发，再经过脱油，此时污泥成为含水率为 5%、含油率为 10%以下、热值为 23027kJ/kg 的干燥污泥，可作为燃料。在污泥燃料生成过程中，重油作污泥流动介质重复利用；污泥燃料产生的蒸汽，作为干燥污泥的热源和发电源，回收能量。

4. 剩余污泥制可降解塑料技术

1974 年有人从活性污泥中提取到聚羟基烷酸（PHA），聚羟基烷酸是许多原核生物在不平衡生长条件下合成的胞内能量和碳源贮藏性物质，是一类可完全生物降解、具有良好加工性能和广阔应用前景的新型热塑材料。它可作为化学合成塑料的理想替代品，已成为微生物工程学研究的热点。

焦化厂一般会将生化处理排出的剩余污泥和混凝处理的沉淀污泥进行浓缩，使污泥含水量为 98.5%，再经污泥脱水机脱水，成为含水量为 80%左右的泥饼，将此泥饼送到备煤车间，配入煤中炼焦。但泥饼中含有大量的污染物，如苯并[a]芘约达 87mg/kg，若用来作土地还原或作填埋，会造成二次污染。

第三节　气化废渣的利用

一、筑路

用炉渣灰加以适量的石灰（氧化钙）拌和后，可作为底料筑路，目前这种工艺虽已被采用，但在使用中拌和不够均匀，降低了使用效果。

二、用于循环流化床燃烧

气化炉排出的灰渣残碳量都较高,如某化肥厂的德士古气化炉渣含碳量为 25% 左右,灰渣尚有很高的热量利用价值。以煤气化炉渣掺和无烟煤屑作为燃料,使用循环流化床锅炉燃烧,既可充分利用炉渣中残余的有效可燃物,节约能源,又可解决炉渣的环境污染问题。

三、建材

1. 灰渣用于制砖

上海振苏砖瓦厂生产烧结黏土空心砖,是利用上海杨浦煤气厂、上海焦化厂等厂的灰渣和焦粉作为内燃料,表 10-3 为所用灰渣和焦粉的性能指标。图 10-8 是上海市振苏砖瓦厂的生产流程。该空心砖曾用于上海希尔顿饭店、宝钢工程等上海市的一些重点工程。

表 10-3　灰渣和焦粉性能指标

品种	含水率/%	固定碳/%	发热量/(kJ/kg)	
			干样	湿样
炉渣	10	19.35	6646	5983
焦粉	12	66.75	22936	20183

利用煤矸石和粉煤灰也可制砖。30%~40% 的煤矸石经粉碎磨细至 4900 孔/cm², 当筛上煤矸石粉剩余不大于 10% 时,加入 60%~70% 粉煤灰,在箱式给料机内进行配料,再经过对辊压碾轮、搅拌、压砖机成型、干燥、轮窑焙烧后成品出库。粉煤灰烧结砖质量轻、抗碎性能好,是一种良好的建筑材料。但半成品早期强度低,在人工运输和入窑阶段易于脱棱断角,影响产品外观,且烧结温度不能波动太大。

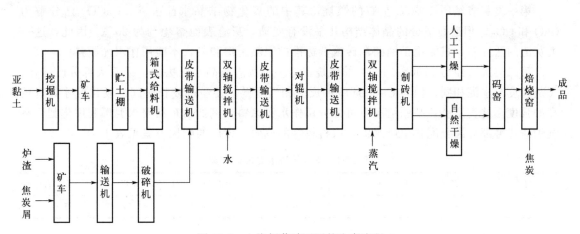

图 10-8　上海振苏砖瓦厂的生产流程

2. 用灰渣作骨料

灰渣密度较小,可作为轻骨料使用。北京、武汉等地用灰渣做蒸养粉煤灰砖骨料;上海、苏南等地用灰渣作为硅酸盐砌块的骨料;四川、河南等地用灰渣代替石子生产灰渣小砌块。图 10-9 是粉煤灰空心砌块生产工艺流程。

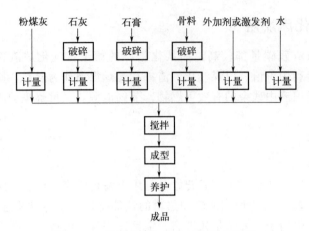

图 10-9   粉煤灰空心砌块生产工艺流程

利用灰渣还可制成灰渣陶粒。灰渣陶粒作为骨料具有质量轻，隔热性能好，可降低墙体自重，减少建筑物能耗的优点。灰渣陶粒是用粉煤灰（79%～83%）加黏土（13%～15%）及少量燃料（4%～6%）混合制成球形，经过高温焙烧而获得的产品。灰渣陶粒制成对原料有一定要求，粉煤灰细度应为 4900 孔/cm^2，筛上剩余量应小于 40%；黏土细度为筛余 7%以下；燃料可用无烟煤或粉焦，细度为筛余 50%以下。

陶粒灰混凝土主要用粉煤灰陶粒、砂、水泥配制，质量配比为水泥：砂：陶粒＝1：（2.09～3）：（2.09～3）。这种混凝土制成的构件可用作 6m 跨度的各种楼板和梁，经实际使用和检验，它在承载能力、变形、裂缝等方面均能满足建筑设计要求。

3. 用灰渣制取水泥

根据灰渣经历温度的不同，灰渣可分为以下三类。

第一类灰渣经历 1000℃左右的燃烧，其中的氧化物结晶水已去除，$CaCO_3$ 已分解为 CaO 和 CO_2，但矿石成分的晶体结构几乎没有变动，灰渣表面熔化约为 20%。因此，这一类灰渣的活性差，只能用于铺路制砖或低标准的混凝土掺和料，不能用作水泥原料。

第二类灰渣经历 1100～1400℃的燃烧，这一类灰渣结晶水已去除，矿石大部分已熔化，飞灰粒度与水泥相同，但与 $Ca(OH)_2$ 的反应相当缓慢，要经过较长时间的硬化后才具有较高的强度。这类灰渣在某些情况下可部分用作水泥原料。例如山东泰安水泥厂利用化肥厂造气炉渣代替部分黏土配料生产水泥，取得较好的成效。该厂的配比方案见表 10-4。

表 10-4   造气炉渣水泥配比方案

组分	石灰石	黏　土	炉渣	铁　粉	无烟煤	萤　石
配比/%	69.14	9.0	6.0	3.24	11.57	1.05

该方法的优点主要体现在以下两个方面：

① 提高了熟料质量。使用炉渣后，由于炉渣带入了较多的 Al_2O_3，熟料中铝的含量增加，提高了水泥熟料的强度，特别是早期强度提高幅度更大。

② 节约能源，主要是节煤。由于造气炉渣中常含有一部分未燃尽的煤，有一定的发热量，这既是一种原料，又是一种低热值的骨料，用这种炉渣配料，就可以减少无烟煤的配入量，从而达到节煤的目的。

第三类灰渣经历 1500～1700℃ 的燃烧，全部矿石均熔化，飞尘粒度比水泥更细，比表面积约为 5000cm²/g。这一类灰渣与 Ca(OH)₂ 反应较好，活性较高，可用作水泥原料。如粉煤灰经历了 1500～1700℃ 的燃烧，可作为火山灰质混合物，与水泥熟料混合磨细后制成粉煤灰水泥。图 10-10 为粉煤灰水泥生产工艺。

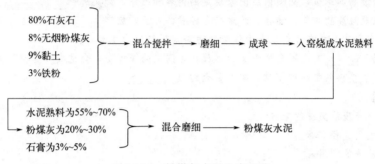

图 10-10　粉煤灰水泥生产工艺

四、化工

炉渣灰中含有 55％～65％ 的二氧化硅，可用作橡胶、塑料、油漆（深色）、涂料（深色）以及黏合剂的填料。炉渣灰中又含有三氧化二铝，因此用炉渣灰制备的填料有强渗透性，可以高充填，能在被充填的物料中起润滑作用，具有分布均匀、吃粉快、粉尘少、表面光滑等特点。而且二氧化硅中的硅氧键键能高达 452kJ/mol，所以具有较好的阻燃性能和较宽的湿度适性，可以广泛地应用在橡胶制品中，取代碳酸钙、陶土、普通炭黑、半补强炭黑、耐磨炭黑等传统填料。

五、轻金属

目前国内已有生产硅铝粉的厂家。经分析炉渣灰中三氧化二铝最高含量达 35％，一般也在 20％ 左右，二氧化钛为 0.5％～1.5％。可进一步加适量氧化铝粉进行混合电解生产硅钛路铝合金。过去的传统工艺生产是用铝、硅、钛混合熔炼法生产硅钛铝合金。由于钛的稀有短缺、价格昂贵，硅钛铝合金的发展受到限制，而用此新工艺生产硅铁铝合金，不但可综合利用炉渣灰，而且生产工艺简便，产品生产成本低，具有较高的经济效益。

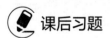 **课后习题**

一、填空题

1. 固体废物是指在_____、日常生活和其他活动中产生的污染环境的固态、半固态的废弃物质。

2. 固体废物分为工业固体废物、城市固体废物和_____。

3. 我国的危险废物名录规定了_____种危险废物。

4. 固体废物的危害包括污染土壤、污染水体、污染大气和_____。

5. 固体废物的处置原则是_____、减量化、无害化。

6. 固体废物的物理处理方法有_____、破碎、粉磨、分选和筛分等。

7. 焚烧、煅烧、浸出等属于固体废物的_____处理方法。

8. 堆肥属于垃圾的_____处理方法。

9.垃圾的最终处置方法包括堆放、_____、固化、放置、填海等。

10.产生危险废物的单位，必须按照国家有关规定处置危险废物，不得擅自_____。

11.转移危险废物，必须按照国家有关规定填写_____。

12.垃圾处理的三种主要方法是卫生填埋、堆肥和_____。

13.产生危险废物的单位，必须依照国家规定的内容和程序，如实进行_____。

14.申请领取危险废物收集、储存、处置综合经营许可证，应有_____名以上环境工程专业或者相关专业中级以上职称，并有3年以上固体废物污染治理经历的技术人员。

15.焦油渣属于_____，不允许落地和堆放，否则焦油渣挥发，会造成严重空气污染。

16.酸焦油可直接掺入配煤中炼焦，配入量大约为_____。

二、简答题

1.简述焦化生产废液废渣的来源。

2.焦油渣的利用途径有哪些?

3.简述气化废渣的利用。

附　录

附录1　制气车间主要生产场所爆炸和火灾危险区域等级

项目及名称	场所及装置		生产类别	耐火等级	易燃或可燃物质释放源、级别	等级		说明
						室内	室外	
备煤及焦处理	受煤、煤场（棚）		丙	二	可燃固体	22区	23区	
	破碎机、粉碎机室		乙	二	煤尘	22区		
	配煤室、煤库、焦炉煤塔顶		丙	二	煤尘	22区		
	胶带通廊、转运站（煤、焦），水煤气独立煤斗室		丙	二	煤尘、焦尘	22区		
	煤、焦试样室，焦台		丙	二	焦尘、可燃固体	22区	23区	
	筛焦楼、储焦仓		丙	二	焦尘	22区		
	制气主厂房储煤层	封闭建筑且有煤气漏入	乙	二	煤气、二级	2区		包括直立炉、水煤气炉、发生炉等顶上的储煤层
		敞开、半敞开建筑或无煤气漏入	乙	二	煤尘	22区		
焦炉	焦炉地下室、煤气水封室、封闭煤气预热器室		甲	二	煤气、二级	1区		通风不好
	焦炉分烟道走廊、炉端台地层		甲	二	煤气、二级			通风良好，可使煤气浓度不超过爆炸下限值的10%
	煤塔底层计器室		甲		煤气、二级	1区		变送器在室外
	炉间台底层		甲	二	煤气、二级	2区		
直立炉	直立炉顶部操作层		甲	二	煤气、二级	1区		
	其他空间其他操作层		甲	二	煤气、二级	2区		

续表

项目及名称	场所及装置	生产类别	耐火等级	易燃或可燃物质释放源、级别	等级		说明
					室内	室外	
水煤气炉、两段水煤气炉、流化床水煤气炉	煤气生产厂房	甲	二	煤气、二级	1 区		
	煤气排送机间	甲	二	煤气、二级	2 区		
	煤气管道排水器间	甲	二	煤气、二级	1 区		
	煤气计量器室	甲	二	煤气、二级	1 区		
	室外设备	甲	二	煤气、二级		2 区	
发生炉、两段发生炉	煤气生产厂房	乙	二	煤气、二级			
	煤气排送机间	乙	二	煤气、二级	2 区		
	煤气管道排水器间	乙	二	煤气、二级	2 区		
	煤气计量器室	乙	二	煤气、二级	2 区		
	室外设备			煤气、二级		2 区	
重油制气	重油制气排送机房	甲	二	煤气、二级	2 区		
	重油泵房	丙	二	重油	21 区		
	重油制气室外设备			煤气、二级		2 区	
轻油制气	轻油制气排送机室房	甲	二	煤气、二级	2 区		天然气改制，可参照执行。当采用 LPG 为原料时，还必须执行本规范第 8 章中相应的安全条文
	轻油泵房、轻油中间储罐	甲	二	轻油蒸汽、二级	1 区	2 区	
	轻油制气室外设备			煤气、二级	2 区		
缓冲气罐	地上罐体			煤气、二级		2 区	
	煤气进出口阀门室				1 区		

注：1. 发生炉煤气相对密度大于 0.75，其他煤气相对密度均小于 0.75。

2. 焦炉是利用可燃气体加热的高温设备，其辅助土建部分的建筑物可化为单元，对其爆炸和火灾危险等级进行划分。

3. 直立炉、水煤气炉等建筑物高度满足不了甲类要求，仍按工艺要求设计。

4. 从释放源向周围辐射爆炸危险区域的界限应现行国家标准《爆炸危险环境电力装置设计规范》（GB 50058—2014）执行。

附录 2　焦化厂主要生产场所建筑物内火灾危险性分类

类别	备煤	炼焦	煤气净化	粗苯加工	焦油加工	甲醇
甲		焦炉集气管直接式仪表室、侧入式焦炉烟道走廊	焦炉煤气鼓风机室、轻吡啶生产厂房、粗苯产品回流泵房、溶剂泵房（轻苯/粗苯作萃取剂）、苯类产品泵房（分开布置）	油水分离器厂房、精苯蒸馏泵房，精苯硫酸洗涤泵房，精苯油库泵房、油槽车清洗泵房、加氢泵房、循环气体压缩机房	吡啶精制泵房、吡啶产品装桶和仓库、吡啶蒸馏真空泵房	压缩厂房、甲醇合成（泵房）、甲醇精馏（泵房）罐区泵房

续表

类别	备煤	炼焦	煤气净化	粗苯加工	焦油加工	甲醇
乙		干熄焦液氨室	氨硫系统尾气洗涤泵房、蒸氨脱硫泵房、硫黄包装设施及硫黄库、硫黄切片机室、硫黄仓库、硫浆离心和过滤及溶硫厂房、硫黄排放冷却厂房、硫泡沫槽和浆液离心机废液浓缩厂房	古马隆树脂馏分蒸馏闪蒸厂房、树脂馏分油洗涤厂房、树脂聚合装置厂房、树脂制片包装厂房	焦油蒸馏泵房（含轻油系）、氨气法硫酸吡啶分解厂房、工业萘蒸馏泵房、萘结晶室、工业萘包装和仓库、酚产品泵房、酚产品装桶和仓库、酚蒸馏真空泵房、萘精制泵房、萘制片包装室、萘洗涤室、精制萘仓库、精蒽洗涤厂房、溶剂蒸馏法蒽精馏泵房、精蒽包装间、精蒽仓库、精蒽油库泵房、蒽醌主厂房、蒽醌包装间及仓库、萘酐冷却成型室及仓库	空分（氧压机）
丙	胶带输送机通廊及转运站、翻车机室、受煤坑、储煤槽、配煤室、成型机室、破碎粉碎机室	焦台、切焦机室、筛焦楼	冷凝泵房、粗泵洗涤泵房、煤气中间冷却油泵房、洗萘油泵房、溶剂泵房（重苯溶剂油作萃取剂）、焦油洗油泵房（分开布置）、含水焦油输送泵房、焦油氨水输送泵房		粗苯结晶、分离室及泵房、粗蒽仓库和装车、连续或馏分脱酚泵房、碳酸钠法硫酸吡啶分解厂房、蒸馏溶剂法蒽精馏泵房、洗油精制泵房、沥青焦油类泵房、改制沥青泵房	
丁	解冻室、煤制样室	焦制样室	硫酸铵干燥燃烧炉及风机房			
戊	推土机库	硫酸铵制造厂房、硫酸铵包装设施仓库、试剂仓库及酸泵房、冷凝鼓风循环水泵房、氨硫洗涤泵房、氨水蒸馏泵房、煤气中间冷却水泵房、黄血盐主厂房及仓库、制酸泵房、硫铵化钠盐类提取厂房、脱硫洗涤液泵房、脱硫液槽及泵房、酸碱泵房、磷铵溶液泵房、烟道气加压机房、制氮机房		固体碱库		

注：1.焦炉应视为生产装置。

2.氨硫洗涤泵房是焦炉煤气洗氨和脱除硫化氢（H_2S）装置中的一个泵房，其任务是输送稀氨水或稀碱液等非燃烧液体，故氨硫洗涤泵房的火灾危险为戊类。

附录 3　焦化厂室内爆炸危险环境区域划分

车间	区域	划分
炼焦	焦炉地下室、机焦两侧烟气走廊（仅侧喷式）、变送器室	1 区
	集气管直接式仪表室、炉间台和炉端台底层	2 区
煤气净化	煤气鼓风机（或加压机）室、萃取剂为轻苯脱酚溶剂泵房、苯类产品及回流泵房、轻吡啶生产装置的室内部分、精脱硫装置高架脱硫塔（箱）下室内部分	1 区
	脱酸蒸氨泵房、氨压缩机房、氨硫系统尾气洗涤泵房、煤气水封室	2 区
	硫黄排放冷却室、硫结片室、硫黄包装及仓库	11 区
苯精制	蒸馏泵房、硫酸洗涤泵房、加氢泵房、加氢循环气体压缩机房、油库泵房	1 区
	古马隆树脂馏分蒸馏闪蒸厂房	2 区
	古马隆树脂制片及包装厂房	11 区
焦油加工	吡啶精制泵房、吡啶蒸馏真空泵房、吡啶产品装桶和仓库、酚产品装桶间的装桶口	1 区
	工业萘蒸馏泵房、单独布置的萘结晶室、酚产品泵房、酚蒸馏真空泵房、萘精制泵房、萘洗涤室、酚产品装桶间和仓库	2 区
	萘结片室、萘包装间及仓库（含一起布置的萘结晶室）、精蒽包装间及仓库、萘醌主厂房、蒽醌包装间及仓库、萘酐冷却成型室及仓库	11 区
甲醇	压缩厂房、甲醇合成（泵房）、甲醇精馏（泵房）、罐区（泵房）	2 区

参考文献

[1] 谢全安. 化工安全技术. 北京:化学工业出版社,2011.

[2] 刘景良. 化工安全技术. 北京:化学工业出版社,2014.

[3] 赵良省. 噪声与振动控制技术. 北京:化学工业出版社,2004.

[4] 聂幼平,崔慧峰. 个人防护装备基础知识. 北京:化学工业出版社,2004.

[5] 张东晋. 职业卫生与职业病危害控制. 北京:化学工业出版社,2004.

[6] 刘景良. 化工安全技术与环境保护. 北京:化学工业出版社,2012.

[7] 齐向阳,刘尚明,栾丽娜. 化工安全与环保技术. 北京:化学工业出版社,2024.

[8] 汪大辉,徐新华,杨岳平. 化工环境工程概论. 北京:化学工业出版社,2002.

[9] 上海市环境保护局. 废水物化处理. 上海:同济大学出版社,2002.

[10] 毛悌和. 化工废水处理技术. 北京:化学工业出版社,2003.

[11] 赵庆良,李伟光. 特种废水处理技术. 哈尔滨:哈尔滨工业大学出版社,2004.

[12] 余经海. 工业水处理技术. 北京:化学工业出版社,2003.

[13] 唐受印,汪大辉. 废水处理工程. 北京:化学工业出版社,2003.

[14] 李培红,张克峰,王永胜,等. 工业废水处理与回收利用. 北京:化学工业出版社,2001.

[15] 台炳华. 工业烟气净化. 北京:冶金工业出版社,2000.

[16] 汪群慧. 固体废物处理及资源化. 北京:化学工业出版社,2004.

[17] 韩怀强,蒋挺大. 粉煤灰利用技术. 北京:化学工业出版社,2001.

[18] 李廷有. 环境保护概论. 北京:化学工业出版社,2021.

[19] 杨永杰. 化工环境保护概论. 3版. 北京:化学工业出版社,2022.

[20] 肖瑞华,白金锋. 煤化学产品工艺学. 北京:冶金工业出版社,2003.

[21] 向英温,杨先林. 煤的综合利用基本知识回答. 北京:冶金工业出版社,2002.

[22] 范伯云,李哲浩. 焦化厂化产生问答. 2版. 北京:冶金工业出版社,2003.

[23] 单明军,吕艳丽,从蕾. 焦化废水处理技术. 北京:化学工业出版社,2007.

[24] 胡忆沩,陈庆,杨梅. 危险化学品实用技术手册. 北京:化学工业出版社,2018.

[25] GB 12710—2008.焦化安全规程.

[26] GB 6222—2005.工业企业煤气安全规程.